Felix Breyer

Griffkraft und sicherheitsorientierte Fahrerassistenz

Felix Breyer

Griffkraft und sicherheitsorientierte Fahrerassistenz

Potenzial eines Griffkraft messenden Lenkrades als Sensor innerhalb sicherheitsorientierter Fahrerassistenzsysteme

Südwestdeutscher Verlag für Hochschulschriften

Impressum / Imprint
Bibliografische Information der Deutschen Nationalbibliothek: Die Deutsche
Nationalbibliothek verzeichnet diese Publikation in der Deutschen Nationalbibliografie;
detaillierte bibliografische Daten sind im Internet über http://dnb.d-nb.de abrufbar.
Alle in diesem Buch genannten Marken und Produktnamen unterliegen warenzeichen-,
marken- oder patentrechtlichem Schutz bzw. sind Warenzeichen oder eingetragene
Warenzeichen der jeweiligen Inhaber. Die Wiedergabe von Marken, Produktnamen,
Gebrauchsnamen, Handelsnamen, Warenbezeichnungen u.s.w. in diesem Werk berechtigt
auch ohne besondere Kennzeichnung nicht zu der Annahme, dass solche Namen im Sinne
der Warenzeichen- und Markenschutzgesetzgebung als frei zu betrachten wären und
daher von jedermann benutzt werden dürften.

Bibliographic information published by the Deutsche Nationalbibliothek: The Deutsche
Nationalbibliothek lists this publication in the Deutsche Nationalbibliografie; detailed
bibliographic data are available in the Internet at http://dnb.d-nb.de.
Any brand names and product names mentioned in this book are subject to trademark,
brand or patent protection and are trademarks or registered trademarks of their respective
holders. The use of brand names, product names, common names, trade names, product
descriptions etc. even without a particular marking in this works is in no way to be
construed to mean that such names may be regarded as unrestricted in respect of
trademark and brand protection legislation and could thus be used by anyone.

Coverbild / Cover image: www.ingimage.com

Verlag / Publisher:
Südwestdeutscher Verlag für Hochschulschriften
ist ein Imprint der / is a trademark of
AV Akademikerverlag GmbH & Co. KG
Heinrich-Böcking-Str. 6-8, 66121 Saarbrücken, Deutschland / Germany
Email: info@svh-verlag.de

Herstellung: siehe letzte Seite /
Printed at: see last page
ISBN: 978-3-8381-3480-2

Zugl. / Approved by: München, UniBw, Diss., 2011

Copyright © 2012 AV Akademikerverlag GmbH & Co. KG
Alle Rechte vorbehalten. / All rights reserved. Saarbrücken 2012

Für meine Eltern

Monika Breyer & Artur Breyer

Vorwort

Die vorliegende Arbeit entstand im Rahmen meiner Tätigkeit als wissenschaftlicher Mitarbeiter am Institut für Arbeitswissenschaft an der Universität der Bundeswehr München.

Mein besonderer Dank gilt Herrn Prof. Dr. Färber und Frau Dr. Färber für die konstruktive und engagierte Unterstützung, die mir während zahlreichen Diskussionen zu Methodik und Inhalt meiner Forschungstätigkeiten gewährt worden ist. Weiterhin möchte ich mich für das Vertrauen und den Freiraum bedanken, die meine Tätigkeiten am Institut positiv beeinflusst haben.

Ebenso möchte ich mich bei meinen Kollegen bedanken, mit denen ich stets lebendige Diskussionen über meine Arbeit führen konnte. Besonderer Dank kommt hierbei meiner Kollegin Verena Nitsch zu, die durch ihre außerordentlichen Kenntnisse in Statistik und experimenteller Methodik ein häufiger Ansprechpartner gewesen ist. Auch bei Guy Berg möchte ich mich für seine Unterstützung in technischen Fragestellungen bedanken, für die er trotz seiner umfangreichen Tätigkeiten immer Zeit gefunden hat.

Weiterhin danke ich meinen Eltern, die mir zu jeder Zeit meiner Ausbildung emotionalen und praktischen Rückhalt gegeben haben.

Inhaltsverzeichnis

1. Einleitung und Motivation der Arbeit 9
2. Moderne Fahrerassistenzsysteme 12
   - 2.1 Definition und Klassifikation von Fahrerassistenzsystemen 12
   - 2.2 Typische Umfeldsensoren moderner Fahrerassistenzsysteme 14
     - *2.2.1 Radarsensoren 14*
     - *2.2.2 LIDAR und Laserscanner 17*
     - *2.2.3 Videosensoren 19*
     - *2.2.4 Ultraschallsensoren 25*
   - 2.3 Sensordatenfusion 26
   - 2.4 Funktion und Anwendung bestehender Fahrerassistenzsysteme 30
     - *2.4.1 Passive Fahrerassistenzsysteme 30*
     - *2.4.2 Aktive Fahrerassistenzsysteme 52*
3. Fragestellungen der Arbeit 72
   - 3.1 Schwachpunkte moderner Fahrerassistenzsysteme 72
   - 3.2 Entwicklung der eigenen Fragestellung 76
4. Die menschliche Schreckreflexreaktion – Grundlagen und Bezug zur eigenen Arbeit 83
   - 4.1 Grundlagen der Schreckreflexreaktion 83
   - 4.2 Bezug der Schreckreflexreaktion zur eigenen Arbeit und weitere empirische Belege 88
5. Allgemeine Methodik 90
   - 5.1 Experimentalfahrzeug 90
   - 5.2 Messtechnik 90
     - *5.2.1 Videosensorik 90*
     - *5.2.2 Software zur Datenaufzeichnung und Datenauswertung 91*
     - *5.2.3 Griffkraft messendes Lenkrad 92*
6. Experiment I 104
   - 6.1 Theoretische Einführung 104
   - 6.2 Methodisches Vorgehen 106
     - *6.2.1 Probandenstichprobe 106*
     - *6.2.2 Coverstory 107*
     - *6.2.3 Versuchsdurchführung 108*
     - *6.2.4 Messvariablen und zusammenfassende Versuchsplanung 114*
   - 6.3 Ergebnisse 116
     - *6.3.1 Fahrpedal und Bremse – Deskriptive Statistik 117*

  6.3.2 Fahrpedal und Bremse – Inferenzstatistik *121*
  6.3.3 Aktivität der Lenkradsegmente – Deskriptive Statistik *123*
  6.3.4 Aktivität der Lenkradsegmente – Inferenzstatistik *132*
  6.3.5 Aktivität der Lenkradsegmente – Vergleich von Notsituationen
  mit regulärer Fahrt.. *134*
 6.4 Diskussion 140

7. Experiment II 148
 7.1 Theoretische Einführung 148
 7.2 Methodisches Vorgehen 149
  7.2.1 Probandenstichprobe *149*
  7.2.2 Coverstory *150*
  7.2.3 Versuchsdurchführung *151*
  7.2.4 Messvariablen und zusammenfassende Versuchsplanung *157*
 7.3 Ergebnisse 158
  7.3.1 Fahrpedal und Bremse – Deskriptive Statistik *159*
  7.3.2 Fahrpedal und Bremse – Inferenzstatistik *161*
  7.3.3 Aktivität der Lenkradsegmente – Deskriptive Statistik *163*
  7.3.4 Aktivität der Lenkradsegmente – Inferenzstatistik *171*
  7.3.5 Aktivität der Lenkradsegmente – Vergleich Notsituationen mit
  regulärer Fahrt.. *172*
 7.4 Diskussion 177

**8. Vergleichende Sensorleistung von Pedalerie und Griffkraft
messendem Lenkrad 184**
 8.1 Entwurf sensorspezifischer Algorithmen zur
 Situationsklassifikation 187
 8.2 Vergleichende Klassifikationsleistung sensorspezifischer
 Algorithmen 193
 8.3 Diskussion und Schlussfolgerung 195

9. Zusammenfassende Diskussion 198

Abbildungsverzeichnis 218

Tabellenverzeichnis 222

Literaturverzeichnis 224

Anhang I (Experiment I) 241

Anhang II (Experiment II) 256

1. Einleitung und Motivation der Arbeit

Serienautomobile des 21. Jahrhunderts weisen bis auf die Grundelemente eines Fahrzeuges, wie beispielsweise Räder und Lenkrad, nur noch wenig Gemeinsamkeiten mit den ersten serienmäßig produzierten Automobilen auf (siehe Abbildung 1).

Abbildung 1: Audi Typ A (1910) und Audi Q7 (2008).
(Quelle: www.100jahreauto.de; www.audi.de)

Die von den Automobilherstellern geschaffenen Innovationen besitzen im Bereich der Sicherheit, wie auch im Komfort eine gleichermaßen große Mannigfaltigkeit. Insbesondere der Sicherheitsaspekt hat mit steigender Anzahl der Verkehrsteilnehmer immer höhere Relevanz für die Forschung erlangt. Allein für das Jahr 2006 verzeichnete das Statistische Bundesamt in Deutschland 3.467.961 fabrikneue Fahrzeuge, die offiziell zugelassen worden sind. Für dasselbe Jahr berichtet das Statistische Bundesamt von insgesamt 2.235.318 polizeilich erfassten Unfällen, bei denen 5.091 Menschen das Leben verloren. Im Vergleich zu den Zahlen aus dem Jahr 1970 ist ein Anstieg von 160 % für die Gesamtanzahl der Unfälle festzustellen, die Anzahl der dabei getöteten Menschen hat sich jedoch um 73 % verringert (Statistisches Bundesamt, 2007). Über die letzten Jahrzehnte hinweg betrachtet, geht der Trend demnach deutlich in Richtung einer Erhöhung der absoluten Anzahl an Verkehrsunfällen bei gleichzeitiger Reduktion der hierbei tödlich verunglückten Menschen. Die zweifelsohne für die Verringerung der Todesopfer im Verkehr mitverantwortlichen Innovationen im Automobilbau bestehen einerseits aus einer im Gegensatz zu früheren Automobilen neuen Bauweise und Materialanwendung und andererseits aus verschiedenen Sicherheitssystemen, die in Gefahren- und Unfallsituationen aktiv sind. Die Hauptaufgaben dieser Systeme lassen sich generell in einen Teilbereich der Folgenmilderung von Unfällen (passive Sicherheit) und in einen präventiven Bereich unterteilen, dessen Fokus auf der Vorbeugung von Unfallsituationen (aktive Sicherheit) liegt. Bei näherer Betrachtung dieses Sachverhaltes bietet sich dem Interessenten jedoch eine sehr große Anzahl verschiedener Systeme. Für die hier vorgelegte Dissertation zeigt sich die Gruppe der Fahrerassistenzsysteme als relevant, wobei auch innerhalb dieses Segmentes zahlreiche Klassifizierungen möglich sind (siehe Kapitel 2).

Die oben angeführten Statistiken sprechen deutlich für die Effizienz der von den Automobilherstellern getroffenen Sicherheitsmaßnahmen und ermutigen zu weiteren Anstrengungen in Forschung und Entwicklung, um dem abnehmenden Trend der Verkehrstoten und Verletzten keinen verfrühten Einhalt zu gebieten. Außerdem bergen Sicherheitssysteme trotz kostenintensiver Entwicklung auf längere Sicht ein enormes Potenzial an finanziellen Ersparnissen. So zeigen sich einige Versicherungsgesellschaften schon heute bereit, mit bestimmten Fahrerassistenzsystemen ausgestattete Fahrzeuge zu speziellen, günstigeren Tarifen zu versichern (Breuer & Ottenhues, 2007). Überlegungen dieser Art waren maßgeblich für die Anstrengungen der hier dargelegten Forschungsarbeiten. Vor der

Darlegung der eigenen Fragestellung soll der Leser eine ausführliche Einführung in den Themenbereich erhalten, die einen Überblick über den aktuellen Entwicklungs- und Forschungsstand gibt und hilfreich für das Verständnis des eigenen experimentellen Vorgehens ist.

2. Moderne Fahrerassistenzsysteme

2.1 Definition und Klassifikation von Fahrerassistenzsystemen

Fahrerassistenzsysteme können im weitesten Sinne als in Kraftfahrzeugen verbaute Anwendungen bezeichnet werden, die den Fahrer bei seiner Fahraufgabe unterstützen. Zur Bewerkstelligung dieser Aufgabe messen die zugehörigen Sensoren unterschiedliche Parameter, um Informationen über die derzeitige Fahrsituation zu erlangen und diese richtig einzuordnen. Die ersten frei erhältlichen Assistenzsysteme stützten sich hierbei hauptsächlich auf fahrzeuginterne Größen, moderne Systeme hingegen beziehen auch Daten aus speziellen Umfeldsensoren des Fahrzeugs mit ein. So ist die Raddrehzahl aller am Egofahrzeug angebrachten Räder maßgeblich für das Eingreifen des Antiblockiersystems (ABS). Auch das „Elektronische Stabilitätsprogramm" (ESP) richtet seine Eingriffe nach Gierrate, Querbeschleunigung, Geschwindigkeit und Lenkradwinkel des Egofahrzeugs (Bosch, 2007). Exemplarisch für die modernste Generation von Fahrerassistenzsystemen fusioniert der im EU-Forschungsprojekt „Compose" (Walessa, Ahrholdt, Kruse, Fürstenberg, Tatschke & Marx, 2008) entwickelte Bremsassistent Daten aus einem Radarsensor, einem Laserscanner und einer Wärmebildkamera, um neben fahrzeuginternen Größen auch das Umfeld zu erfassen und seine Funktionen auf dieses hin abzustimmen.

Entsprechend der Art und Weise, wie die an Assistenzsysteme angekoppelten Aktuatoren reagieren, wird zwischen Fahrerassistenzsystemen mit Fokus auf Unfallvermeidung und Sicherheitsgewinn und

Systemen mit Schwerpunkt auf Fahrerkomfort unterschieden (Knoll, 2004b). Diese beiden Gruppen können wiederum in Systeme unterteilt werden, die *aktiv* in die Fahrzeugdynamik eingreifen, oder *passiv-informativ* ausgerichtet sind und daher nicht in das Fahrgeschehen eingreifen. Stiller (2005) gruppiert Fahrerassistenzsysteme zusätzlich in *Effizienz steigernde* Systeme, die den Verkehrsfluss optimieren, Emissionen reduzieren und Kraftstoff einsparen sollen. Viele der mittlerweile verfügbaren Fahrerassistenzsysteme vereinen jedoch einzelne der eben geschilderten Gruppenmerkmale (z.B. „Adaptive Cruise Control", siehe unten), sodass eine eindeutige Zuordnung nur selten gelingt. Da sich die vorliegende Arbeit zum Ziel setzt, an der Erhöhung der Sicherheit moderner Fahrzeuge mitzuwirken, soll bei der nun folgenden Einführung nur auf Systeme eingegangen werden, deren Gestaltungsprinzip Sicherheitsaspekte enthält. Systeme, die allein auf den Fahrkomfort ausgelegt sind, finden keine Erwähnung. Darüber hinaus setzt diese Arbeit ihr Hauptaugenmerk auf umfeldsensierende Fahrerassistenzsysteme und verzichtet auf eine Beschreibung von lange etablierten Sicherheitssystemen wie ABS oder ESP, um den Rahmen der Übersicht in einer adäquaten Größe zu halten. Entlang der oben geschilderten Problematik, die sich bei einer genauen Abgrenzung der Systeme ergibt, erfolgt die Unterteilung allein in *passive und aktive Fahrerassistenzsysteme.* Vor der eigentlichen Beschreibung einzelner Assistenzsysteme wird vorerst eine Einführung in die übliche Sensorik dieser Systeme gegeben, die einerseits für das Verständnis der Funktionsprinzipien nötig ist und andererseits eng mit der Fragestellung der eigenen Arbeit verbunden ist.

2.2 Typische Umfeldsensoren moderner Fahrerassistenzsysteme

Um die Funktionsprinzipien der einzelnen Fahrerassistenzsysteme transparent zu schildern, ist eine vorangehende Einführung in die Hauptgruppen von Umfeldsensoren, die bei modernen Fahrerassistenzsystemen Verwendung finden, hilfreich. Abbildung 2 bietet einführend eine Übersicht über diejenigen Umfeldbereiche des Fahrzeugs, die von den spezifischen Sensortypen abgedeckt werden.

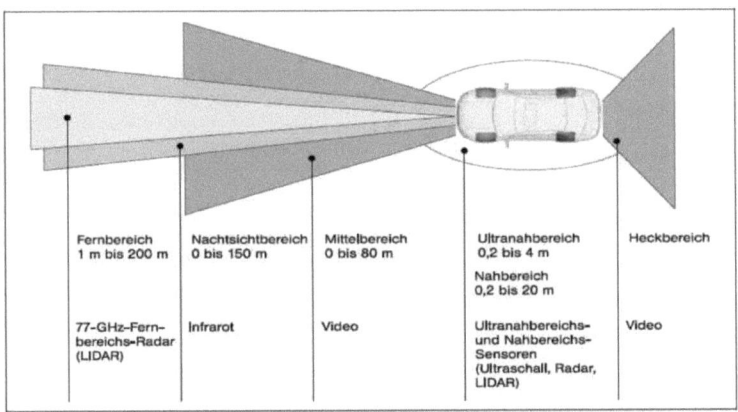

Abbildung 2: Erfassungsbereiche verschiedener Umfeldsensoren
(Quelle: Wallentowitz & Reif, 2006, S. 409)

2.2.1 Radarsensoren

Das Funktionsprinzip des Radars wurde im Zweiten Weltkrieg erstmalig im Bereich der militärischen Flugabwehr umgesetzt und bezieht sich in seiner Namensgebung auf die Zusammensetzung der Wörter seiner ursprünglichen Bezeichnung „*R*adio *A*ircraft *D*etection *a*nd *R*anging" (Skolnik, 1980). Radarsysteme versenden elektromagnetische Strahlung im Mikrowellenbereich und detektieren über ein Empfangsmodul die von verschiedenen Objekten in der Umgebung des Senders reflektieren Signale.

Von Radarsystemen besonders zuverlässig messbare Parameter sind Entfernungen einzelner Objekte im Umfeld des Senders und Relativgeschwindigkeiten dieser Objekte, sodass auch zwischen bewegten und unbewegten Objekten in der Umgebung unterschieden werden kann. Zwar kann auch der menschliche Sehapparat eine ungefähre Abschätzung von Entfernung und Relativgeschwindigkeit fremder Objekte vornehmen, jedoch liefert die maschinelle Wahrnehmung mit Radar exakte Werte und ist damit für den Bereich der Fahrerassistenz von hohem Nutzen.

Entsprechend dieser Grundvoraussetzungen finden Radarsysteme im Automobilbereich hauptsächlich in der Erfassung von Abstand, Geschwindigkeit und Horizontalwinkel anderer Fahrzeuge Anwendung (Wallentowitz & Reif, 2006). Dazu werden die Radarstrahlen nicht in alle möglichen Raumrichtungen ausgestrahlt, sondern in gebündelter Art und Weise. Die so entstehenden Erfassungsbereiche besitzen eine kegelartige Form und können auf definierte Umgebungsbereiche ausgerichtet werden. Erste Assistenzsysteme, die diesen Sensortyp nutzen, arbeiteten mit einem einzelnen Sensor, der mittig in der Front des Fahrzeugs befestigt war. Neuere Ansätze folgen einer anderen Strategie und arbeiten mit mehreren Radarsensoren, die an verschiedenen Orten in die Fahrzeugfront integriert werden. Abbildung 3 zeigt ein mögliches Beispiel dieses Konzepts.

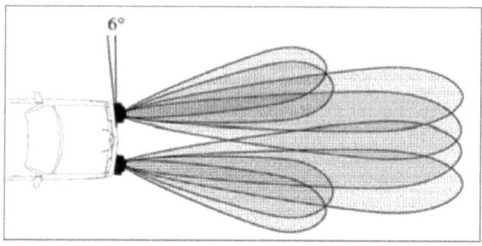

Abbildung 3: Doppel-Radar-Anordnung mit asymmetrischen Vierstrahl-Radarsensoren (Quelle: Lucas, Held, Freundt, Klar & Maurer, 2008, S. 2)

Die asymmetrisch angeordneten Radarkeulen der beiden Sensoren erlauben durch ihre Überlappung eine breite Abdeckung sowohl des Nahbereiches, als auch des Fernbereiches vor dem Fahrzeug und tragen im Vergleich zu Systemen mit nur einem Sensor zu einer sichereren Objekterkennung bei (Winner, 2009b). Für den Einsatz im Straßenverkehr der meisten Automobilmärkte ist der Frequenzbereich von 76 GHz bis 77 GHz freigegeben (Wenger, 2005). Geräte dieser Frequenz erzielen im Automobilsektor eine Reichweite von ca. 250 m bei Öffnungswinkeln von 18° bis 30°. Einige Fahrerassistenzsysteme arbeiten zusätzlich mit Nahbereichsradarsystemen (24 GHz bei 40° Öffnungswinkel), die parallel zum Fernbereichsradar den Bereich unmittelbar vor dem Auto erfassen, um das Fahrzeugumfeld noch genauer abzubilden (Wenger, 2005).

Ein spezifischer Vorteil der Radartechnik zeigt sich darin, dass die vom Radar verwendeten Frequenzbereiche nicht nur von Fahrzeugen, sondern auch von der Fahrbahn reflektiert werden. Die dadurch entstehenden Mehrfachreflexionen der Radarsignale zwischen Fahrbahn und Unterboden anderer Fahrzeuge ermöglichen eine Detektion von Fahrzeugen, die sich vor dem Vordermann befinden und keinen Sichtkontakt zum Fahrer besitzen. Weitere Vorteile sind die geringen Reflexionen von Wasser und die weitestgehende Unabhängigkeit von sichteinschränkenden Umweltphänomenen wie beispielsweise Nebel. Ein Nachteil der Radartechnik bei der Anwendung im Automobilkontext ist die generelle Schwierigkeit bei der Unterscheidung von erkannten Objekten. So ist die eindeutige Klassifikation erkannter Objekte kaum möglich, da der Anteil reflektierter Strahlung („Radarquerschnitt") eines einzelnen Gegenstands nicht zwangsläufig mit Größe und Typ desselben verbunden ist (Winner, 2009b). Auch die Unterscheidung zwischen relevanten und irrelevanten

Objekten („Ghosts") stellen innerhalb der Weiterverarbeitung der vom Radar generierten Rohdaten eine große Herausforderung dar (Schnieder, 2007)[1].

2.2.2 LIDAR und Laserscanner

Die Systemgrundlage von LIDAR (Light Detection And Ranging) zeigt grundsätzliche Gemeinsamkeiten zu der oben beschriebenen Radartechnik. So senden LIDAR-Sensoren ebenfalls Strahlen bestimmter Wellenlängen aus und nutzen die Reflexionseigenschaften verschiedener Gegenstände in der Umgebung des Sensors. Anhand der Detektion reflektierter Strahlen werden ebenfalls Informationen zu Geschwindigkeit, Abstand und horizontaler Position anderer Fahrzeuge gewonnen. Im Gegensatz zu den von Radarsensoren verwendeten Mikrowellenbereichen arbeiten LIDAR-Sensoren jedoch meist mit Strahlung des Infrarotbereiches (ca. 800 bis 1000 nm) und besetzen damit Spektren, die dem sichtbaren Licht näher sind (Geduld, 2009; Wallentowitz & Reif, 2006). Um den Abtastbereich so groß wie möglich zu gestalten, enthalten einige Geräte einen rotierenden Spiegel, über den die Strahlen fächerförmig in verschiedene Bereiche um das Gerät ausgesendet werden können. Diese „Laserscanner" besitzen Erfassungsreichweiten von 0,3 m bis 200 m und einen Scanbereich bis 360°. Zusätzlich können mit diesen Sensoren neben Fahrzeugen auch Fußgänger und sogar Fahrbahnmarkierungen detektiert werden (Schnieder, 2007; Fürstenberg & Schulz, 2005).

---

[1] Auch kleine Metallgegenstände mit scharfem V-Profil (z.B. Triple-Spiegel) können unter richtiger Winkelausrichtung ein Reflexionsvermögen von einem normalen LKW besitzen (Winner, 2009b).

Abbildung 4 zeigt den Erfassungsbereich eines mittig in der Fahrzeugfront eingebauten Laserscanners bei einem Scanbereich von 150° und einer Entfernung von ca. 200 m. Durch seinen breiten Erfassungswinkel erkennt der Sensor Fahrzeuge in Längsrichtung vor dem Egofahrzeug und zusätzlich Fahrzeuge, die sich in unmittelbarer Nähe auf der Nebenspur befinden.

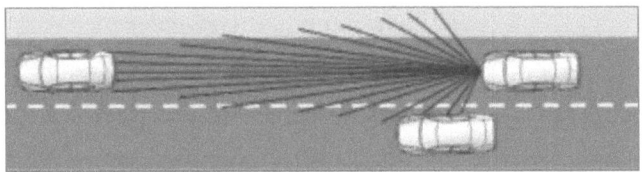

Abbildung 4: Erfassungsfeld eines Laserscanners bei horizontalem Scanbereich von 150° und 200 m Entfernung. (Quelle: Fürstenberg & Schulz, 2005, S. 722)

Die Vorteile dieser Technik bestehen in der hohen lateralen Auflösung des Sensors und in einer guten Winkel- und Entfernungsgenauigkeit (Hillenbrand, 2007). Weiterhin bietet die Erkennung verschiedener Objekttypen (Fahrbahnmarkierung, Verkehrsteilnehmer) das Potenzial der Integration verschiedener Assistenzfunktionen auf Basis nur eines Sensors (Fürstenberg & Schulz, 2005). Da sich die von LIDAR-Sensoren und Laserscannern verwendeten Wellenlängen näher am Spektrum des für den Menschen sichtbaren Lichts befinden, zeichnen sich gerade in solchen Situationen Funktionseinschränken ab, die auch für die menschliche visuelle Wahrnehmung problematisch sind. So können starker Schneefall, Regen und insbesondere Gischt die Detektionsgüte erheblich beeinflussen, da diese Umweltphänomene nur schwer von der Strahlung der Sensoren durchdrungen werden können.

Laserscanner wurden in der Vergangenheit hauptsächlich in der industriellen Fertigung zur Absicherung des Betätigungsumfeldes von Robotern und automatischen Transportsystemen verwendet und sind im Automobilkontext noch nicht im Serieneinsatz. Die Verwendung ist hier bislang auf Versuchs- und Forschungsfahrzeuge beschränkt, was nicht zuletzt mit dem relativ hohen Preis von Laserscannern verknüpft ist. Dennoch dienen Laserscanner während des Entwicklungsprozesses moderner Fahrerassistenzsysteme häufig als Referenzsensoren, wohingegen einfache LIDAR-Sensoren ohne rotierenden Spiegel schon seit längerer Zeit im Serienkontext Anwendung finden. Diese Sensoren sind in Japan im serienmäßigen Einsatz (Knoll, 2010b) und werden hier vor allem aufgrund der niedrigeren Kosten als Alternative zu Radarsensoren verwendet (z. B. bei Nissan; Schnieder, 2007)

2.2.3 Videosensoren

Videosysteme liefern anhand einzelner Bildaufnahmen Informationen, die der menschlichen Wahrnehmung und deren Verarbeitung am ähnlichsten sind. Die Verarbeitung dieser Bilder auf dem intelligenten und komplexen Niveau des menschlichen Gehirns ist jedoch auch bei modernsten Systemen nicht möglich. Trotzdem bietet gerade die Videosensorik den Vorteil, Informationen zu den sich im Umfeld des Egofahrzeugs befindlichen Objekten zu liefern, zu denen die bisher beschriebenen Sensoren nur schwer Zugang finden und leisten damit bei der Objektidentifikation und Klassifikation wertvolle Hilfe. Das Funktionsprinzip eines Videosystems besteht generell darin, über die Optik der Kamera einen beleuchteten Gegenstand (Bildquelle) zu sensieren und diesen auf einem Bildsensor (Imager) abzubilden, welcher die einzelnen

Bildpunkte in elektrische Ladung umwandelt. Zur weiteren Verarbeitung werden diese Bildpunkte schließlich an einen Bildverarbeitungsrechner weitergesendet, wobei bei analogen Kamerasystemen mithilfe eines Analog-Digital-Wandlers (ADC, Analog-Digital Converter) zuvor eine Umwandlung der analogen Signale in digitale Informationen stattfindet, welche nun mittels intelligenter Algorithmik zur Bildverarbeitung analysiert werden können. Abbildung 5 zeigt eine schematische Übersicht dieses sensorischen Prinzips.

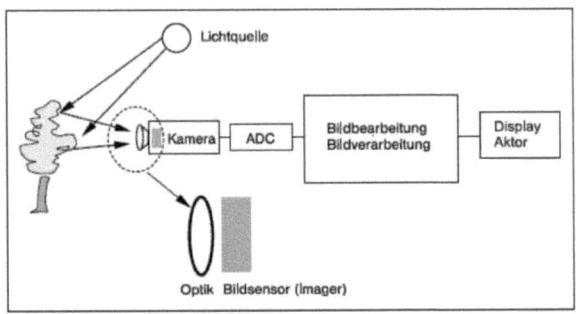

Abbildung 5: Schematische Darstellung des Signalflusses eines Videokamerasystems; ADC: Analog-Digital-Wandler. (Quelle: Wallentowitz & Reif, 2006, S. 420)

Für den Bereich der Videosensorik muss weiterhin zwischen *Monokamerasystemen* und *Stereokamerasystemen* unterschieden werden. Da Monosysteme nur mit Informationen aus einer Kamera arbeiten, fehlt diesen Systemen Tiefeninformation. Abstände zu erfassten Gegenständen können demnach nur schwer und über „Umwege", wie beispielsweise die Größe des erfassten Objektes oder die Lage der Unterkante des Objektes berechnet werden (Hillenbrand, 2007). Über Bewegungen im Bild und durch Mustererkennungsalgorithmen werden Objekte via Monokamerasysteme daher meist nur klassifiziert. Zur Klassifikation der erfassten Objekte werden dabei spezielle Algorithmen entwickelt, die typische Eigenschaften spezieller Objektgruppen registrieren und zuordnen können (z.B. Rücklichter oder Nummernschildaussparungen). Allein Stereokamerasysteme haben durch den Zugriff auf Daten aus zwei Videosensoren die Möglichkeit, über den Versatz der dem erfassten Objekt zugeordneten Pixel und den Abstand der beiden Videosensoren die Entfernung zum entsprechenden Punkt genau zu berechnen (Dang, Hoffmann & Stiller, 2005). Schließlich sind Systeme mit zwei Videosensoren jedoch teurer in ihrer Herstellung und Anschaffung, sodass die meisten Automobilhersteller mit Monokamerasystemen arbeiten. Die Anbringung der Videosensoren erfolgt in den meisten Fällen innerhalb des Fahrzeuginnenraumes auf Höhe des Rückspiegels oder innerhalb der Scheinwerfer des Fahrzeugs.

Der größte Nachteil der Videotechnik innerhalb der Fahrerassistenz liegt in der Tatsache begründet, dass die oben beschriebenen Videosysteme die gleichen Wellenlängen nutzen wie der menschliche Sehapparat. Die bei LIDAR-Sensorik und Laserscannern beschriebene Problematik verstärkt sich demnach noch weiter. Bestimmte Umgebungsbedingungen führen zu solch starken Einschränkungen, dass die vom Videosensor generierten Daten nicht mehr schlüssig von der Auswerteelektronik interpretiert werden können. Typische Beispiele für derartige Bedingungen sind sichteinschränkende Wetterverhältnisse wie starker Regen oder Schneefall, Nebel, eine tief stehende, blendende Sonne oder Dunkelheit. Vorteile der Videotechnik zeigen sich insbesondere in einer hohen Winkelauflösung und der Möglichkeit, Objekte in der Fahrzeugumgebung eindeutiger zu klassifizieren (z.B. Auto vs. Fußgänger).

2.2.3.1 Infrarotkameras

Videosensoren für den Infrarotbereich besetzen eine gesonderte Stellung im Bereich der Videosensorik für die Fahrerassistenz. Infrarotsensoren sollen es dem Fahrer auch bei Nacht und schlechter Sicht ermöglichen, die Umgebung des Fahrzeugs so gut wie möglich zu erkennen und Notsituationen zum frühestmöglichen Zeitpunkt als solche einzuordnen. Bei der Funktionsweise solcher Systeme wird zwischen den folgenden Prinzipien unterschieden (siehe dazu Abbildung 6).

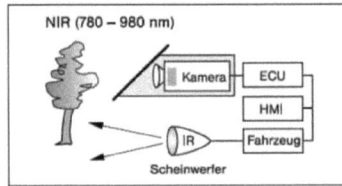 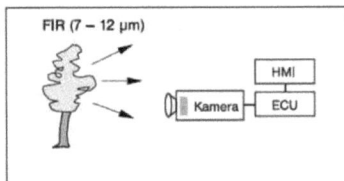

Abbildung 6: Nahinfrarot-System (links) und Ferninfrarot-System (rechts); IR: Infrarot; HMI: Display, ECU: Steuergerät. (Quelle: Wallentowitz & Reif, 2006, S. 433)

Ferninfrarotsysteme (FIR)

Als passive Infrarotsysteme senden diese Geräte keine zusätzliche Strahlung aus, sondern empfangen Wärmestrahlung in einem Bereich (7-12 µm), der nicht im menschlich wahrnehmbaren Lichtspektrum enthalten ist. Ferninfrarotkameras sind allein für Wärmestrahlung dieses Spektrums rezeptiv und senden ihre Signale über ein zwischengeschaltetes Steuergerät an ein Display im Fahrzeuginnenraum. Objekte mit höherer Temperatur zeigen sich innerhalb dieser Darstellung als helle Bildpunkte und setzen sich von Objekten mit niedrigerer Temperatur ab, die auf dem Display dunkler erscheinen. Ferninfrarotkameras können nicht wie reguläre Videokameras hinter der Windschutzscheibe angebracht werden (siehe oben), da diese die für die Kamera relevanten Wellenlängen nicht passieren lässt. Hersteller behelfen sich daher häufig mit Siliziumfenstern, die im Außenbereich des Fahrzeuges angebracht sind und die Front der Ferninfrarotkamera schützen (Wallentowitz & Reif, 2006).

Nahinfrarotsysteme (NIR)

Nahinfrarotsysteme gelten als aktive Videosensoren und sind für Infrarotstrahlung nahe dem für Menschen sichtbaren Spektrum sensibel (800-1000nm). Es bestehen keinerlei Objekte, die diese Art von elektromagnetischen Wellen selbst ausstrahlen, sodass diese Systeme spezielle Lichtquellen besitzen, die die Gegenstände im Erfassungsbereich anstrahlen (daher „aktive" Sensoren). Erst die Reflexion der vom System erzeugten Lichtwellen ermöglicht dem System, die gewünschten Bilder zu registrieren. Da die in diesen Systemstrukturen verwendete Strahlung nahe dem sichtbaren Bereich liegt, reflektiert diese ähnlich wie sichtbares Licht und erzeugt für den Menschen vertraute Bildstrukturen, die vom Betrachter leicht interpretiert werden können. Fahrzeuge, die mit derartigen Systemen ausgestattet sind, besitzen zusätzlich in den Scheinwerfern integrierte Halogenlampen, die die Umgebung ähnlich wie das herkömmliche Fernlicht ausleuchten, jedoch mit einem speziellen Filter ausgestattet sind, der die sichtbaren Restanteile des Lichtes unterdrückt (Wallentowitz & Reif, 2006). Die Kamera lässt sich bei dieser Systemstruktur innerhalb des Fahrzeugs hinter der Windschutzscheibe anbringen, da die relevante Strahlung die Windschutzscheibe passieren kann. Abbildung 7 stellt die Unterschiede beider Systeme dar, die sich in den aus dem Messprinzip resultierenden visuellen Darstellungen ergeben. Deutlich ist zu sehen, dass das Bild des Nahinfrarotsensors insgesamt kontrastreicher und schärfer erscheint. Ein Nachteil des Nahinfrarotbildes zeigt sich jedoch darin, dass bestimmte Lichtquellen wie die Scheinwerfer des Gegenverkehrs oder

Reflexionsflächen wie Verkehrsschilder oder Leitpfosten ähnlich stark hervorstechen, wie die Person auf dem Zweirad.

Abbildung 7: links: Ausgabe eines Nahinfrarotsystems; rechts: Ausgabe eines Ferninfrarotsystems
(Quelle : Wallentowitz & Reif, 2006, S. 435)

Die Übermittlung der Bildinformationen aus Infrarotsystemen wird unterschiedlich gelöst. Erste Systeme bildeten das Infrarotbild auf einem zentralen Monitor am Armaturenbrett des Fahrzeuges ab. Da dieser nicht ständig vom Fahrzeugführer überwacht werden kann, sind aktuelle Systeme teilweise mit einem „Head Up Display" im Fahrzeug verbunden, welches die Informationen direkt auf der Windschutzscheibe abbildet (Ehmanns, Aulbach, Strobel, Mayser, Kopf, Discher, Fischer, Oszwald & Orecher, 2008). Diese Technik bietet bei optimaler Anordnung der visuellen Informationen die Möglichkeit einer kontaktanalogen Darstellung, bei der der Fahrer die Anzeige als Bestandteil der realen Fahrumgebung wahrnimmt. Eine andere Strategie besteht in der Darstellung der Bildinformationen im zentralen Kombiinstrument des Fahrzeugs, was ebenfalls Vorteile hinsichtlich Ablesedauer und Ablenkungsgrad gegenüber der Anordnung am Armaturenbrett bietet (Knoll, 2010a).

2.2.4. Ultraschallsensoren[2]

Ultraschallsensoren sind in ihrem Funktionsprinzip grundsätzlich anders ausgerichtet, als die bisher geschilderten Umfeldsensoren der Fahrerassistenz. Sie stützen sich nicht auf elektromagnetische Strahlungen, sondern emittieren Schallwellen in Frequenzbereichen oberhalb der menschlichen Gehörschwelle (20 kHz – 1 GHz) und empfangen deren Reflexion an Objekten im näheren Fahrzeugumkreis (Schnieder, 2007). Die Zeit, die der Schall benötigt, um den Sensor wieder zu erreichen, wird zur Entfernungsbestimmung herangezogen. Häufig werden zur Kompensation geometrischer Messungenauigkeiten in Bezug auf die Begrenzung des eigenen Fahrzeugs mehrere Ultraschallsensoren parallel verwendet, was aufgrund des vergleichsweise niedrigen Preises der Sensoren weniger bedenklich ist, als bei anderen Sensorkonzepten. Die räumliche Auflösung von Ultraschallsensoren für die automobiltechnische Anwendung liegt bei ca. 1 cm (Hillenbrand, 2007), der Erfassungswinkel der Sensoren bewegt sich bei ca. 60° in horizontaler Ebene und bei 30° in der vertikalen Ebene. Abbildung 8 zeigt den schematischen Erfassungsbereich mehrerer parallel verwendeter Ultraschallsensoren für die übliche Anwendung innerhalb eines Einparkassistenten. Einschränkungen für die Fahrerassistenz zeigen sich bei Ultraschallsensoren insbesondere in der eher kurzen Reichweite (max. 4 m), der Häufung von Messfehlern bei Wind und schneller Fahrt und der Problematik bei schallabsorbierenden Materialien und sonstigen Oberflächen, die Schall nicht ausreichend reflektieren. Der größte Vorteil

---

[2] Ultraschallsensoren werden heute in der Mehrzahl aller Fälle für Einparkhilfen verwendet. Diese Art von Fahrerassistenz enthält keine oder nur wenig Sicherheitsaspekte und deckt sich nicht mit den angestrebten Zielen der eigenen Arbeit. Dennoch bestehen Forschungsbemühungen, auch die Ultraschallsensorik in Fahrerassistenzsysteme einzubinden, die vornehmlich auf die Erhöhung der Sicherheit für Fahrzeuginsassen und andere Verkehrsteilnehmer ausgerichtet ist (siehe Rephlo, Miller, Haas, Saporta, Stock, Miller, Feast & Brown, 2008), so dass die Erwähnung dieses Sensortyps ebenfalls von Relevanz ist.

dieser Sensorik offenbart sich jedoch im vergleichsweise günstigen Preis, sodass im regulären Anwendungsfall gleich mehrere Sensoren parallel verwendet werden können.

**Abbildung 8: Ultraschallsensoren innerhalb der Anwendung eines Einparkassistenten.
(Quelle: Knoll, 2004a, S. 276)**

2.3 Sensordatenfusion

Die Übersicht über die heute hauptsächlich verwendeten Umfeldsensoren innerhalb der Systemstrukturen moderner Fahrerassistenzsysteme macht deutlich, dass jede Sensorgruppe in ihrer Verwendung spezifische Vor- und Nachteile besitzt, die hauptsächlich auf die sensortypischen Messprinzipien zurückgehen. Beispielsweise können mittels Radarsensoren Entfernung und Relativgeschwindigkeit zu Objekten im Erfassungsbereich des Radarsensors ermittelt werden, eine Objektklassifikation ist jedoch nur bedingt möglich. Demgegenüber haben Videosensoren gerade bei der Bestimmung des Abstandes bestimmter Objekte Nachteile, können jedoch mithilfe spezieller Videoerkennungssoftware wertvolle Informationen zu der Natur des erfassten Objektes liefern. Um das Fahrzeugumfeld in einer möglichst hohen Detailgetreue abzubilden, dabei kleine und große Distanzen gleichermaßen zu erfassen und dies über eine große Bandbreite von Fahrsituationen (z.B. Stadtverkehr vs. Autobahn) hinweg zu gewährleisten, haben Entwickler von Fahrerassistenzsystemen das Prinzip der Datenfusion aus verschiedenen Sensoren unterschiedlicher Bauart aufgegriffen und auf den Kontext der Fahrerassistenz angewendet. Vorteile der verschiedenen Sensorprinzipien sollen damit in einem Gesamtsystem vereint, Nachteile der beteiligten Sensoren hingegen ausgeglichen werden. Neben der gezielten Nutzung der verschiedenen Vorteile einzelner Sensortypen stehen hinter diesem Vorgehen auch ökonomische Überlegungen. So führen Dietmayer, Kirchner & Kämpchen (2005) an, dass sich für zukünftige Generationen von Assistenzsystemen die Möglichkeit bietet, verschiedene Einzelapplikationen mit unterschiedlichen Funktionen an denselben Verbund von Sensoren zu koppeln, um so der aufwendigen Einzelentwicklung der Applikationen aus dem Weg zu gehen. Ein Sensorverbund wäre somit für verschiedene Systeme gleichzeitig nutzbar.

Trotzdem konfrontiert das Prinzip der Sensordatenfusion Hersteller und Entwickler mit einem weiten Problemfeld. Neben den Herausforderungen, die die zeitliche Synchronisierung der Daten aus unterschiedlichen Sensoren mit sich bringt, kann es geschehen, dass Informationen, die einzelne Sensoren zu einer aktuellen Fahrsituation liefern, nicht einheitlich zu interpretieren sind (siehe Abbildung 9).

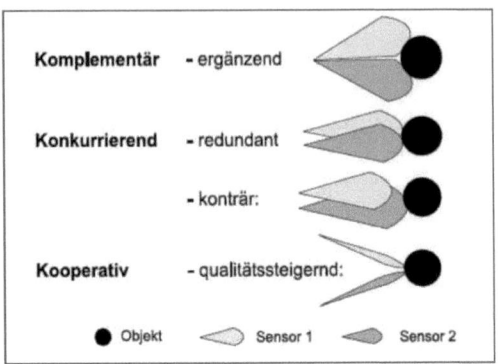

Abbildung 9: Messergebnisse verschiedener Sensoren bei paralleler Verwendung (Quelle: Dietmayer et al., 2005, S. 62)

So können die am Gesamtsystem beteiligten Einzelsensoren *komplementäre Daten* liefern und dabei unterschiedliche Bereiche der Umgebung abdecken, die zusammen ein entgegen dem Einzelsensor umfangreicheres und differenziertes Abbild der Umgebung liefern. Komplementäre Datenstränge können einerseits aus zwei baugleichen Sensoren an verschiedenen Anbringungsorten resultieren, andererseits jedoch auch aus Sensoren mit unterschiedlichen Funktionsprinzipien (z.B. Radar und Videokameras). *Kooperative Daten* ergeben sich dann, wenn bestimmte Informationen nur mit Hilfe gemeinsam wirkender Sensoren extrahiert werden können. Beispielsweise können zwei Videokameras an unterschiedlichen Anbringungsorten Informationen über die Entfernung einzelner Objekte im Erfassungsfeld erfassen, einer einzelnen Kamera ist dies nicht möglich (Dang et al., 2005). Als *konkurrierende Daten* werden diejenigen Datenstränge bezeichnet, die im Wesentlichen den gleichen Umfeldbereich abdecken. Sind diese redundant, enthalten sie dieselben Informationen zu den detektierten Objekten, decken sich also. Ein Konflikt entsteht jedoch dann, wenn Sensoren Informationen liefern, die widersprüchlich zueinander sind. Dies ist beispielsweise der Fall, wenn nur ein einzelner Sensor ein bestimmtes Objekt im Fahrzeugumfeld erkennt, andere am System beteiligte Sensoren jedoch nicht. Zusätzliche Konflikte können sich bei konträren Sensordaten zu Entfernung und Geschwindigkeit von Objekten ergeben. Entwickler begegnen dieser Problematik meist mit festen Entscheidungshierarchien. Dabei werden den einzelnen Sensoren bei der Bestimmung unterschiedlicher Parameter Prioritäten zugewiesen und aufbauend auf diesen spezifische Entscheidungen innerhalb der Einzelsysteme getroffen (Dietmayer et al., 2005). Der Hauptgewinn von Multisensorsystemen wird vornehmlich bei konkurrierend-redundanten und komplementär-ergänzenden Datensträngen deutlich. Redundante Daten erhöhen die Detektionssicherheit und zusätzlich die Genauigkeit der Messungen des Fahrzeugumfeldes. Komplementäre Daten hingegen vergrößern den Messbereich des Systems und erlauben die Bestimmung einer größeren Anzahl von Messvariablen (Dietmayer et al., 2005).

Beispiele für die parallele Nutzung verschiedenartiger Umfeldsensoren finden sich in der Literatur in großer Menge. Mögliche Kombinationen sind hierbei unter anderem die Fusion von Radar- und Videodaten (Fang, Masaki & Horn, 2001), Laserscanner- und Radardaten (Skutek & Linzmeier, 2005), Laserscanner- und Videodaten (Xie, Trassoudaine, Alizon, Thonnat & Gallice, 1993), Video- und GPS-Daten (Goldbeck, Hürtgen, Ernst & Kelch, 2000) oder Radar-, Laserscanner und Videodaten (Walessa et al., 2008).

2.4 Funktion und Anwendung bestehender Fahrerassistenzsysteme

Die Übersicht über serienreife oder in Entwicklung befindlicher Fahrerassistenzsysteme soll dem Leser verdeutlichen, welchen Stand Forschung und Entwicklung in diesem Segment erreicht haben und gleichzeitig die Grundkonzepte unterschiedlicher Systeme porträtieren. Wie oben erwähnt, erfolgt eine Unterteilung in passive und aktive Fahrerassistenzsysteme mit Fokus auf sicherheitsrelevante Aspekte, wobei bei den aktiven Systemen eine weitere Klassifikation auf Basis ihres Eingriffsbereiches (Längs- vs. Querführung) vorgenommen wird. Zur weiteren Verdeutlichung werden Beschreibungen aktueller Umsetzungen der Systeme verschiedener Hersteller gegeben.

2.4.1 Passive Fahrerassistenzsysteme

2.4.1.1 Pre-Crash Systeme

Trotz großer Bemühungen innerhalb der Entwicklung von Sicherheitssystemen und Bestrebungen zur strukturellen Verbesserung des Straßenverkehrs sind Kollisionen von Verkehrsteilnehmern immer noch ein alltägliches Geschehen. Ist eine solche Kollision unvermeidbar, treten Assistenzsysteme in Aktion, die dem Bereich der „Pre-Crash-Systeme" zugeordnet werden. Mechanische und elektromechanische Sensoren reagieren dabei auf eine aktuell stattfindende Kollision. In modernen Systemvarianten detektieren Umfeldsensoren Kollisionen des Nahbereichs unmittelbar vor ihrem Entstehen und können somit noch vor der Kollision sicherheitsrelevante Maßnahmen einleiten. Vorläufer aktueller

Systemstrukturen sind Airbageinrichtungen verschiedener Position und Bauart (z.B. Fahrerairbag, Seitenairbag etc.), oder „aktive Kopfstützen", die sich während einer Kollision nach vorne bewegen, um einem massiven Schleudertrauma des Fahrers vorzubeugen (Kramer, 2009). Als Beispiel für ein aktuell weit fortgeschrittenes System soll „Pre-Safe" von Mercedes-Benz dienen (Baumann, Justen & Schöneburg, 2003; Bachmann, Merz & Bogenrieder, 2009; Mellinghoff, Schöneburg, Breitling & Früh, 2009). Anhand der beiden im Fahrzeug integrierten 24 GHz Radarsensoren für den Nahbereich des Fahrzeugumfeldes registriert das System eine unmittelbar bevorstehende Kollision und leitet eine Reihe von präventiven Maßnahmen zum Insassenschutz ein. Dabei wird der Beifahrersitz in Sekundenbruchteilen in eine aufrechte Position gebracht, der Gurt elektromechanisch angezogen und an den Körper des Fahrers gestrafft, die seitlichen Fenster und das Schiebedach geschlossen und die Kopfstützen des Fahrzeugs um vier Zentimeter nach vorne und drei Zentimeter nach oben geschoben. Die so erreichte Sitzstellung und Gurtspannung halten den Passagier in einer für die Kollision optimalen Position (siehe Abbildung 10) und die veränderte Ausrichtung der Kopfstützen beugen einem Schleudertrauma vor.

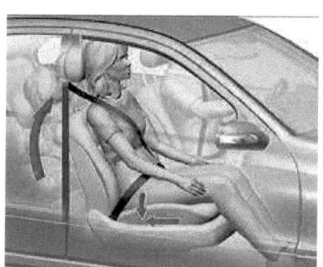

Abbildung 10: Funktionsweise von Pre-Safe am Beispiel des Beifahrersitzes (Quelle: www.mercedes-benz.de)

Kommt es schließlich zur Kollision, aktiviert das System die im Fahrzeug vorhandenen Airbags, um die Insassen weiter zu schützen. Der globale Sicherheitsgewinn durch passive Sicherheitssysteme der eben vorgestellten Art steht mittlerweile zwar außer Zweifel (Kramer, 2009). Die einzelnen Teilkomponenten der Pre-Crash Systeme können jedoch hinsichtlich ihrer Effizienz nicht eindeutig getrennt werden, da sie in den meisten Unfällen gemeinsam wirken.

2.4.1.2 Müdigkeits- und Aufmerksamkeitserkennung

Speziell während längeren und monotonen Fahrten besteht die Gefahr, dass der Fahrzeugführer durch Übermüdung kurzfristig die Kontrolle über das Fahrzeug verliert und so einen folgenschweren Unfall verursacht. Zur frühzeitigen Erkennung von Müdigkeit bestehen verschiedene Ansätze, darunter EEG-basierte Verfahren (Tietze, Hargutt, Knoblach, Fallgatter & Krüger, 2000), Verfahren auf Basis des Lenkverhaltens und Spurposition des Fahrzeugs (Friedrichs & Yang, 2010) oder auch die Messung verschiedener Charakteristika der Augenlidbewegungen (Hargutt, 2003). Innerhalb dieses Bereiches hat vor allem das Maß „PERCLOS" erhöhte Beachtung gefunden, welches den Prozentsatz der Zeit bezeichnet, für den die Lider des Fahrers zu mehr als 80 % geschlossen sind. Dieses Maß zeigt einen engen Zusammenhang zu unterschiedlichen Gütekriterien sicheren Fahrstils (z.B. Querführung, Lenkgeschwindigkeit etc.; vgl. Dingus, Hardee & Wierwille, 1987). Verschiedene Systeme nutzen PERCLOS, um kritische Fahrerzustände während der Fahrt zu messen und den Fahrer bei Übermüdung zu warnen (z.B. Jan, Karnahl, Seifert, Hilgenstock & Zobel, 2005). Zur Veranschaulichung soll hier das DFM-System („Driver Fatigue Monitor") von Blanco, Bocanegra, Morgan, Fitch, Medina, Olson,

Hanowski, Daily, Zimmermann, Howarth, Di Domenico, Barr, Popkin & Green (2009) angeführt werden (siehe Abbildung 11).

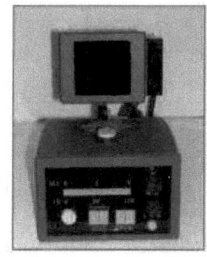

Abbildung 11: „Driver Fatigue Monitor" zur Müdigkeitserkennung
(Quelle: Blanco et al., 2009, S. 36-39)

Das System besteht aus einer kleinen Bedienoberfläche für den Fahrer und einer integrierten Nahinfrarotkamera zur Messung der Augenlidbewegungen des Fahrers. Erreichen diese kritische PERCLOS-Werte, reagiert das System mit auditiven und visuellen Signalen. Die Intensität der Signale, die Helligkeit des Displays, wie auch die Sensitivität des Systems sind vom Fahrer über die Bedieneroberfläche des Systems regelbar. Das System ist in seiner Funktion einzig auf die Warnung des Fahrers beschränkt, wobei einzelne Warnungen durch den Fahrer unterdrückt werden können.

Die Funktionalität des Systems wurde von den Entwicklern in einer Langzeitstudie untersucht, während der mit 48 Fahrzeugen insgesamt 2.400.000 Meilen zurückgelegt wurden. Hierbei konnte gezeigt werden, dass Fahrer, deren LKW mit dem System ausgestattet worden waren, niedrigere PERCLOS-Werte hatten als reguläre Fahrer ohne das System. Jedoch wurden keine positiven Effekte innerhalb der Schlafhygiene und des Schlafmusters der Probanden registriert. Systeme zur Müdigkeitserkennung sind derzeit nur sehr eingeschränkt auf dem freien

Markt erhältlich, das oben beschriebene DFM-System ist aktuell noch nicht serienmäßig verbaut.

2.4.1.3 Geschwindigkeitswarnsysteme

Geschwindigkeitsbegrenzungen innerhalb des öffentlichen Straßenverkehrs stehen in engem Zusammenhang mit dem Bestreben, den Straßenverkehr für alle Teilnehmer so sicher wie möglich zu gestalten. Bereiche, die nur mit angemessen niedrigen Geschwindigkeiten sicher zu befahren sind, werden meist deutlich als solche gekennzeichnet. So darf in Deutschland innerhalb von Wohngebieten häufig nicht mehr als 30 km/h gefahren werden, innerhalb von Ortschaften nicht mehr als 50 km/h. Weitere Geschwindigkeitsbegrenzungen finden sich häufig vor Verkehrspunkten mit erhöhtem Gefahrenpotenzial, wie stark verengte Kurven oder uneinsichtige Straßenabschnitte. Übertretungen der Geschwindigkeitsvorgaben münden somit häufig in Situationen mit erhöhter Unfallgefahr.

Eine spezielle Sparte von Fahrerassistenzsystemen widmet sich eigens dieser Problematik und soll den Fahrer vor beabsichtigten und unbeabsichtigten Übertretungen abhalten. Innerhalb der Forschung zeigen sich dabei unterschiedliche Herangehensweisen an das Themengebiet. Auf der einen Seite stehen Assistenzsysteme, die auf die Einhaltung der Geschwindigkeit in speziellen Situationen ausgerichtet sind (z.B. vor Kurven; vgl. University of Michigan Transportation Research Institute, 2007; LeBlanc, Sayer, Winkler, Ervin, Bogard, Devonshire, Mefford, Hagan, Bareket, Goodsell & Gordon, 2006), auf der anderen Seite Systeme, die permanent die Geschwindigkeit des Fahrzeuges mit der aktuellen

Geschwindigkeitsvorgabe vergleichen und bei gegebener Abweichung entsprechend reagieren (Regan, Young, Triggs, Tomasevic, Mitsopoulos, Tierney, Healy, Connelly & Tingvall, 2005). Um zu registrieren, welche Geschwindigkeitsvorgaben für die derzeitige Fahrumgebung gelten, nutzen Entwickler unterschiedliche Sensoren. Häufige Anwendung finden dabei GPS-Empfänger, die es im Verbund mit digitalen Umgebungskarten ermöglichen, die Position des Fahrzeugs im Verkehrsnetz zu bestimmen. In Kombination mit Zusatzinformationen zu Geschwindigkeitsvorgaben aus dem digitalen Kartenmaterial erkennen diese Systeme, ob das Fahrzeug bestehende Geschwindigkeitsvorschriften verletzt. Sind die Assistenzsysteme weiterhin speziell auf die Warnung vor Kurven ausgelegt, werden die Daten zu Krümmung und Verlauf einer bevorstehenden Kurve berechnet und aufbauend darauf eine Schätzung einer sicheren Kurvengeschwindigkeit ausgegeben. Eine andere Herangehensweise zur Messung aktueller Geschwindigkeitsvorgaben bieten Videosensoren, die mit Algorithmen zur Bildverarbeitung Verkehrsschilder und deren Inhalte erkennen und darauf aufbauend dem Fahrer die aktuelle Vorgabe rückmelden (Ehmanns et al., 2008; Biffar, Lassowski & Sielaff, 2010). Als nachteilig an dieser Technik zeigt sich die Tatsache, dass die Erkennungsleistung dieser Systeme von Umgebungsbedingungen abhängig ist. Befindet sich zwischen der Kamera und dem gültigen Verkehrsschild ein Hindernis, kann die Optik der Kamera das Schild nicht erfassen. Eine weitere Problematik stellt das international unterschiedliche Design von Verkehrsschildern dar. Zur Veranschaulichung der Funktionsweise einer typischen Umsetzung des oben beschriebenen Assistenzprinzips soll das von Adell & Várhelyi (2008) beschriebene System dienen (siehe Abbildung 12).

Moderne Fahrerassistenzsysteme

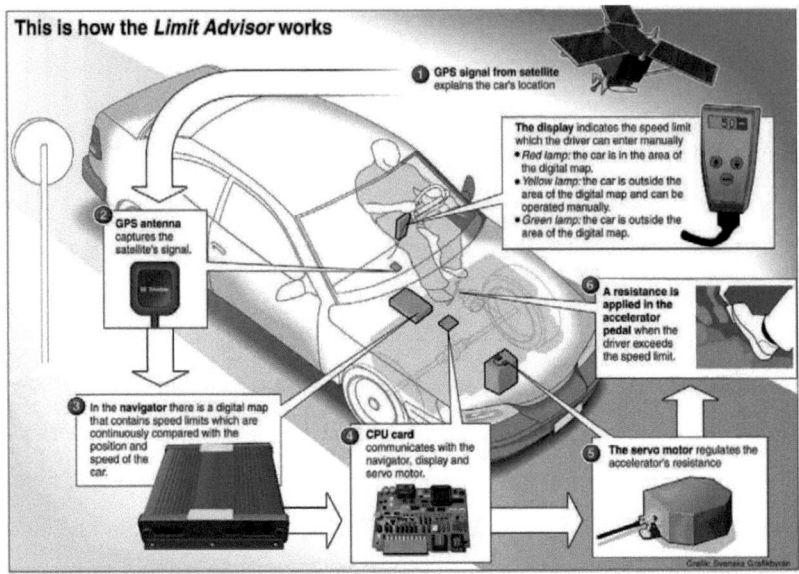

Abbildung 12: Funktionsweise des aktiven Gaspedals (Quelle: Adell &Várhelyi, 2008, S. 39)

Über einen GPS-Empfänger und eine digitale Kartenumgebung generiert das System Informationen zur derzeitigen Geschwindigkeitsvorgabe und gleicht diese mit der aktuellen Geschwindigkeit des Fahrzeuges ab. Fährt der Fahrer schneller als er darf, aktiviert sich ein Servomotor, der den Widerstand des Fahrpedals beeinflusst und diesen um das drei- bis vierfache seiner normalen Ausgangsfunktion erhöht. Das „aktive Gaspedal" ist nun viel schwerer für den Fahrer zu betätigen und meldet anhand dieser Widerstandserhöhung eine Überschreitung der vorgegebenen Geschwindigkeit. Über ein interaktives Display kann der Fahrer zusätzlich manuell eine Richtgeschwindigkeit eingeben, um das System auch außerhalb des Bereiches der digitalen Karte zu nutzen.

Untersuchungen zur Effizienz dieser Assistenzsysteme zur Geschwindigkeits-regulierung zeigen ein differenziertes Bild. Neben Arbeiten, die den Systemen keine greifbare Effizienz nachweisen können (LeBlanc et al., 2006) existieren Publikationen, die den Systemen einen fundamentalen Sicherheitsgewinn bescheinigen (Vägverket, 2002; für Simulatorstudien siehe Comte & Jamson, 2000). Eine nur schwer zu kontrollierende Problematik zeigt sich bei fortschreitender Nutzungsdauer der Systeme. So konnte zwar nachgewiesen werden, dass Fahrer ihre Geschwindigkeit durch die Systeme reduzieren, jedoch lässt dieser Effekt mit der Zeit nach (Warner & Åberg, 2008). Dieser Trend scheint sich kontinuierlich mit der Nutzungsdauer fortzusetzen und wurde über verschiedene Systemauslegungen hinweg gefunden (Lai, Hjälmdahl, Chorlton & Wiklund, 2010).

2.4.1.4 Spurverlassenswarner

In der Fachsprache meist mit der Abkürzung „LDW" (Lane Departure Warning) bezeichnet, sollen Spurverlassenswarner den Fahrer vor einem unbeabsichtigten Verlassen der eigenen Fahrspur warnen. Insbesondere während längerer Fahrten und damit einhergehender Ermüdung besteht für den Fahrer die Gefahr, ein langsames aber kontinuierliches Abkommen aus dem idealen Bereich in der Mitte der aktuellen Fahrspur nicht rechtzeitig zu bemerken und daraufhin entweder mit Fahrzeugen auf anderen Fahrspuren zu kollidieren, oder von der Fahrbahn abzukommen. Um die Position des Fahrzeuges innerhalb der Spur zu erfassen, bestimmen Spurverlassens-warner den Abstand zur linken und rechten Fahrspurbegrenzungslinie. Unterschreitet der Abstand einen kritischen Wert, warnt das System den Fahrer vor einem weiteren Abkommen von der Mitte.

Um die Fahrspurlinien zu erfassen und den Abstand zu messen, nutzen Entwickler dieser Systeme in den häufigsten Fällen Videosensoren (z.B. LeBlanc, Johnson, Venhovens, Gerber, DeSonia, Ervin, Chiu-Feng, Ulsoy & Pilutti, 1996), in einem von Clanton, Bevly & Hodel (2009) aufgezeigten Ansatz auch in Kombination mit Daten eines GPS-Gerätes und einer hoch auflösenden digitalen Karte, um die Videosensorik bei schlechten Sichtverhältnissen zu unterstützen (siehe auch Gern, A., Gern, T., Franke & Breuel, 2001). Zwar konnte auch gezeigt werden, dass Laserscanner ebenfalls zur Erkennung der Fahrspur geeignet sind (Sparbert, Dietmayer & Streller, 2001), breite Anwendung auf dem öffentlichen Markt finden derzeit jedoch meist Systeme auf Basis von Videosensorik. Für die Warnungen an den Fahrer wurden anfänglich verschiedene Modalitäten kombiniert. So verwendeten Chen, Jochem & Pomerleau (1995) haptische, visuelle und auditive Signale indem das von ihnen beschriebene System Vibrationen am Lenkrad generiert, Warntöne über das Stereosystem des Fahrzeuges abspielt und Warnlampen auf einem LCD-Monitor im Armaturenbrett aktiviert. Aktuelle LDW-Systeme beschränken sich hingegen meist auf Warnungen der haptischen Modalität, wobei die Vibration des Lenkrads (Vukotich, Popken, Rosenow & Lübcke, 2008) oder des Sitzes (T.B. Sayer, J.R. Sayer & Devonshire, 2005) die am häufigsten gewählte Umsetzung darstellt. Als anschauliches Systembeispiel soll der von Vukotich et al. (2008) beschriebene Spurhalteassistent „Audi lane assist" dienen (siehe Abbildung 13). Eine schwarz-weiß Kamera mit einer Sichtweite von 60 Metern und einem Öffnungswinkel von 40° ist über dem Rückspiegel angebracht und zeichnet fortwährend die Szenerie vor dem Fahrzeug auf.

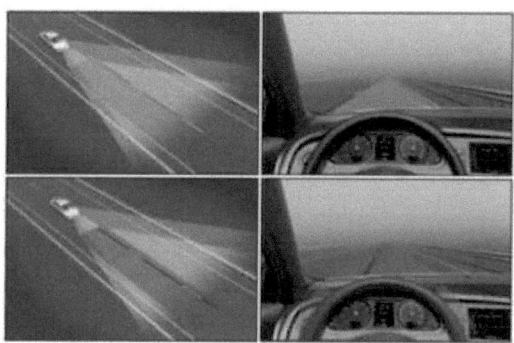

Abbildung 13: Funktionsweise von „Audi lane assist"
(Quelle: www.audi.de)

Mittels Algorithmen zur Bildverarbeitung wird der Abstand zu den Fahrspurbegrenzungslinien berechnet. Gerät das Fahrzeug zu nah an eine der Linien, vibriert das Lenkrad des Fahrzeugs. Der Fahrer wird über eine Statusanzeige im Cockpit über den derzeitigen Systemstand informiert. Kann die Videosensorik keine der Fahrspuren sicher erkennen, wird das System automatisch deaktiviert. In diesem Zustand erfolgen keine Warnungen mehr.

Die gegenwärtige Literatur beinhaltet diverse Untersuchungen zum objektiven Nutzen von Assistenzsystemen dieser Art. Bei deren Übersicht zeichnet sich ein einheitliches Bild zugunsten des Systemprinzips ab. So berichten Portouli, Papakostopoulos, Lai, Chorlton, Hjälmdahl, Wiklund, Chin, DeGoede, Hoedemaeker, Brouwer, Lheureux, Saad, Pianelli, Abric & Roland (2006) und Alkim, Bootsma & Hoogendoorn (2007) von einer verbesserten Spurführung durch den Einsatz von Spurhalteassistenten und Wilson, Stearns, Koopmann & Yang (2007) schätzen nach einer sehr umfangreichen Studie, dass sich die jährliche Unfallrate um mindestens

5.200 Fälle verringern könnte, falls das System flächendeckend in den USA zum Einsatz käme.

2.4.1.5 Kollisionswarnsysteme

Fahrerassistenzsysteme, die den Fahrer in sicherheitskritischen Situationen rechtzeitig vor Kollisionen mit anderen Verkehrsteilnehmern warnen, sind mittlerweile in Serienreife und bei diversen Herstellern zu erwerben. Anhand unterschiedlicher Sensoren detektieren diese Systeme andere Verkehrsteilnehmer im Umfeld des Fahrzeugs, berechnen aus den so gewonnenen Sensordaten die Wahrscheinlichkeit einer Kollision und warnen den Fahrer rechtzeitig mittels verschiedener Strategien. Die Systeme lassen sich hierbei in Systeme mit Fokus auf den *Längsverkehr*, *Nachtsicht- und Fußgängererkennungssysteme*, *Spurwechselassistenten* und *Kreuzungs-assistenten* kategorisieren.

Bei der Entwicklung dieser Systeme stellt sich unter anderem die Frage, welche Art von Warnung das Fahrzeug in einer Gefahrensituation an den Fahrer ausgibt. Prinzipiell kann zwischen *optischen, auditiven und haptischen Warnungen* unterschieden werden, wobei innerhalb der einzelnen Modalitäten zusätzlich weitere Variationsmöglichkeiten bestehen (z.B. Frequenz eines Warntones). Rein optische Warnungen zeigen grundsätzlich das Problem, dass der Fahrer das Signal nur wahrnehmen kann, wenn eine Blickzuwendung auf die Signalquelle stattfindet. Richtet der Fahrer seinen Blick auf die Straße, könnte er keine optischen Warnungen wahrnehmen, die im Cockpit des Fahrzeuges dargestellt werden. Da eine häufige Blickabwendung vom Verkehrsgeschehen nur beim Führen von sehr langsamen Fahrzeugen möglich ist, sind Systeme, die allein mit optischer Kollisionswarnung arbeiten, auch nur in dieser Art von Fahrzeugen implementiert (Mertz, 2005; Steinfeld & Tan, 2000). Eine Umgehung des Problems der Blickabwendung zur Wahrnehmung des Warnsignals bieten „Head-Up-Displays", die Informationen direkt in die Windschutzscheibe des Fahrzeugs projizieren (Sprenger, 1993; Färber & Maurer, 2005) und somit eine Blickabwendung nicht nötig machen. Auditive Warnsignale bieten den Vorteil, dass sie vom Fahrer unabhängig von seiner Blickrichtung wahrgenommen werden und ihn in jeder Lage erreichen können. Sie erfordern keine Orientierungsreaktion des Fahrers und sind unmittelbar zugänglich. Beispiele für Kollisionswarnsysteme auf Basis rein auditiver Warnungen sind bei Ben-Yaacov, Maltz & Shinar (2002), Bliss & Acton (2003) und Abe & Richardson (2006) zu finden. Eine dritte Gruppe von Warnmodalitäten besteht aus haptischen Signalen, die dem Fahrer ebenfalls kritische Fahrsituationen signalisieren sollen. Anders als bei auditiven Warnungen stellt sich hier das Problem, dass die haptische Übertragung immer über Komponenten stattfinden muss, die mit dem Fahrer in Berührung sind. In vielen Fällen verwenden Forscher und Entwickler hierfür Vibrationen am Lenkrad (Steele & Gillespie, 2001) oder Fahrersitz (Zador, Krawchuk & Voas, 2000; Hoffman, Lee & Hayes, 2003). Eine andere Lösung bietet ein kurzer und intensiver „Bremsruck" (Lloyd, Wilson, Nowak, Alvah & Bittner, 1999; Brown, Lee, Perez, Doerzaph, Neale & Dingus, 2005; Färber & Maurer, 2005), der vom Fahrzeug als Warnung an den Fahrer abgegeben wird, jedoch keine erheblichen Verzögerungen verursacht und damit nicht die Gefahr birgt, selbst Auffahrunfälle zu provozieren. Ein Vorteil dieser Warnmodalität ist, dass die vom System geforderte Reaktion des Fahrers bereits in der Warnung enthalten ist. In den meisten Fällen einer bevorstehenden Kollision stellt die richtige Fahrerreaktion eine starke Bremsung dar, die durch den „Bremsruck" schon in Ansätzen vorgegeben ist. Stellt man die drei Warnmodalitäten in den experimentellen Vergleich, zeigen sich für haptische und auditive Warnungen innerhalb kritischer Fahrsituationen die günstigsten Reaktionszeiten (Scott & Gray, 2008). Auch berichten verschiedene Autoren von Arbeiten, bei denen Warnsignale unterschiedlicher Modalität kombiniert wurden (Lee, McGehee, Brown & Reyes, 2002; Fitch, Kiefer, Hankey & Kleiner, 2007; Marberger, 2007; Marberger & Schindhelm, 2007). Eine finale Schlussfolgerung zugunsten einer optimalen Kombination bestimmter Modalitäten kann trotzdem nicht gezogen werden, die empirische Datenbasis hierzu lässt dies nicht zu. Entsprechend dieser Sachlage zeigen aktuell verfügbare Systeme verschiedene Kombinationen der drei Modalitäten, auditive und haptische Warnungen finden jedoch die breiteste Anwendung.

2.4.1.5.1 Kollisionswarnsysteme für den Längsverkehr

Warnsysteme dieser Art erfassen[3] Fahrzeuge und Hindernisse, die sich in Längsrichtung vor dem Egofahrzeug befinden und warnen bei kritischer Annäherung dieser Objekte an das eigene Fahrzeug. Die vom System forcierte Fahrerreaktion besteht in der Herstellung eines größeren Abstandes zum vorausfahrenden Fahrzeug, in vielen Fällen also in der Verzögerung des eigenen Fahrzeuges oder – falls möglich – ein abruptes Ausweichmanöver. Derartige Systeme bestehen für LKW und PKW, jedoch mit unterschiedlichem Systemdesign. Häufig zeigen die Systeme eine mehrfach abgestufte Warnsystematik, die je nach Kritikalität der

---

[3] Kollisionswarnsysteme für den Längsverkehr sind in den meisten Fällen in ein ACC-System integriert (siehe unten) und funktionieren auf Basis dessen Sensoren. Für weitere Informationen zu den verwendeten Sensoren soll an dieser Stelle auf das Kapitel zur „Adaptiven Abstands- und Geschwindigkeitsregelung" verwiesen werden.

Situation unterschiedlich intensiv warnt (Fitch, Rakha, Arafeh, Blanco, Gupta, Zimmermann & Hanowski, 2008). Für Lkw-Fahrer ergeben sich bei einem drohenden Unfall im Längsverkehr nur wenige Handlungsmöglichkeiten, durch die die Situation entschärft werden könnte. Ein plötzliches Ausweichmanöver ist aufgrund der enormen Masse des Fahrzeugs nicht möglich, sodass in den meisten Fällen nur die intensive Betätigung der Bremse bleibt. Weiterhin bewegen sich LKW im regulären Verkehr weniger dynamisch mit konstanteren Abständen zum vorausfahrenden Fahrzeug. Dementsprechend können die Systeme so ausgelegt werden, dass schon geringe Abweichungen von einem optimalen Abstand zum vorausfahrenden Fahrzeug an den Fahrer rückgemeldet werden. Verringert sich der Abstand weiter, so passt das System die Warnstufe dem aktuellen Abstand weiter an. Im ausgiebig erprobten System von Fitch et al. (2008) beginnt diese Abstufung bei visuellen Warnungen, geht zu intensiven auditiven Warnungen über und durchschreitet dabei insgesamt zehn verschiedene Warnstufen. PKW hingegen bewegen sich im Straßenverkehr weitaus dynamischer und mit höheren Relativgeschwindigkeiten. Dem Fahrer bleibt in kritischen Situationen zu einem relativ späten Zeitpunkt noch die Möglichkeit, durch Ausweichmanöver einer Kollision zu entgehen. Um wiederholte Fehlalarme zu vermeiden, besteht hier die Notwendigkeit, die Auslöseschwelle für Kollisionswarnsysteme nicht zu niedrig anzusetzen und einzelne Warnungen innerhalb der Wahrnehmung des Fahrers hinsichtlich ihrer Relevanz nicht zu schwächen. Ben-Yaacov et al. (2002) legen ihr System so aus, dass erst bei einem zeitlichen Abstand („Time Headway") von einer Sekunde zwischen dem Egofahrzeug und dem vorausfahrenden Fahrzeug ein Warnton ertönt, der erst bei Rückkehr in größere Wertebereiche erlischt. Das von Duba & Bock (2008) beschriebene

System hingegen stuft die Warnung in zwei Phasen, die Vorwarnung beinhaltet ein visuelles Signal im Cockpit und einen Warngong, die Akutwarnung einen kurzen, harten Bremsruck des Fahrzeugs.

Kollisionswarnsysteme für den Längsverkehr besitzen ein hohes Sicherheitspotenzial. Sie helfen dem Fahrer, kritische Situationen schneller einzuschätzen und adäquat darauf zu reagieren. Fitch et al. (2008) prognostizieren für den flächendeckenden Einsatz eines Systems auf Basis des von ihnen aufgezeigten Designs eine Reduktion der Auffahrunfälle um 4.800 Fälle pro Jahr im Lkw-Bereich der USA. Auch Ben-Yaacov et al. (2002) zeigen in ihren Experimenten, dass ihr System für den Pkw-Bereich die Nutzer veranlasst, weitaus sicherere Abstände zu anderen Verkehrsteilnehmern zu halten.

2.4.1.5.2 Nachtsicht und Fußgängererkennung

Die Kollision eines Fahrzeuges mit einem Fußgänger oder Fahrradfahrer stellt sich im Straßenverkehr als überaus kritisches Szenario dar. Fußgänger haben im Gegensatz zu den Personen in Kraftfahrzeugen keinerlei Schutz, der die mechanische Wirkung einer Kollision annähernd abdämpfen könnte. Zwar besitzen Fahrzeuge neuerer Generationen Systeme zur Reduktion fataler Verletzungen des Fußgängers (Oh, Kang & Kim, 2008), jedoch besteht das Ziel dieser Sicherheitsapplikationen nicht in einer kompletten Abwendung der Kollision, sondern eher in der Minimierung der schlimmsten Folgen, beispielsweise des Todes des Fußgängers.

Anders verhält sich dies bei Systemen, die zur frühzeitigen Erkennung von Fußgängern entworfen werden, um dem Fahrer unter schlechten

Sichtbedingungen (z.B. Nebel, Dunkelheit) in seiner Umgebungswahrnehmung zu assistieren. Dabei werden von Forschern unterschiedliche Sensorprinzipien gewählt. Neben Laserscannern (Fürstenberg & Lages, 2003), Radarsensoren (Milch & Behrens, 2001) und regulären Stereokamerasystemen (Shimizu & Poggio, 2004), haben sich vor allem Infrarotkameras bewährt und finden breiten Serieneinsatz (Bertozzi, Broggi, Caraffi, Del Rose, Felisa & Vezzoni, 2007; Knoll, 2010a). Probandenexperimente zeigten hierbei deutlich, dass Ferninfrarotsysteme zur früheren Erkennung von Fußgängern während Nachtfahrten führten als Nahinfrarotsysteme (Tsimhoni, Bärgman, Minoda & Flannagan, 2004). Zusätzliche visuelle Warnungen in der Fahrzeugkonsole konnten diese Distanzen nochmals vergrößern (Tsimhoni, Flannagan & Minoda, 2005). Leuchtenberg & Abel (2007) konnten ebenfalls anhand von Probandenexperimenten zeigen, dass Fahrer bei Nachtfahrten mit Hilfe von Ferninfrarot-Systemen, die Videobilder des Verkehrsgeschehens über ein Head-Up-Display auf die Windschutzscheibe projizierten, Fußgänger früher wahrnehmen und dementsprechend früher abbremsen. Passend zu diesen Erkenntnissen basiert das auf dem Markt erhältliche System „BMW Night Vision" (Ehmanns et al., 2008) auf einer Ferninfrarotkamera mit ca. 300 m Reichweite. Laut Hersteller extrahiert ein intelligenter Algorithmus aus den Bilddaten der Kamera Informationen über Fußgänger im vorderen Umfeldbereich des Fahrzeugs. Wird ein Fußgänger erkannt, warnt das System den Fahrer im Head-Up-Display und gibt gleichzeitig an, auf welcher Straßenseite der Fußgänger registriert worden ist (siehe Abbildung 14).

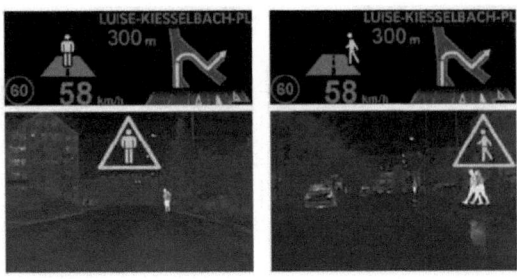

Abbildung 14: Warnhinweise *von „BMW Nightvision"* im Head-Up-Display (Quelle: Ehmanns et al., 2008, S. 119).

2.4.1.5.3 Spurwechselassistenten[4]

Für Kraftfahrzeugführer ergibt sich häufig die Problematik, dass sich andere Verkehrsteilnehmer im „toten Winkel" des eigenen Fahrzeuges befinden und so nicht über einen Blick in den Außenspiegel wahrgenommen werden können. Ist die Straßenführung zusätzlich relativ gerade und halten mehrere Fahrzeuge konstante Geschwindigkeiten in ähnlicher Höhe, besteht die Gefahr, dass während Überholmanövern Objekte im toten Winkel schlichtweg übersehen werden. Eine so entstehende Kollision kann insbesondere auf stark befahrenen Straßen fatale Folgen haben. Unfallszenarien dieser Gruppe soll mit Assistenzsystemen begegnet werden, die dem Fahrer bei Spurwechseln assistieren und bei kritischen Situationen vor Kollisionen mit anderen Verkehrsteilnehmern warnen. Dabei werden Fahrzeuge mit Umfeldsensoren bestückt, die den „toten Winkel" und weitere Bereiche hinter dem eigenen Fahrzeug überwachen und dem Fahrer Objekte

---

[4] Bei der Literaturrecherche fanden sich einige Projekte, die die Überwachung des toten Winkels mit Ultraschallsensoren vornehmen. Diese Forschungsprojekte widmen sich jedoch eher Kraftfahrzeugen für den städtischen Gebrauch und der Prävention von Unfällen, deren Inhalt hauptsächlich in kleineren Kollisionen mit Blechschäden besteht. Diese Arbeiten nehmen einen sehr geringen Bereich innerhalb der Kollisionswarnsysteme ein, sodass keine detaillierte Beschreibung folgt. Zur weiteren Information sei jedoch auf Rephlo, Miller, Haas, Saporta, Stock, Miller, Feast & Brown (2008) verwiesen.

rückmelden, die sich in den erfassten Bereichen befinden[5]. Entwickler arbeiten dabei mit Sensoren unterschiedlicher Art, zum Einsatz kommen Infrarotsensoren (Kiefer & Hankey, 2008), Radarsensoren (Vukotich et al., 2008), Videokamerasysteme (Wu, W.H. Chen, Chang, C.J. Chen & Chung, 2007) oder Kombinationen verschiedener Sensortypen (z.B. Stereokameras und Radarsensoren; vgl. Ruder, Enkelmann & Garnitz, 2002).

Ein Beispiel dieses Assistenzprinzips ist „Audi side assist", ein auf dem Markt erhältlicher Spurwechselassistent der neben Fahrzeugen im toten Winkel auch vor Objekten warnt, die sich schnell von hinten annähern (Vukotich et al., 2008). Das System arbeitet mit zwei Radarsensoren (24 GHz), die in der hinteren Stoßstange des Fahrzeuges verbaut sind und den Bereich neben und hinter dem Egofahrzeug großflächig abdecken (siehe Abbildung 15). Signallampen in den Außenspiegeln warnen den Fahrer vor kritischen Situationen. Insgesamt können zwei verschiedene Warnstufen in Kraft treten. Erkennt die Sensorik ein Fremdfahrzeug, welches sich durch die kurze Entfernung zum eigenen Fahrzeug oder durch seine schnelle Annäherung als ein potenzieller Kollisionspartner bei einem Spurwechsel eingestuft wird, leuchtet die Warnanzeige dauerhaft auf. Setzt der Fahrer in dieser Situation den Blinker, beginnt die Warnanzeige rhythmisch zu pulsieren und zeigt dem Fahrer so an, dass ein Spurwechsel in dieser Situation mit hoher Wahrscheinlichkeit zu einer Kollision führen würde.

---

[5] Spurwechselassistenten sind laut ISO-Norm 17387 nach Überwachungsbereich (nur toter Winkel vs. annähernde Fahrzeuge), maximal registrierbarer Relativgeschwindigkeit annähernder Fahrzeuge (10 m/s, 15 m/s, 20 m/s), minimalem Kurvenradius (125m, 250m, 500m) und Art der Warnung (Abstufung nach Kritikalität) klassifiziert (International Organization for Standardization [ISO], 2008).

Abbildung 15: Sensorik und Warnlampen von „Audi Side Assist" (Quelle: www.audi.de)

Spurwechselassistenten konnten sich auch in kontrollierten Probandenversuchen als effizient und sicherheitsrelevant erweisen. Kiefer & Hankey (2008) zeigten beispielsweise, dass Probanden bei der Nutzung eines Spurwechselassistenten schrittweise ihr Verhalten veränderten und vor Spurwechseln sorgfältiger prüften, ob sich potenzielle Kollisionspartner in unmittelbarer Umgebung des Egofahrzeuges befanden.

2.4.1.5.4 Kreuzungsassistenten

Fahrerassistenzsysteme, die Kollisionen innerhalb von Kreuzungen vermeiden sollen, werden als Kreuzungsassistenten bezeichnet. Diese Systeme nehmen innerhalb der bisher geschilderten passiven Assistenzsysteme eine gesonderte Stellung ein, da die Problematik der sicheren und fehlerfreien Wahrnehmung des Fahrzeugumfeldes durch maschinelle Sensoren hier intensiv in den Vordergrund tritt. Eine Straßenkreuzung stellt besonders in urbaner Umgebung hohe Anforderungen an den Fahrer. Häufig begegnen sich beispielsweise Links- und Rechtsabbieger in der Mitte der Kreuzung, sodass beide Fahrer ihre Aufmerksamkeit verstärkt auf andere Verkehrsteilnehmer richten müssen.

Auch Fußgänger und Fahrradfahrer konfrontieren den Fahrer mit der kurzfristigen Notwendigkeit, Konzentration und Aufmerksamkeit stark zu erhöhen. Es liegt auf der Hand, dass eine solch komplexe Situation nur mit hohem Aufwand automatisiert von Sensoren erfasst werden kann. Dennoch nahmen sich einige Forscher und Entwickler dieser Aufgabe an und konstruierten Systeme, die die Durchfahrt von Kreuzungen sicherer gestalten sollen[6].

Auch innerhalb der Kreuzungsassistenz verwenden verschiedene Forschergruppen unterschiedliche Sensortypen, um die Umgebung des Fahrzeugs abzubilden. Gehrig, Wagner & Franke (2003) stützen sich dabei allein auf Videosensoren im Verbund mit GPS-Daten und einer digitalen Karte. Die Forscher arbeiten dabei gleichzeitig mit frei beweglichen, aktiven Stereokameras und festen Panoramakameras, sodass neben der genauen Anvisierung einzelner Objekte auch eine 360°-Umsicht gewährleistet ist. Algorithmische Verarbeitung der Videodaten erlaubt die Detektion, Klassifizierung und Abstandbestimmung von Objekten in der näheren Umgebung des Fahrzeugs, sobald das Fahrzeug mittels des GPS-Empfängers erkennt, dass es eine Kreuzung befährt. Pierowicz, Jocoy, Lloyd, Bittner & Pirson (2000) entwickelten ihr System dementgegen auf Basis von Radarsensoren, deren Daten ebenfalls mit GPS-Daten und Informationen aus einer virtuellen Karte fusioniert werden. Drei 24 GHz Radargeräte überwachen den Bereich vor und neben dem Fahrzeug, der Fahrer wird bei kritischer Annäherung an fremde Objekte mittels visueller, auditiver und haptischer Signale („Bremsruck"; siehe Lloyd et al., 1999)

---

[6] Zwar konnten innerhalb verschiedener Forschungsprojekte erfolgreich einzelne Systeme in Versuchsträgern implementiert werden, jedoch sind bislang noch keine Kreuzungsassistenten auf dem freien Markt zu erwerben. Die Literatur hält leider nur sehr wenige Beschreibungen von Gesamtsystemen bereit, sodass hier nur auf insgesamt drei Systeme eingegangen wird.

vor einer Kollision gewarnt. Das im europäischen Forschungsprojekt entwickelte Assistenzsystem „INTERSAFE" geht innerhalb der für das System relevanten Verkehrssituationen über die Standardsituation an Kreuzungen hinaus (Fürstenberg, 2005; Fürstenberg, Hopstock, Obojski, Rössler, Chen, Deutschle, Benson, Weingart & Chinea Manrique de Lara, 2007). Neben der Erfassung anderer Fahrzeuge auf Kreuzungen und während Abbiegemanövern kann das System mit speziell ausgestatteten Verkehrsampeln kommunizieren und den Fahrer vor dem unbeabsichtigten Überfahren einer roten Ampel warnen. INTERSAFE richtet seine Funktion auf drei Hauptkategorien aus (siehe auch Abbildung 16):

a) Abbiegemanöver nach links
b) Durchfahren einer Kreuzung mit Querverkehr
c) Passieren einer Ampel

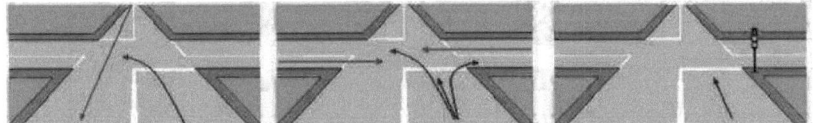

Abbildung 16: links: Abbiegemanöver nach links; mitte: Durchfahren einer Kreuzung mit Querverkehr; rechts: Passieren einer Ampel. (Quelle: Fürstenberg et al., 2007, S. 10-11)

Die im Projekt aufgebauten Demonstratoren wurden hierfür mit einer Videokamera, zwei Laserscannern und mit dem für Kreuzungsassistenten üblichen GPS-Gerät inklusive digitaler Karte ausgestattet. Die Laserscanner (Reichweite bis 200 m, Öffnungswinkel ca. 240°) sind im linken und rechten Stoßfänger integriert, die Videokamera (Reichweite bis 50 m, Öffnungswinkel ca. 45°) wie üblich im Bereich des Innenspiegels. Zusätzlich enthält das Gesamtsystem einen „Wireless Lan" Empfänger, der mit eigens hierfür ausgestatteten Ampeln kommunizieren und deren Status abfragen kann. Mittels der Laserscanner lokalisiert und kategorisiert das System Objekte im Umfeld des Fahrzeuges und warnt den Fahrer vor solchen Verkehrsteilnehmern, deren Fahrrichtung und Geschwindigkeit eine Kollision mit dem Egofahrzeug wahrscheinlich machen. Die Videosensorik dient einerseits der Erfassung von Spurmarkierungen und verbessert andererseits mittels Sensordatenfusion die Klassifikation der Objekte im Fahrzeugumfeld. Über die GPS-Daten lokalisiert das System die Position des eigenen Fahrzeugs innerhalb der digitalen Karte und kann somit feststellen, wo sich das Fahrzeug innerhalb der Kreuzung befindet. Schließlich ist das System bei einer Annäherung an eine Ampel durch den „Wireless Lan" Empfänger über deren Status informiert und kann den Fahrer bei zu schneller Annäherung warnen. Die Warnungen des Systems sind visueller und auditiver Natur und treten je nach Kritikalität der Situation gestuft auf. Eine Balkenanzeige im Cockpit schaltet mit steigender Kollisionswahrscheinlichkeit von grün, über gelb auf rot, um dem Fahrer bei Annäherung an einen potenziellen Kollisionspartner angemessen auf die Situation aufmerksam zu machen. Möchte der Fahrer dennoch in die vom System als kritisch definierte Richtung abbiegen, schalten die Blinkerlampen im Cockpit von gelb auf rot und ein Warnton ertönt.

Zur Effizienz von Kreuzungsassistenten bei flächendeckendem Einsatz existieren derzeit nur wenig wissenschaftliche Erkenntnisse. Zwar berichten Forschergruppen von erfolgreichen Nutzerstudien (Chen, Deutschle & Fürstenberg, 2007) und geben positive Prognosen hinsichtlich des Potenzials der entwickelten Systeme zur Unfallvermeidung (Pierowicz et al., 2000)[7], jedoch können bislang keine übergreifenden Aussagen zum Sicherheitsgewinn des Systemprinzips von Kreuzungsassistenten gemacht werden.

2.4.2 Aktive Fahrerassistenzsysteme

Aktiv in die Fahrzeugdynamik und damit in das Verkehrsgeschehen eingreifende Fahrerassistenzsysteme beinhalten ein hohes Potenzial zur Steigerung der Sicherheit, da diese Systeme immer dann eingreifen sollen, wenn der Fahrer notwendige Eingriffe nicht mehr selbst vornimmt. Dies kann aus unterschiedlichen Gründen geschehen. Sekundenschlaf durch Übermüdung oder Ablenkung vom Verkehrsgeschehen sind typische Beispiele für Situationen, in der der Fahrzeugführer kurzfristig keine volle Kontrolle mehr über das Fahrzeug hat. Insbesondere für Momente dieser Art wurden Sicherheitssysteme entwickelt, die durch autonome Eingriffe in das Fahrgeschehen sicherheitskritischen Situationen vorbeugen sollen. Gerade die Tatsache, dass der Eingriff des Systems häufig völlig autonom erfolgt, also nicht bewusst vom verantwortlichen Fahrzeugführer eingeleitet wird, erschafft jedoch haftungspolitisches Konfliktpotenzial und hemmt die breite Einführung von aktiven Systemen bis zum jetzigen Zeitpunkt, sodass die Anzahl aktiv eingreifender Systeme der passiver Systeme weit unterlegen ist.

---

[7] Die Forscher prognostizieren für den flächendeckenden Einsatz ihres Systems eine Reduktion der Kreuzungskollisionen um 617.000 Fälle pro Jahr bei einer volkswirtschaftlichen Ersparnis von 4,9 Billionen US-Dollar.

2.4.2.1 Aktive Fahrerassistenzsysteme mit Eingriffen in die Längsführung

Die in diesem Unterkapitel beschriebenen Systeme greifen autonom in die Längsführung des Fahrzeugs ein. Bremsassistenten sind dabei nur auf die Verzögerung des Fahrzeuges ausgerichtet, ACC-Systeme hingegen beschleunigen das Fahrzeug zusätzlich auf eine vom Fahrer eingegebene Wunschgeschwindigkeit.

2.4.2.1.1 Adaptive Abstands- und Geschwindigkeitsregelung

ACC – Systeme („Adaptive Cruise Control"; vgl. Duba & Bock, 2008; Bosch, 2007) gelten als direkte Nachfolger regulärer Tempomaten in Kraftfahrzeugen, deren Funktionsspektrum allein die konstante Einhaltung einer vom Fahrer gewählten Geschwindigkeit umfasste. Dieser Vorläufer des modernen ACC regelt die Wunschgeschwindigkeit meist allein über die Kraftstoffzufuhr und bezieht dabei keine Informationen aus der Fahrzeugumgebung mit ein. ACC-Systeme halten das Fahrzeug ebenfalls konstant auf einer vom Fahrer vorgegebenen Wunschgeschwindigkeit, detektieren jedoch vorausfahrende Fahrzeuge und bremsen das Egofahrzeug bei einer Annäherung automatisch ab, um so einen konstanten Abstand zum erfassten Fremdfahrzeug einzuhalten. Hält das vorausfahrende Fahrzeug kontinuierlich eine Geschwindigkeit, die unter der Wunschgeschwindigkeit vom Fahrer liegt, passt das ACC-System die eigene Geschwindigkeit dem des Fremdfahrzeuges so lange an, bis dieses aus dem Erfassungsbereich des ACC-Sensors verschwindet. Wenn die Fahrspur vor dem Egofahrzeug wieder frei ist, beschleunigt das ACC-System auf die Wunschgeschwindigkeit des Fahrers (siehe Abbildung 17). ACC-Systeme neuerer Generationen verzögern das Fahrzeug maximal mit

3.5 m/s^2 und steuern die Bremsen des Fahrzeugs direkt an, Vorgänger aktueller Systeme arbeiteten hingegen mittels Variation der Kraftstoffzufuhr und automatischem Wechsel der Fahrstufe (Koziol, Inman, Carter, Hitz, Najm, Chen, Lam, Penic, Jensen, Baker, Robinson & Goodspeed, 1999). Die modernsten Ausprägungen von ACC-Systemen regeln zusätzlich den „Stop and Go Verkehr", bremsen das Fahrzeug also innerhalb der für das System möglichen Verzögerungsbereiche bis zum Stillstand ab und fahren automatisch wieder an[8] (Ehmanns et al., 2008; Limbacher & Färber, 2010). Situationen, die stärkere Eingriffe als 3.5 m/s^2 erfordern, werden von den Systemen nicht selbstständig bewältigt, eine Übernahmeaufforderung (z.B. Warngong) signalisiert dem Fahrer dabei diese Systemgrenzen und geht mit einer automatischen Deaktivierung des Systems einher.

Abbildung 17: Funktionsweise von ACC-Systemen. (Quelle: Knoll, 2005, S. 234)

Um Abstand und Relativgeschwindigkeit anderer Fahrzeuge zu bestimmen arbeiten ACC-Systeme mit Radar- oder LIDAR-Sensoren. Zumindest auf

---

[8] Die ISO-Norm 15622 definiert für das Standard-ACC-System Grenzen hinsichtlich maximaler Beschleunigung (-3,5m/s^2 bis 2.5 m/s^2), minimaler Sollgeschwindigkeit (30 km/h), Zeitlücke (mind. 1s) und anderer relevanter Eckdaten (ISO, 2010). ISO-Norm 22179 erweitert diese Angaben für ACC-Funktionen, die bis in den Stillstand bremsen und einen größeren Geschwindigkeitsbereich abdecken (ISO, 2009).

dem westlichen Markt haben sich jedoch Radarsensoren etabliert, was in großen Teilen mit der Robustheit dieser Technik gegenüber bestimmten Umwelteinflüssen zusammenhängt und der damit auch bei schlechten Umweltbedingungen gegebenen Funktionalität von ACC (Winner, Danner & Steinle, 2009). Einige Systeme verbinden Radarsensoren zusätzlich mit Informationen aus dem GPS-Empfänger des Fahrzeugs und erzielen damit eine bessere Kursprädiktion als mit den sonst üblichen Variablen wie Lenkradwinkel, Querbeschleunigung oder Giergeschwindigkeit. Dies ist vor allem für die korrekte Priorisierung erkannter Fahrzeuge notwendig und hilft unter anderem, Fehler innerhalb der Fahrspurzuordnung dieser Objekte zu vermeiden (siehe Baum, Hamann & Schubert, 1997). Zum objektiven Nutzen von ACC-Systemen besteht eine breite empirische Datenbasis, die für das Systemprinzip ein vornehmlich positives Bild zeichnet. So konnte gezeigt werden, dass durch den breiten Einsatz von ACC-Systemen eine optimierte Ausnutzung der Verkehrswege zustande kommt (Koziol et al., 1999) und mit einer deutlichen Verringerung des Kraftstoffverbrauches zu rechnen ist, was hauptsächlich mit der geringeren Varianz von Beschleunigungs- und Verzögerungswerten während des ACC-Betriebes verbunden ist (Marsden, McDonald & Brackstone, 2001; Bose & Ioannou, 2001). Zusätzlich schätzen Forscher, dass eine flächendeckende Einführung des Systems mit einer Reduktion von Auffahrunfällen um 10 % einhergehen könnte (Najm, Stearns, Howarth, Koopmann & Hitz, 2006).

2.4.2.1.2 Bremsassistenten

Bremsassistenten sollen dem Fahrer in Notsituationen helfen, die Bremskraft an die aktuell erforderlichen Ausprägungen in schneller Zeit anzupassen und das Fahrzeug somit optimal zu verzögern. Erste Systeme entfalteten ihre Wirkung erst bei spezifischen Eingaben des Fahrers (z.B. Pedalbetätigung), moderne Systeme hingegen greifen autonom in das Fahrgeschehen ein und verzögern das Fahrzeug selbstständig.

Einfache Bremsassistenten

Schon vor einigen Jahren erkannten Unfall- und Verkehrsforscher die Tatsache, dass der Großteil der Autofahrer die Bremse des Fahrzeugs in Notsituationen zu zögerlich betätigt und das Verzögerungspotenzial des Fahrzeuges somit nicht ausreichend nutzt (Zomotor, 1991). Ausgedehnte Simulatorstudien machten deutlich, dass Fahrer in Kollisionssituationen das Bremspedal mit relativ niedriger Kraft betätigen und das Pedal nicht konsequent durchtreten (Kiesewetter, Klinker, Reichelt & Steiner, 1997). Die Verzögerungsleistung des Fahrzeuges wird somit nicht voll ausgeschöpft und wertvolle Meter innerhalb des Anhalteweges verschenkt. Dennoch konnte auch beobachtet werden, dass Fahrer das Bremspedal in Notsituationen zu Anfang mit einer 2-3fach erhöhten Geschwindigkeit betätigten. Diesen spezifischen Charakter einer Panikbremsung innerhalb von Notsituationen macht sich der Vorläufer moderner Bremsassistenten zunutze. Bei Mercedes-Benz unter der Abkürzung „BAS" eingeführt (Kiesewetter et al., 1997) und mittlerweile auch bei anderen Automobilherstellern in Verwendung (Ehmanns et al., 2008), erkennen einfache Bremsassistenten eine vom Fahrer intendierte Notbremsung über die erhöhte Geschwindigkeit der Pedalbetätigung und dem charakteristischen Anstieg des Bremsdrucks. Daraufhin erhöhen diese Systeme den Bremsdruck automatisch mit maximaler Geschwindigkeit bis in den Regelbereich des ABS-Systems. Damit kann der Fahrer von einer verkürzten Schwellzeit und einer höheren mittleren Verzögerung profitieren (siehe Abbildung 18). Sobald das Bremspedal nicht mehr betätigt wird, unterbricht der Bremsassistent seinen Eingriff. Bremsassistenten dieser Art konnten sich in verschiedenen Untersuchungen als effiziente Sicherheitssysteme beweisen. So konnte gezeigt werden, dass der BAS eine Verkürzung des Bremsweges um 45 % bei trockener Fahrbahn ermöglicht (Breuer, Faulhaber, Frank & Gleissner, 2007).

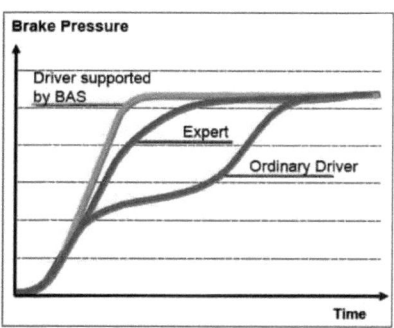

Abbildung 18: Aufbau des Bremsdrucks während einer Notbremsung für ungeübte Fahrer, Experten und mit Assistenz durch den BAS. (Quelle: Breuer et al., 2007, S. 2)

Es ist offensichtlich, dass diese Verkürzung des Bremsweges das Potenzial zur Vermeidung und Abschwächung einer großen Anzahl verschiedener Unfalltypen besitzt, darunter auch Kollisionen mit Fußgängern, die plötzlich die Straße passieren (z.B. Schöneburg & Breitling, 2005; Unselt, Breuer & Eckstein, 2004), deren Ausgang ein maximales Verletzungsrisiko birgt. Folgegenerationen des Bremsassistenten wurden dahingehend erweitert, dass neben Informationen zur Betätigung des Bremspedals auch Komponenten der Fahrpedalbetätigung durch den Fahrer mit in die Systemlogik einbezogen werden (Heißing & Ersoy, 2007; Winner, 2009a). Nimmt der Fahrer den Fuß abrupt vom Gaspedal und setzt ihn unmittelbar danach auf die Bremse, erkennt das Assistenzsystem diese schnelle „Pedalwechselzeit" als eine Reaktion des Fahrers auf eine aktuelle Notsituation. Der Druck in den Bremsleitungen des Fahrzeuges wird vorsorglich erhöht und die Bremsbeläge an die Bremsscheiben angelegt, sodass bei einer folgenden Betätigung des Bremspedals der volle Bremsdruck sofort zur Verfügung steht. Auch die Geschwindigkeit, mit der der Fahrer das Fahrpedal loslässt, bietet sich als Kennwert zur Klassifikation der Fahrerreaktion an und wird derzeit als zusätzlicher Richtwert diskutiert (Abendroth, Weiße & Landau, 2006).

Der Vorteil des Systemprinzips einfacher Bremsassistenten zeigt sich in der unkomplizierten Umsetzung und Sensorik des Systems. Es benötigt keine Sensoren, die die Umgebung des Fahrzeugs erfassen (z.b. Radar oder LIDAR) und zeigt sich als kostengünstige Alternative für den breiten Einsatz in unterschiedlichen Fahrzeugkategorien. Gerade die Tatsache, dass der Eingriff des Bremsassistenten nicht durch Umfeldsensorik plausibilisiert werden kann und allein auf Pedalbetätigungswege und Pedalgeschwindigkeit aufbaut, führt jedoch zu einer konservativeren Auslegung des Systems, deren Auslöseschwelle so hoch angesetzt ist, dass einige Notbremssituationen nicht detektiert werden können (Kühn, Fröming & Schindler, 2007).

Erweiterte Bremsassistenz auf Basis von Umfeldsensoren

Eine nächste Generation von Bremsassistenten fällt die Entscheidung eines Eingriffes nicht mehr allein über die Pedalbetätigung des Fahrers, sondern berücksichtigt auch Daten von Radarsensoren, die an der Front des Fahrzeugs angebracht sind (siehe Abbildung 19). Mercedes-Benz führte 2005 mit „BAS-Plus" als erster Hersteller ein derartiges System auf dem Fahrzeugmarkt ein (Breuer & Gleissner, 2006; Göhlich, 2008). BAS-Plus vereint dabei die Eigenschaften eines Kollisionswarnsystems mit denen eines Bremsassistenten. Anhand zweier Nahbereichsradarsensoren

(24 GHz) und eines Fernbereichsradars (77 GHz) erfasst das System vorausfahrende Fahrzeuge und warnt den Fahrer vor einer kritischen Annäherung dieser Objekte erst visuell und bei weiterer Erhöhung der Kritikalität durch einen Warnton.

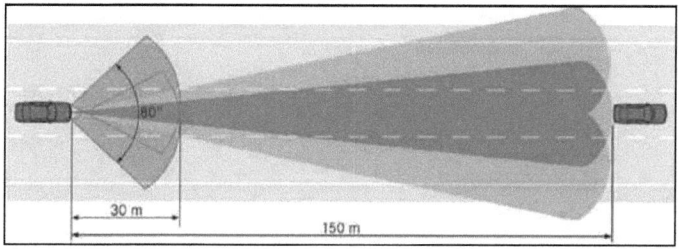

Abbildung 19: Sensorik von BAS-Plus. Quelle: Breuer & Gleissner, 2006, S. 395)

Gleichzeitig füllt der Assistent die Bremsanlage des Fahrzeugs vor und berechnet auf Grundlage von Abstand, Geschwindigkeit und Relativgeschwindigkeit die exakte Bremskraft, die für die Bewältigung der Situation nötig ist. Reagiert der Fahrer auf die Warnung und betätigt die Bremse, baut das System automatisch die vorher berechnete Bremskraft auf und verzögert das Fahrzeug, falls erforderlich, sogar mit maximaler Bremskraft. Das hier realisierte Funktionsprinzip bietet den Entwicklern die Möglichkeit, den oben dargelegten Konflikt bei der Parametrierung des Systems besser zu kontrollieren. Da die zusätzlich wirkende Radarsensorik die Umgebung des Fahrzeuges mit einbezieht, kann ein valideres Abbild der Fahrsituation erlangt und eine genauere Abschätzung der Kritikalität vorgenommen werden. Das System läuft nun weniger Gefahr, eine Fehleinschätzung der Situation vorzunehmen und kann angemessener parametriert werden. Somit werden weniger relevante Situationen vom System als irrelevant eingestuft, der Fahrer kann damit rechnen, in Notsituationen verlässlich gewarnt und unterstützt zu werden.

Fahrsimulatorexperimente der Entwickler stützen die Annahme der erhöhten Verkehrssicherheit durch BAS-Plus (Breuer & Gleissner, 2006; Breuer et al., 2007). Es konnte gezeigt werden, dass die Unfallrate bei kritischen Situationen deutlich gesenkt wird und bei unvermeidbaren Kollisionen mit einer signifikanten Reduktion der Aufprallgeschwindigkeit gerechnet werden kann.

Bremsassistenz mit autonomer Teil- und Vollbremsung

Aufgrund stetiger Fortentwicklung von Sensorik und Verarbeitungsalgorithmik erweitern Hersteller fortwährend das Funktionsspektrum und die damit in Verbindung stehenden Wirkungsbereiche moderner Bremsassistenten. So greifen die neuesten Versionen der aktiven Assistenzsysteme nicht mehr nur in Verbindung mit Eingaben des Fahrers ein (z.B. Betätigung des Bremspedals), sondern leiten im Gefahrenfall autonom Eingriffe ein, die die Kritikalität der Situation entschärfen sollen. Verschiedene Hersteller konnten Bremsassistenten entwickeln, die die Fahrsituation eigenständig klassifizieren und im äußersten Fall ohne Zutun des Fahrers eine Bremsung einleiten. Die erste Funktionsstufe dieser autonomen Bremsassistenten beinhaltete hierbei noch keine Eingriffe mit maximaler Bremskraft (Gayko & Kodaka, 2005). Erst in jüngster Zeit sind auch Systeme erhältlich, die in Notsituationen autonome Vollbremsungen einleiten und dabei die maximal mögliche Bremsenergie des Fahrzeugs aufwenden (Henle, Regensburger, Danner, Hentschel & Hämmerling, 2009; Breitling, Breuer, Dragon, Rutz, Leucht, Pasquini, Petersen, Mücke & Tattersall, 2009). Detektieren die Sensoren des Systems einen potenziellen Kollisionspartner, werden verschiedene Warnungen an den Fahrer abgegeben. Reagiert dieser nicht, so beginnt das System mit einer autonomen Teilbremsung. Je nach

Systemauslegung folgt dieser Teilbremsung eine Bremsung mit maximal möglicher Bremskraft. Entwickler erproben derartige Systeme für verschiedene Anwendungsbereiche. Mittlerweile existieren sowohl funktionsbereite Prototypen als auch Seriensysteme mit autonomen Bremseingriffen für den Bereich der Kollisionsvermeidung mit Fußgängern (Meinecke, Obojski, Töns & Dehesa, 2005), für die Lkw-Anwendung (Wiehen, Lehmann & Figueroa, 2009; Walessa et al., 2008) und die Pkw-Anwendung (Häring, Wilhelm & Branz, 2009; Distner, Bengtsson, Broberg & Jakobsson, 2009; Biffar et al., 2010). Die einzelnen Systeme arbeiten auf Grundlage der im Bereich der Bremsassistenz typischerweise verwendeten Sensoren, bedienen sich also der Daten aus Videokameras, Radarsensoren und Laserscannern.

Zur exemplarischen Veranschaulichung des Systemprinzips dient das PRE-SAFE System von Mercedes-Benz, welches als frei verfügbares Assistenzsystem in Notsituationen eine autonome Notbremsung mit voller Intensität initiiert (Henle et al., 2009).

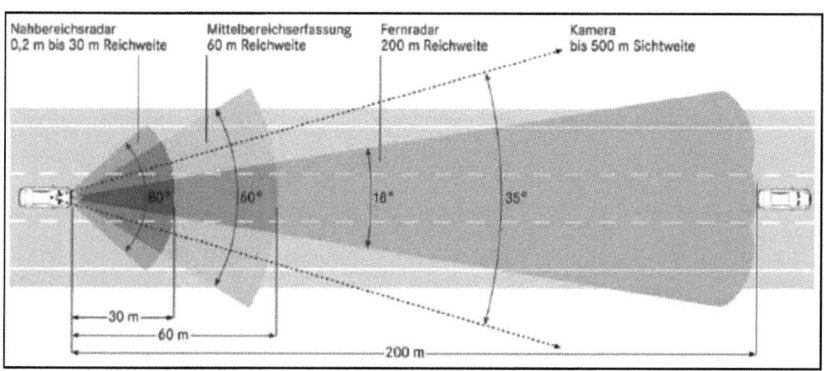

Abbildung 20: Sensorik von Pre-Safe. (Quelle: Henle et al., 2009, S. 57)

Auf Basis von zwei Nahbereichsradarsensoren (24 GHz, 80°) mit einer Reichweite von 30 m, einem Fernbereichsradarsensor (77 GHz, 18°) mit der Reichweite von 200 m und einem im Fernbereichsradar integrierten Radarsensor (77 GHz, 60°) für den Mittelbereich vor dem Fahrzeug (ca. 60 m) erfasst das System die vorderseitige Umgebung des Egofahrzeugs und prüft diese auf potenzielle Kollisionspartner (siehe Abbildung 20). Detektiert der Assistent einen potenziellen Kollisionspartner, leitet das System je nach berechneter Zeit bis zum hypothetischen Zusammenstoß („Time to Collision" – TTC) verschiedene Maßnahmen zur Kollisionsvermeidung ein:

- <u>Vermeidung eines drohenden Unfalls – Stufe I</u>: Errechnet das System für ein Objekt vor dem Egofahrzeug einen TTC-Wert zwischen *2,6 s **und** 1,7 s* werden auditive und visuelle Warnsignale an den Fahrer abgegeben, um auf die Kritikalität der Situation hinzuweisen. Reagiert der Fahrer mit der Betätigung des Bremspedals, stellt das in PRE-SAFE integrierte Subsystem BAS-Plus sofort die passende Bremskraft zur Verfügung (siehe oben).

- <u>Vermeidung eines drohenden Unfalls – Stufe II</u>: Ergibt sich für das vom System als potenzieller Kollisionspartner eingestufte Objekt ein TTC-Wert *1,6 s **bis** 0,7 s*, bremst das System autonom mit 40 % der maximal möglichen Bremskraft ab. Ist diese Stufe erreicht, wird das Fahrzeug durch diverse Pre-Crash Subsysteme (siehe 2.4.1.1) automatisch auf den bevorstehenden Aufprall vorbereitet

- <u>Verringerung der Aufprallschwere – Stufe III</u>: Nähert sich das von der Radarsensorik erfasste Objekt weiter an das Egofahrzeug an und errechnet das System eine ***TTC von 0,6 s*** oder darunter, so ist die letzte Stufe von PRE SAFE erreicht. Die PRE-SAFE Bremse vergrößert die Bremskraft von der vorherigen Teilbremsung nun auf maximale Bremskraft, initiiert also eine Vollbremsung. Ein Zusammenstoß kann zu diesem Zeitpunkt auch bei aktivem Lenkeingriff des Fahrers nicht mehr verhindert werden, der Fokus liegt nun allein auf der Verringerung der Kollisionsenergie.

Im optimalen Fall reagiert der Fahrer auf die vom System erbrachten auditiven und visuellen Warnungen oder merkt spätestens beim Eingriff der Teilbremsung in Stufe II, dass sich das Fahrzeug in einer kritischen Situation befindet. Bis zu diesem Zeitpunkt kann er dem drohenden Unfall noch durch Lenkeingriffe ausweichen oder mit einer selbst eingeleiteten Bremsung vorher zum Stehen kommen. Erst in Phase III kann das System nicht mehr übersteuert werden, eine Kollision ist hier jedoch nicht mehr zu vermeiden. Publikationen des Herstellers berichten von positiven Validierungsergebnissen dieses Sicherheitssystems. Schon die Vorstufe der aktuellen Systemversion, die noch nicht mit voller Intensität bremste, konnte laut Hersteller in Simulatorstudien auf Basis von Daten aus realer Verkehrsumgebung seinen Nutzen erfolgreich demonstrieren (Breuer & Gleissner, 2006; Breuer et al., 2007). Daneben liegen bereits experimentelle Daten zur neuesten Version des Assistenten vor. So berichten Breitling et al. (2009) von einer zusätzlichen Reduktion der Aufprallgeschwindigkeit auf stehende Objekte um 16 km/h.

2.4.2.1.3 Exkurs: Fehlauslösungen von autonomen Bremsassistenten und deren Wirkung auf den Fahrer

Selbstverständlich sollte einer der Hauptansprüche an ein aktives Fahrerassistenzsystem in dessen absolut verlässlicher Funktionalität bestehen, insbesondere bei Systemen, die autonom Bremseingriffe initiieren und damit intensiv in das Fahrgeschehen eingreifen. Trotzdem zeigt sich bei dem näheren Studium der Literatur, dass die verschiedenen Forschergruppen bei der Überprüfung ihrer Systeme immer wieder mit *„falschen Alarmen"* zu kämpfen haben. Falsche Alarme können als Fehlauslösungen des Systems beschrieben werden, während der das System fälschlicherweise eine Notsituation diagnostiziert und je nach Systemtypus entsprechend reagiert. Im ungünstigsten Fall führt eine solche Fehlauslösung dazu, dass das Fahrzeug plötzlich stark abbremst, ohne dass dies von der derzeitigen Verkehrssituation gefordert wird. Unschwer lassen sich diverse Unfallszenarien herleiten, die aus einem solchen Fahrmanöver resultieren können. Weiterhin könnte aus theoretischer Sicht durchaus der Fall eintreten, dass der Fahrer des Fahrzeuges aufgrund einer Schreckreaktion ungünstig auf die plötzlich eintretende Notbremsung reagiert (z.B. starke Lenkbewegungen) und die Situation womöglich weiter verschlimmert. Fehlauslösungen stellen somit bei der Entwicklung von Bremsassistenten nach wie vor eine der größten Hürden dar. So wird das Gütekriterium in einschlägigen Publikationen nicht binär hinsichtlich des Auftretens oder Fernbleibens von Fehlalarmen abgestuft, sondern anhand der genauen Anzahl von Fehlalarmen während der Erprobungsfahrten definiert (z.B. Walessa et al., 2008). Dies zeigt deutlich, dass Entwickler dieser Systeme vorerst nicht von einer komplett fehlerfreien Funktionalität ausgehen. Um Fehlauslösungen möglichst weit einzudämmen oder gar komplett zu verhindern, bietet sich den Entwicklern unter anderem die

Möglichkeit, diejenige Schwelle zu erhöhen, ab der das System sicher von einer bevorstehenden Kollision ausgeht und eine Bremsung initiiert. Situationen, die bei niedriger Auslöseschwelle zu einer Fehlauslösung des Systems geführt hätten, würden damit nicht mehr fehlklassifiziert. Gleichzeitig erhöht sich jedoch die Wahrscheinlichkeit, dass Notsituationen nun nicht mehr als solche vom System wahrgenommen werden. Die Tatsache, dass autonome Bremsassistenten die Situation mit der gemeinhin verwendeten Sensorik nicht vollkommen exakt einstufen können, resultiert demnach für die Entwickler in einem Dilemma. Entweder zeigt sich das Assistenzsystem als besonders „feinfühlig" und reagiert teilweise unangebracht, oder das System gestaltet sich zu „grob" und lässt damit vereinzelte Notsituationen außer Acht. Eine weitere Herangehensweise bei der Abstimmung dieser Systeme besteht darin, den Bremseingriff zeitlich so weit wie möglich nach hinten zu verlegen, einen Eingriff also erst unmittelbar vor der Kollision mit dem Fremdobjekt zu initiieren, um dem System somit einen längeren Zeitabschnitt zu ermöglichen, während dem es die Kritikalität der Situation einschätzen kann. Auch diese Strategie resultiert in einem Dilemma. Zwar hat das System hierbei mehr Zeit, die Situation einzuordnen, jedoch kann der Bremseingriff bei einer verhältnismäßig späten Auslösung seine volle Wirkung nur noch begrenzt entfalten[9].

Der oben geschilderte Konflikt macht deutlich, dass die Fragestellung nach den Auswirkungen einer Fehlauslösung von großem Interesse für Forschung und Entwicklung ist. Generell kann hierbei zwischen zwei Wirkungsbereichen einer Fehlauslösung differenziert werden. Gerade im dichten Verkehr besteht einerseits die Gefahr, dass die Fehlauslösung eines

---

[9] Für eine detaillierte Diskussion dieser Dilemmata siehe Häring et al. (2009).

autonomen Bremsassistenten zu einem Auffahrunfall mit Verkehrsteilnehmern hinter dem Egofahrzeug führt, da diese eine plötzliche Bremsung des betroffenen Fahrzeugs nicht antizipieren und keine Möglichkeit haben, rechtzeitig ein entsprechendes Bremsmanöver einzuleiten. Andererseits ist es durchaus denkbar, dass der Fahrzeugführer während einer Fehlauslösung aufgrund einer Schreckreaktion bestimmte Verhaltensweisen zeigt, die die Situationen weiter verschärfen (z.B. starke Lenkeinschläge).

Beide Fragestellungen wurden an der Universität der Bundeswehr innerhalb von Probandenversuchen experimentell untersucht (Färber & Maurer, 2005; Schmitt, Breu, Maurer & Färber, 2007). Unangekündigte Fehlauslösungen eines Bremsassistenten resultierten dabei nicht in kritisch zu bewertenden Verhaltensweisen aufseiten der Fahrzeugführer. Die Versuchsteilnehmer behielten das Lenkrad in den Händen und initiieren keine übermäßig großen Lenkeinschläge. Ein anderes Bild zeichnen Untersuchungen zu Reaktionen von Verkehrsteilnehmern, die einem plötzlich und unangebracht bremsenden Fahrzeug folgen. Im ungünstigsten Fall benötigten Probanden über 1,5 s, um die Situation einzuordnen und die Bremse mit der passenden Kraft zu betätigen. Bei einer Geschwindigkeit von 130 km/h würden bei einer plötzlichen Bremsung des vorausfahrenden Fahrzeugs somit im ungünstigsten Fall 54 Meter zurückgelegt, bis der Fahrer auf dieses plötzliche Bremsmanöver (hier: Fehlauslösung des Bremsassistenten) angemessen reagiert.

Der obige Exkurs soll den hohen Stellenwert verdeutlichen, den Fehlauslösungen („Falsche Alarme") im Kontext der Entwicklung und Einführung von Fahrerassistenzsystemen einnehmen. Die Folgen eines fehlerhaft eingreifenden Sicherheitssystems können in Einzelfällen Menschenleben gefährden. Die Vermeidung von Fehlauslösungen stellt somit eine sehr hohe Priorität in der Beurteilung moderner Assistenzsysteme dar.

2.4.2.2 Aktive Fahrerassistenzsysteme mit Eingriffen in die Querführung

Neben Systemen zur Regelung der Längsführung des Fahrzeugs existieren mittlerweile Assistenten, die den Fahrer bei der Querführung des Fahrzeugs unterstützen. Zusätzlich zu Spurhalteassistenten, die Sicherheits- und Komfortfunktionen vereinen, wird dabei auch an Systemen gearbeitet, die nur in eindeutigen Notsituationen Eingriffe initiieren und als reine Notfallsysteme gelten.

2.4.2.2.1 Spurhalteassistenten

Assistenzsysteme zur Regelung der Querführung sind seit geraumer Zeit Gegenstand von Forschung und Entwicklung, jedoch erst seit einigen Jahren frei auf dem Markt verfügbar (z.B. Takahashi & Asanuma, 2000; Gayko, 2005). Die im Straßenverkehr bislang zur Anwendung kommenden Systeme (z.B. Rohlfs, Schiebe, Kirchner, Mueller, Kayser, Walter, Adomat, Woller & Eberhard, 2008; Freyer, Winkler, Warnecke & Duba, 2010) bauen auf dem Prinzip der Spurverlassenswarner auf (siehe 2.4.1.4), warnen den Fahrer jedoch nicht nur passiv bei einer kritischen Überschreitung der Außenbereiche der Fahrspur, sondern greifen aktiv in die Querführung des Fahrzeugs ein und führen das Fahrzeug bei zu weitem Abkommen durch Beaufschlagung eines Lenkmoments sanft in die

Spurmitte zurück. Die Zielsetzung dieser Spurhalteassistenten besteht dabei nicht in der autonomen Führung des Fahrzeugs, sondern entlang des generellen Prinzips aktiver Assistenzsysteme eher in der Unterstützung des Fahrers bei dessen Fahraufgabe. Nur ein unbeabsichtigtes Abkommen aus der Fahrspur soll verhindert werden, die Verantwortung für die Regelung der Querführung liegt allein bei dem Fahrer. Aktuelle Systemvarianten forcieren dieses Prinzip, indem sie sich immer dann automatisch abschalten, wenn der Fahrer für einen bestimmten Zeitraum keine Hand am Lenkrad hat („Hands-On-Erkennung"). So soll vermieden werden, dass der Nutzer das System als autonomes Spurführungssystem missbraucht, ihm also Kompetenzen beimisst, die es nicht besitzt. Spurhalteassistenten sind wie Spurverlassenswarner für den Gebrauch auf Autobahnen oder gut ausgebauten Landstraßen konzipiert. Gerade hier besteht die Gefahr, bei längerer Fahrt durch Übermüdung oder Ablenkung unbemerkt von der Spur abzukommen. Aufgrund dieses spezifischen Anwendungsfeldes sind derartige Systeme meist nur bei einer Mindestgeschwindigkeit von 60-70 km/h aktivierbar und schalten sich bei Unterschreitung dieser Geschwindigkeit sofort aus. Eine Unterdrückung der Lenkmomente findet immer dann statt, wenn der Fahrer den Blinker setzt, da das System sonst bei jedem Spurwechsel fälschlicherweise versuchen würde, das Fahrzeug wieder in die Mitte zu führen. Da die automatischen Lenkeingriffe vom Fahrer zu jedem Zeitpunkt übersteuerbar sind, würde dies zwar zu keiner sicherheitsrelevanten Beeinträchtigung, jedoch zu starken Komforteinbußen des Fahrers führen.

Wie Spurverlassenswarnsysteme richten Spurhalteassistenten ihre Eingriffe unter anderem nach dem Abstand zu den Fahrbahnmarkierungen, welcher mittels Videosensoren erfasst wird. Die Funktionalität des Systems ist daher von der Güte der videobasierten Erkennung der Markierungen abhängig. Diese kann mit der Qualität der Spurmarkierungen variieren und wird weiterhin von Wetter- und Lichtverhältnissen beeinflusst. Eine besondere Anforderung bei der Entwicklung dieser Systeme besteht deshalb darin, die Funktionalität des Spurhalteassistenten auch bei schwierigen Umgebungsbedingungen zu gewährleisten. Ist eine sichere Erfassung der Markierungen nicht mehr möglich, schalten Spurhalteassistenten automatisch ab und informieren den Fahrer anhand von Anzeigen im Cockpit über den passiven Systemstatus (Rohlfs et al., 2008; Freyer et al., 2010).

2.4.2.2.2 Systeme zur automatisierten Querführung in Notsituationen

Neben Spurhalteassistenten existieren Assistenzsysteme mit striktem Fokus auf Notsituationen, in denen intensiv und schnell in die Querführung eingegriffen werden muss. Im Gegensatz zu den oben geschilderten Systemen, denen von den Herstellern auch ein Komfortgewinn beigemessen wird, sind diese Systeme auf den reinen Notfall im Straßenverkehr beschränkt. So präsentieren Eidehall, Pohl, Gustafsson & Ekmark (2007) ein System zur intelligenten Kollisionsvermeidung (ELA – „Emergency Lane Assist"), welches über aktive Lenkeingriffe Spurwechsel vermeiden soll, die mit hoher Wahrscheinlichkeit zu einer Kollision führen. Abbildung 21 zeigt relevante Verkehrssituationen, die einen Eingriff des Systems provozieren (H: Egofahrzeug). Mit Hilfe von Radarsensoren erfasst der Assistent andere Verkehrsteilnehmer auf der entgegenkommenden Spur und im Feld hinter dem Egofahrzeug und verhindert durch intensive Lenkeingriffe einen Spurwechsel, der zur

Kollision mit einem erfassten Fahrzeug führen würde. Die Erfassung der Fahrspuren funktioniert auch hier mittels Videosensorik.

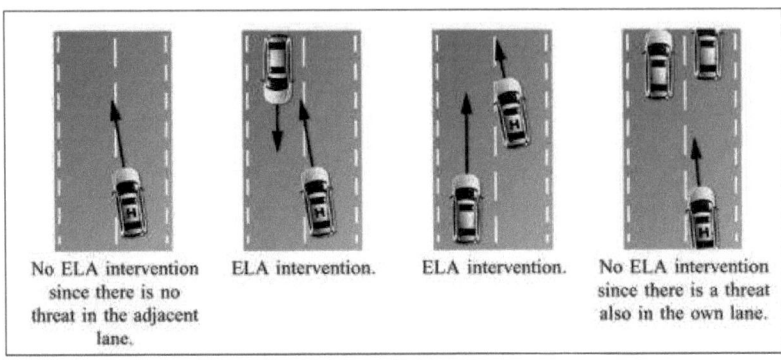

Abbildung 21: Kritische Situationen, die einen ELA-Eingriff provozieren (Quelle: Eidehall et al., 2007, S. 88)

Einer weiteren Möglichkeit, mittels aktiver Lenkeingriffe Kollisionen zu vermeiden, gehen Mildner, Schmidt, Kirchner & Krüger (2005) nach. Der von ihnen beschriebene Demonstrator fusioniert Video-, Radar- und Laserdaten, um den Bereich vor dem Egofahrzeug zu überwachen und auf potenzielle Kollisionspartner hin zu prüfen. Detektiert das System eine kritische Situation, beginnt das Fahrzeug autonom zu bremsen und leitet bei passenden Umfeldbedingungen (d.h. keine weiteren Hindernisse) automatisch ein Ausweichmanöver um den vom System erkannten Kollisionspartner ein. Solche Eingriffe sind weitaus intensiver und folgenreicher als Eingriffe regulärer Spurhalteassistenten. Einführung und Funktionsabsicherung dieser Systemprinzipien sind deshalb schwieriger und hürdenreicher, sodass keines der Systeme bislang bis zur Marktreife entwickelt und ausführlich getestet werden konnte. Für Spurhalteassistenten mit aktiven Eingriffen liegen jedoch mittlerweile ermutigende experimentelle Studien vor. Diese zeigen in Simulatorversuchen (Steele & Gillespie, 2001) und Experimenten in realer

Verkehrsumgebung (Blaschke, Breyer, Färber, Freyer & Limbacher, 2009) eine deutliche Verbesserung der Spurführung durch Spurhalteassistenten von unterschiedlichem Typus.

3. Fragestellungen der Arbeit

Der oben gegebene Überblick zu modernen Fahrerassistenzsystemen passiver und aktiver Funktionsweise zeichnet ein positives Bild aktuell verfügbarer Sicherheitssysteme und ermutigt zu weiteren Anstrengungen in Forschung und Entwicklung dieses Bereiches. Viele der Systeme konnten ihren Nutzen in diversen experimentellen Untersuchungen unabhängiger Institutionen unter Beweis stellen und zeigen das Potenzial, den Verkehr schrittweise sicherer zu gestalten. Dennoch weisen die porträtierten Systeme Einschränkungen auf, auf die im Folgenden eingegangen werden soll.

3.1 Schwachpunkte moderner Fahrerassistenzsysteme

Abhängig vom Typ der verwendeten Sensorik sind Fahrerassistenzsysteme in ihrer Umfeldwahrnehmung bestimmten Problemen unterworfen. Jeder Sensortyp hat dabei spezifische Nachteile, die an das grundsätzliche Funktionsprinzip des Sensors gebunden sind (siehe dazu Kapitel 2). Ein Beispiel hierfür ist die Schwierigkeit, die sich bei der Klassifikation verschiedener Objekte vor dem Egofahrzeug auf Basis von Radardaten ergibt. So ist es mittels Radarsensoren zwar möglich, Abstand und Relativgeschwindigkeit verschiedener Objekte zu bestimmen, jedoch ist eine Objektklassifikation nur in engen Grenzen durchführbar (Winner, 2009b). Der menschliche Fahrer hingegen kann mit dem ersten Blick in Sekundenbruchteilen erkennen, wie groß und welcher Natur das Objekt ist. Zwar ist es ihm nicht möglich, die Entfernung und Annäherungsgeschwindigkeit des Objektes mit der Genauigkeit eines

Radarsensors zu messen, die Kategorisierung des Objektes (z.B. LKW oder PKW) gelingt ihm jedoch ohne Mühe. Weitere Sensoren besitzen Schwachstellen anderer Art, sodass bei der Fortentwicklung moderner Systeme mittlerweile auf das Konzept der Sensordatenfusion vertraut wird, welches die Schwachstellen einzelner Sensoren dämpfen und mittels des Datenverbundes verschiedener Sensortypen eine validere Klassifikation des Fahrzeugumfeldes erreichen soll (z.B. Fusion von Radar- und Videodaten). Um Fehlauslösungen in jedem Fall zu vermeiden, wird die Problematik einer nicht fehlerfreien Umfelderkennung zusätzlich anhand erhöhter Auslöseschwellen der Sicherheitssysteme angegangen (siehe Kapitel 2.4.2.1.3). Dabei wird in Kauf genommen, bestimmte Situationen zu „übersehen", also in Fällen, die aufgrund ihrer Kritikalität ein Eingreifen des Systems erfordern, keine Systemeingriffe zu provozieren.

Ein weiterer Schwachpunkt der Sensorik moderner Fahrerassistenzsysteme liegt tiefer im Prinzip der maschinellen Wahrnehmung verankert. Die den Assistenzsystemen zur Verfügung stehenden Umfeldsensoren sind auf die Erkennung und Klassifikation von anderen Verkehrsteilnehmern (z.B. PKW, LKW, Fußgänger) ausgerichtet[10] und richten ihre Eingriffe nach der zum Egofahrzeug relativen Position und Dynamik. Komplexe Beziehungen, die zwischen den erfassten Objekten bestehen und Besonderheiten der aktuellen Fahrumgebung sind für diese Systeme allerdings nur schwer einzustufen. So ist es beispielsweise auch mit intelligenter Verarbeitungssoftware schwierig, das Fahrgeschehen innerhalb einer stark befahrenen Kreuzung korrekt hinsichtlich eines möglichen Gefahrenpotenzials einzustufen. Hier befindet sich eine große

---

[10] Eine Ausnahme bilden Systeme zur Querführung. Diese Systeme registrieren die Position des eigenen Fahrzeuges in der Fahrspur und leiten bei ungünstiger Positionierung entsprechende Maßnahmen ein (siehe Kapitel 2.4.1.4 und Kapitel 2.4.2.2.1).

Anzahl unterschiedlicher Objekte in unmittelbarer Umgebung des Egofahrzeugs, wobei diese Objekte alle erdenklichen Ausrichtungen und Relativgeschwindigkeiten annehmen können, ohne dass eine Gefahrensituation vorliegt. Allein der Fahrer in seiner Eigenschaft als intelligent und differenziert wahrnehmender Mensch hat hier - wenn auch eingeschränkt - die Möglichkeit, die Situation richtig einzustufen. Abbildung 22 und Abbildung 23 verdeutlichen diese Problematik weiter. Abbildung 22 beschreibt das Auffahren auf ein Stauende, welches plötzlich vor dem Fahrer auftaucht. Bei einer Relativgeschwindigkeit von 160 km/h und einem Abstand von 98 m zum Stauende ergibt sich ein TTC-Wert („Time to Collision") von 2.2 s. Diese Fahrsituation ist als kritisch einzustufen, nur bei schneller Reaktion des Fahrers mit starker Bremsung ist eine folgenschwere Kollision mit dem Stauende zu umgehen. Eine andere Situation zeigt sich in Abbildung 23, in der ein Fahrzeug (rot) auf eine Kreuzung zufährt. Ein anderes Fahrzeug (grau) biegt währenddessen nach rechts ab. Für diese Fahrsituation soll als durchaus realistischer Wert eine Relativgeschwindigkeit von 20 km/h bei einem Abstand von 6 m angenommen werden und ein resultierender TTC-Wert von 1.1 s. Obwohl der TTC-Wert weitaus geringer ist, als in der Situation aus Abbildung 22, ist diese Situation völlig unkritisch, da das abbiegende Fahrzeug im nächsten Moment aus der Fahrspur des roten Fahrzeugs verschwindet. Der Fahrer kann dies antizipieren und mit unverminderter Geschwindigkeit auf die Kreuzung zufahren. Für ein Assistenzsystem ergibt sich - zumindest auf Basis des TTC-Wertes – jedoch eine durchaus kritische Situation mit hoher Wahrscheinlichkeit einer folgenden Kollision. Der Fahrer kann diese Situation somit besser beurteilen und mithilfe seines Vorwissens und der Fähigkeit, bestimmte Umgebungsvariablen (z.B. Kreuzungssituation,

Ampeln etc.) mit in sein Urteil einzubeziehen, eine validere Situationsklassifikation vornehmen.

Abbildung 22: Auffahren auf ein Stauende. Relativgeschwindigkeit: 160 km/h; Abstand: 98 m; TTC: 2.2 s. (Quelle: Stämpfle & Branz, 2008, S. 10)

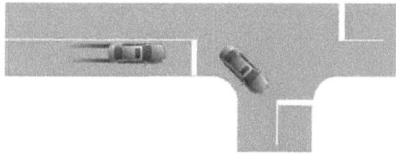

Abbildung 23: Annäherung an ein abbiegendes Fahrzeug. Relativgeschwindigkeit: 20 km/h; Abstand = 6 m; TTC: 1.1 s. (Quelle: Stämpfle & Branz, 2008, S. 10)

Zwar bestehen Ansätze, Verkehrssituationen anhand komplexer Verarbeitungsalgorithmen auf stark differenzierter Ebene zu analysieren und Warnungen und Eingriffe danach auszurichten (siehe Häring et al., 2009; Stämpfle & Branz, 2008), jedoch wird die Erfassung des Verkehrsgeschehens in all seinen Facetten mittels maschineller Sensorik auch in Zukunft eine schwer zu lösende Aufgabe darstellen.

Ein weiteres Problem zeigt sich in der Tatsache, dass sich Unfälle häufig schon zeitlich vor der kritischen Annäherung anderer Verkehrsteilnehmer abzeichnen. In vielen Fällen führt erst die Verkettung von Einzelbegebenheiten zu einem verheerenden Unfall. Diese Begebenheiten werden häufig in ihrem *frühen Stadium* nicht von Assistenzsystemen erkannt, können jedoch vom Fahrer schon zu diesem Zeitpunkt korrekt eingestuft werden. So ist es einem aufmerksamen Fahrer bei genauer Beobachtung des Fußgängerweges möglich, die Intention eines Fußgängers zur Überquerung der Fahrbahn frühzeitig zu erkennen. Eilt der Fußgänger beispielsweise von einer Seite auf die Fahrbahn zu, um so schnell wie möglich zu einem Ziel auf der gegenüberliegenden Seite zu gelangen, kann der Fahrer bei rechtzeitiger Wahrnehmung des Fußgängers eine Kollision antizipieren und früh genug bremsen. Ein entsprechendes Assistenzsystem könnte den Fußgänger erst erkennen, wenn dieser sich auf der Fahrbahn im Sensorfeld des Fahrzeugs befindet und nur dann entsprechend reagieren.

Zusammenfassend lässt sich festhalten, dass trotz fortschreitender Entwicklung im Bereich von Sensorik und Sensordatenverarbeitung nach wie vor Situationen bestehen, in denen der aufmerksame Fahrer sowohl bei Situationswahrnehmung, also auch Objektklassifikation deutliche Vorteile besitzt. So ist es ihm ohne Weiteres möglich, verschiedene Objekte im Verkehr schnell und eindeutig zu klassifizieren und kann die Einschätzung einer Verkehrssituation durch sein Erfahrungswissen auf eine breitere Basis stellen, als Fahrerassistenzsysteme.

3.2 Entwicklung der eigenen Fragestellung

Die obigen Ausführungen sollen deutlich machen, dass moderne Fahrerassistenzsysteme trotz der prinzipiellen Vorteile maschineller Wahrnehmung (z.B. genaue Messung von Abständen und Relativgeschwindigkeiten) bei der Einordnung verschiedener Konfliktsituationen im Straßenverkehr versagen können. Nur der Fahrer in seinen Eigenschaften als intelligent wahrnehmender Mensch besitzt die Fähigkeit, bestimmte Situationen im Verkehrsgeschehen schon vor dem Zeitpunkt richtig einzuordnen, an dem ein Assistenzsystem des Fahrzeugs eine Notsituation detektiert und besitzt damit spezifische Stärken, die diejenigen eines technischen Systems übertreffen (siehe Abbildung 24).

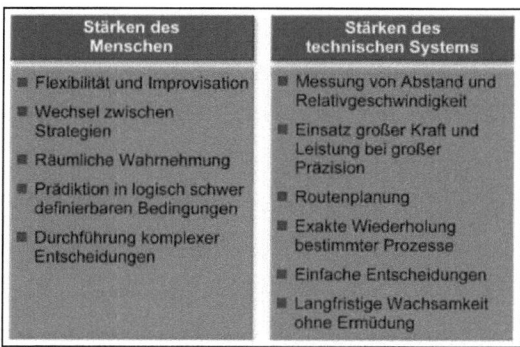

Abbildung 24: Vergleichende Stärken des menschlichen Fahrers und technischer Systeme
(Quelle: Kompaß, 2008, S. 265)

Der im zentralen Nervensystem des Fahrers verankerte Wahrnehmungsvorgang einer Notsituation besitzt jedoch keine Attribute, die ohne physiologisches Messgerät (z.B. Elektroenzephalogramm) gemessen werden können. Erst solche Reaktionen des Fahrers, die sich reflexartig dem Wahrnehmungsvorgang anschließen und in motorischen Reaktionen münden, bieten die Möglichkeit einer komfortablen Messung. Systeme zur Bremsassistenz nutzen schon heute motorische Efferenzen, die sich bei Fahrern in Notsituationen zeigen, und fügen diese mit in den Entscheidungskreislauf des Assistenzsystems ein. So wird ein abruptes Loslassen des Gaspedals oder schnelles Betätigen der Bremse als Hinweis auf eine vom Fahrer wahrgenommene Notsituation gewertet und automatisch entsprechende Vorkehrungen im Fahrzeug getroffen (siehe Kapitel 2.4.2.1.2). In dem hier dargelegten Projekt soll dieser Ansatz erweitert werden, um der Zielsetzung der möglichst frühen Erkennung von Notsituationen näher zu kommen.

Fragestellung

Die zentrale Fragestellung des Projekts gilt der Änderung der am Lenkrad aufgebrachten Griffkraft während Notsituationen. Es wird davon ausgegangen, dass Fahrer unmittelbar nach der Wahrnehmung einer Notsituation aufgrund der damit in Verbindung stehenden Schreckreaktion das Lenkrad plötzlich mit erhöhter Kraft umgreifen. Ähnlich der erhöhten Pedalgeschwindigkeit während Gefahrenbremsungen könnte diese plötzliche Kraftänderung am Lenkradkranz bei entsprechender Messtechnik mit in die Entscheidungsalgorithmik eines Bremsassistenten einbezogen werden und dem Assistenten helfen, die Fahrsituation besser einzustufen. Der Wert dieser zusätzlichen Information ergibt sich dabei einerseits aus dem Zeitpunkt des Beginns der Krafterhöhung und andererseits daraus, ob die plötzliche Kraftänderung reliabel und wiederholt in Notsituationen messbar ist. Ist die Kraftänderung während einer Gefahrenbremsung beispielsweise erst mit intensiver Betätigung des Bremspedals feststellbar ergibt sich kein zeitlicher Vorteil aus dieser Information. Zu diesem Zeitpunkt hat der Fahrer die Notsituation wahrgenommen, interpretiert und beginnt entsprechend darauf zu reagieren. Der einfache Bremsassistent (BAS) kann seine Wirkung auf Basis der Betätigungsgeschwindigkeit des Bremspedals nun frei entfalten. Die Griffkräfte während einer starken Bremsbetätigung wären weiterhin vor allem auf das Abstützen des Fahrers am Lenkradkranz und die entstehenden Verzögerungskräfte zurückzuführen, die den Fahrer in Richtung des Lenkrades beschleunigen und den Druck der Hände auf das Lenkrad weiter erhöhen. Zeigt sich die Kraftänderung am Lenkrad schon vor der Bremspedalbetätigung, könnte die Information für ein Sicherheitssystem dann von besonders großem Wert sein, wenn das Fahrpedal zuvor nicht in abrupter Weise vom Fahrer losgelassen und im direkten Anschluss die Bremse betätigt wurde. Moderne Assistenten registrieren diesen Vorgang[11] und leiten entsprechende Maßnahmen (z.B. Vorbefüllung der Bremsanlage) ein (siehe Kapitel 2.4.2.1.2). Findet eine Pedalbetätigung statt, könnte die Information vom Lenkrad nur als Zusatzinformation verwendet werden, um die Maßnahmen des Assistenten auf eine breitere Datengrundlage zu stellen. Den größten Informationsgewinn hätte ein plötzlicher Druckanstieg am Lenkradkranz noch vor dem Zeitpunkt, zu dem das Fahrpedal losgelassen wird. Hier wäre der Druckanstieg das erste vom Fahrer abgegebene haptische Signal, welches auf eine Notsituation hinweisen könnte. Abbildung 25 zeigt den typischen Verlauf einer Gefahrenbremsung und soll die geschilderte Problematik veranschaulichen. Dargestellt ist eine im Versuch gemessene Notbremsung aus 60 km/h. Zeitpunkt t1 markiert den Moment, zu dem das Fahrpedal (grüne Linie) losgelassen wird, welches zuvor auf konstanter Stellung gehalten wurde. Ab dem Zeitpunkt t2 beginnt der Proband mit der Notbremsung, die blaue Linie kennzeichnet den Bremsdruck und dessen Anstieg. Je nachdem, wo sich ein plötzlicher Druckanstieg am Lenkrad in diesem Verlauf einordnen lässt, ist die Information mehr oder weniger wertvoll für ein sicherheitsrelevantes Assistenzsystem (siehe oben).

---

[11] Das dargestellte Prinzip zeigt zwar den Ablauf, mit dem in den meisten Fällen von Gefahrenbremsungen zu rechnen ist, jedoch ist dieser Ablauf nicht zwingend. Insbesondere die Nutzung von ACC-Funktionen erfordert keine fortwährende Betätigung des Fahrpedals. Dieser Sachverhalt findet in den Kapitel 8 und 9 weitere Erwähnung.

Fragestellung

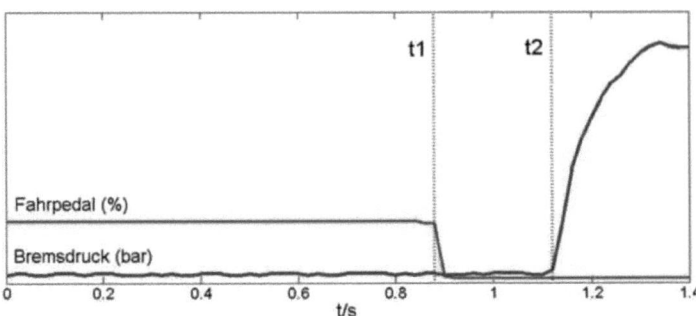

Abbildung 25: Ablauf einer Gefahrenbremsung auf den Variablen „Fahrpedalstellung" und „Bremsdruck"

Weitere Gütemerkmale des hier angenommenen Anstieges der am Lenkrad aufgebrachten Griffkraft in Notsituationen stellen dessen Reliabilität und Validität dar. Nur wenn die Kraftänderung konstant in Notsituationen auftritt und wiederholt messbar ist, bietet sich das Signal an, von einem Fahrerassistenzsystem mit in den Entscheidungsprozess einbezogen zu werden. Weiterhin muss ein solches Signal eindeutig mit der Zielsituation verknüpft sein, also nur im Rahmen von Notsituationen auftreten, bei denen eine Unterstützung des Assistenten hilfreich ist. Sind während normaler, gefahrenfreier Verkehrssituationen häufig Kräfte in Bereichen zu messen, die sich auch während Notsituationen messen lassen, verliert das Signal an Trennschärfe. Zweifelsohne ist eine Vielzahl von Situationen denkbar, in denen sich plötzlich ansteigende Kräfte am Lenkrad ergeben (z.B. Abstützen des Fahrers während Änderung der Sitzposition), doch sollten sich diese in ihrer Charakteristik von denen in Notsituationen unterscheiden. Entlang der Erkenntnisse zur Geschwindigkeit der Pedalbetätigung während Gefahrenbremsungen besteht zusätzlich die Annahme, dass die Kraftänderung am Lenkrad durch das reflexartige Handeln des Fahrers in kürzerer Zeit geschieht als während normaler

Fahrsituationen. Schließlich zeigt sich die plötzliche Kraftänderung auch dann als besonders wertvolles Signal, wenn es über verschiedenartige Notsituationen hinweg konstant auftritt, also nicht nur mit einer spezifischen Notsituation verbunden ist (z.B. drohender Auffahrunfall im Längsverkehr).

Sind die oben beschriebenen Voraussetzungen (Reliabilität und Validität) der zeitlichen Einordnung eines plötzlichen Druckanstieges am Lenkrad gegeben, würde sich das Signal als ein potenzielles Kriterium für die Eingriffe von Fahrerassistenzsystemen anbieten, insofern eine konstante Online-Messung der Griffkraft am Lenkrad möglich ist. Eingriffe auf der Basis dieses „weichen" Sensors könnten jedoch nicht ähnlich weitreichend ausfallen, wie diejenigen Eingriffe, die sich aus „harten" Datengrundlagen von Umfeldsensoren ableiten (z.B. Radar, LIDAR) und mit Informationen zu Objekten in der Umgebung des Egofahrzeugs arbeiten. Ähnlich wie bei einfachen Bremsassistenten, die die Kritikalität der Situation über haptische Eingaben (Pedalbetätigung) des Fahrers einstufen und keine autonomen Eingriffe in das Fahrgeschehen initiieren, könnten anhand einer plötzlichen Erhöhung der am Lenkrad aufgebrachten Kraft nur über „Umwege" Rückschlüsse auf die Kritikalität der Situation gezogen werden. Sollten Eingriffe eines Assistenten wirklich allein auf Grundlage der Griffkraft des Fahrers abgeleitet werden, wären diese nur vorbereitender Natur (z.B. Anlegen der Bremsbeläge zur Vorbereitung einer Notbremsung). Eine andere Möglichkeit würde in der Fusion der Informationen zu Griffkraft und den Daten der Pedalerie bestehen, um die abgeleiteten Eingriffe weiter zu plausibilisieren. Der so geschaffene haptische Sensorverbund würde reflexartige Eingaben des Fahrers an Fahrpedal, Bremspedal und am Lenkradkranz zusammenführen und so den Fahrer und dessen Reaktionen als „Sensor" zur Klassifikation der Fahrsituation verwenden. Für die hier dargelegte Arbeit ergeben sich aus den obigen Ausführungen somit folgende Fragestellungen, die zur Abschätzung der Nutzbarkeit von Kraftänderungen am Lenkrad innerhalb des Regelkreises eines Fahrerassistenzsystems nötig sind:

[1] Äußert sich die Wahrnehmung einer Notsituation im Straßenverkehr beim Fahrer in einer plötzlichen Erhöhung der Kraft, mit der er das Lenkrad umfasst?

[2] Wo lässt sich diese plötzliche Erhöhung der Kraft in dem typischen Verlauf der Betätigung von Fahrpedal und Bremspedal während einer Gefahrenbremsung einordnen?

[3] Unterscheiden sich die Kräfte während Notsituationen von Kraftmustern, die während des regulären Betriebs des Fahrzeugs entstehen?

Erst wenn eine für diese Fragestellungen verwertbare Datenbasis vorliegt, könnte ein Griffkraft messendes Lenkrad sinnvoll in den Regelkreis eines Fahrerassistenzsystems integriert werden und in Kombination mit anderen Sensortypen verlässliche Vorhersagen generieren.

4. Die menschliche Schreckreflexreaktion – Grundlagen und Bezug zur eigenen Arbeit

„The importance of the startle pattern is manifold. It is important per se as a demonstrable regularity in behavior, a predictable element to be included in any account of the total behavioral repertoire of the individual" (Landis & Hunt, 1939, S. 12).

Die zentrale Fragestellung der hier beschriebenen Forschungsarbeiten beinhaltet die Reaktion des Autofahrers auf abrupt auftretende, Gefahr signalisierende Ereignisse im Straßenverkehr (Gefahren- bzw. Notsituationen) und steht damit in engem Zusammenhang mit der menschlichen Schreckreaktion. Diese soll in dem nun folgenden Kapitel näher betrachtet und im Anschluss theoretisch mit der eigenen Forschungsarbeit verknüpft werden.

4.1 Grundlagen der Schreckreflexreaktion

Dorsch, Häcker & Stapf (1994) definieren die Schreckreflexreaktion im psychologischen Wörterbuch als den „….unlustvollen Affekt, der als Reaktion auf plötzlich Wahrgenommenes oder Vorgestelltes auftritt, wenn dieses als bedrohlich erlebt wird" (S. 687-688). Cacioppo, Tassinary & Berntson (2007) beschreiben die Schreckreflexreaktion als Reaktion auf ein abrupt auftretendes, sensorisches Ereignis, das eine Reihe von durch den Körper wandernden Kontraktionen der Beuge- und Streckmuskeln nach sich zieht. Dabei sei diese Reaktion ein evolutionär bedingter, defensiver Reflex, der die Flucht und den Schutz der Organe (z.B. Protektion der

Augen durch Blinzeln) begünstigt. Reize, die eine Schreckreflexreaktion am Menschen auslösen, gruppiert Simons (1996) in:

- <u>Gruppe I:</u> gefährliche / entsetzliche Bilder bzw. Szenen (z.B. gefährliche Tiere, Notsituationen)
- <u>Gruppe II:</u> Heftige Stimulationen (laute Geräusche, Lichter etc.)
- <u>Gruppe III:</u> Unerwartete Ereignisse (tabuisierte Wörter, Bilder mit verzerrtem Größenverhältnis etc.)
- <u>Gruppe IV:</u> Große Schönheit oder hoher Wert (z.B. Erhalten eines Preises)
- <u>Gruppe V:</u> Plötzliche Beendigung eines Stimulus

Genaue Beschreibungen zum Ablauf der gesamten Schreckreflexreaktion sind in der häufig zitierten Schrift von Landis & Hunt (1939) zu finden. Hier wird die Schreckreflexreaktion in differenzierter Art und Weise hinsichtlich unterschiedlicher Aspekte beschrieben. Im Gegensatz zu modernen, aktuellen Publikationen zur menschlichen Schreckreflexreaktion, die sich zumeist nur mit einem Mikrobestandteil der Schreckreflexreaktion auseinandersetzen (Blinzelreaktion), legen die Autoren ihren Fokus auf den gesamten Körper des Menschen, also auch auf Reaktionen der Arme, Hände und Finger. Die Forscher nutzten hierzu Hochgeschwindigkeitskameras, die bis zu 2.200 Bilder pro Sekunde aufzeichneten. Um die Körperbewegungen gut nachzuvollziehen, wurden verschiedene Hebelsysteme am Körper der Probanden befestigt, sodass die Körperbewegungen anhand von vertikalen Bewegungen dieser Hebel gemessen werden konnten. Kontraktionen am Abdomen der Probanden wurden mittels eines Pneumografen gemessen, der ebenfalls mit einem Hebelsystem verbunden war. Insgesamt untersuchten die Autoren

Schreckreflexreaktionen von über 100 Probanden. Als Stimulus zur Induktion der Schreckreflexreaktion wählten Landis & Hunt (1939) einen aus einem Revolver abgegebenen Schuss. Mit Lösung des Schusses startete automatisch die Zeitmessung, sodass die Abfolge der einzelnen Bestandteile der Schreckreflexreaktion zeitlich protokolliert werden konnte. Der typische Ablauf einer Schreckreflexreaktion wird von den Autoren folgendermaßen beschrieben (siehe auch Abbildung 26):

1. Blinzeln der Augen
2. Bewegung des Kopfes nach vorne
3. Für Schreckreflexreaktion charakteristischer Gesichtsausdruck
4. Anheben und Vorwärtsbewegung der Schultern
5. Abspreizen der Oberarme vom Körper
6. Beugen der Ellbogen (Unterarme und Hände werden angehoben)
7. Einwärtsdrehung der Unterarme
8. Krümmung bzw. Verkrampfen der Finger
9. Bewegung des Oberkörpers nach vorne
10. Kontraktion der abdominalen Muskeln
11. Beugen der Knie

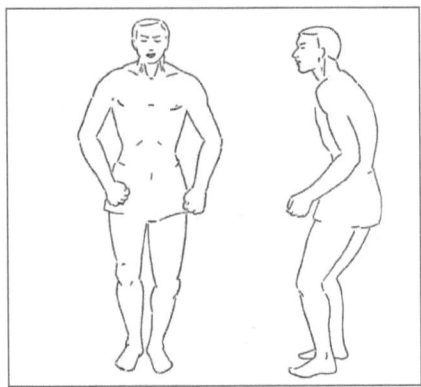

Abbildung 26: Menschlicher Schreckreflex (Quelle: Landis & Hunt, 1939, S. 22).

Die Autoren differenzieren weiterhin zwischen leicht und stark ausgeprägten Schreckreflexreaktionen. Bei eher sanften Schreckreflexreaktionen ist der Gesichtsanteil im Hinblick auf die Gesamtreaktion stärker ausgeprägt als der Anteil körperlicher Reaktionen, wohingegen der körperliche Anteil bei intensiveren Schreckreflexreaktionen höheres Gewicht bekommt. Die Forscher halten jedoch fest, dass nicht bei allen Probanden, die im Rahmen ihrer Publikation untersucht worden sind, eine vollständige Schreckreflexreaktion (siehe oben) festzustellen war. Einige Probanden zeigten beispielsweise keine Beugung der Ellbogen oder keine Vorwärtsbewegung der Schultern. Andere Reaktionen, wie beispielsweise der Blinzelreflex, seien jedoch bei allen Probanden zu beobachten gewesen. Bis heute messen Forscher dem Blinzelreflex eine hohe Zuverlässigkeit (Reliabilität; Cronbachs Alpha = 0.98) bei, was mit einer relativ häufigen Verwendung dieser Komponente der Schreckreflexreaktion in experimentellen Untersuchungen einhergeht (Flaten, 2002).

Verschiedene Arbeiten widmen sich der Modulation der Schreckreflexreaktion und legen speziellen Fokus auf den Einfluss des Inhaltes verschiedener, zumeist visueller Stimuli auf die Intensität der Schreckreaktion. Diese Arbeiten bedienen sich bei der Untersuchung ihrer Fragestellungen größtenteils des Blinzelreflexes und der damit zusammenhängenden Aktivierung von Gesichtsmuskeln als Bestandteil der Schreckreflexreaktion. Wie oben angedeutet, resultiert dies einerseits aus der hohen Zuverlässigkeit dieses Reflexes, andererseits jedoch auch aus der relativ unproblematischen und komfortablen Induktion (z.B. per Luftstoß). Eine Untersuchung aller Einzelbestandteile der Schreckreflexreaktion, also auch Bewegungen des Abdomens, der Hände und der Finger, ist meist sehr aufwendig und unkomfortabel für die Probanden. Im Kontext visueller Stimuli zur Auslösung von Schreckreflexreaktionen am Menschen konnte gezeigt werden, dass Ausprägung und Intensität der Reaktion deutlich von der Gruppen- bzw. Typzugehörigkeit (Simons, 1996) der Stimuli beeinflusst wurde. So zeigen Menschen bei Konfrontation mit Bildinhalten aus der von Simons (1996) definierten Gruppe I (Tod, Verletzungen, Gefahr, Verlust, lebensbedrohliche Situationen, Kontamination etc.) weitaus stärkere Aktivierungen der beteiligten Gesichtsmuskeln (z.B. Musculus corrugator supercilii, Musculus orbicularis oculi), als bei Bildinhalten, die den anderen der oben angeführten Gruppen zugeordnet werden können (Smith, Bradley & Lang, 2005; Schupp, Cuthbert, Bradley, Hillman, Hamm & Lang, 2004; Lang, 1995; Cook, Hawk, Davis & Stevenson, 1991). Weiterhin wurde deutlich, dass affektive Unterschiede zwischen den Probanden ebenfalls Einfluss auf die Schreckreflexreaktion ausüben. So zeigten ängstliche Probanden intensivere Reflexreaktionen, als weniger ängstliche Versuchspersonen (Cook et al., 1991; Cook, Davis, Hawk, Spence & Gautier, 1992).

4.2 Bezug der Schreckreflexreaktion zur eigenen Arbeit und weitere empirische Belege

Wie oben dargelegt, ist das eigene Forschungsprojekt mit der Fragestellung verbunden, ob und wann Autofahrer bei einer plötzlich wahrgenommen Notsituation das Lenkrad stark umfassen. Diese Annahme wird durch folgende Betrachtungen plausibel:

Eine Notsituation, die mit großer Wahrscheinlichkeit in einer Kollision mit einem Fremdgegenstand resultiert, ergibt sich in der Wahrnehmung des Fahrers nicht graduell, sondern tritt im Verkehrsgeschehen meist plötzlich auf. Daher kann eine solche Situation zu mehreren der von Simons (1996) vorgeschlagenen Gruppen von Schreckreflexreaktionen auslösenden Stimuli hinzugezählt werden (z.B. Gruppe I, Gruppe II, Gruppe III). Der Annahme folgend, dass Schreckreflexreaktionen in einem bestimmten Ausmaß von allen Menschen gezeigt werden (Landis & Hunt, 1939), kann weiterhin auf eine interindividuell hohe Auftretenswahrscheinlichkeit eines solchen Reflexes geschlossen werden. Da ein drohender Verkehrsunfall im Alltag eine höchst seltene und damit eminente Situation darstellt, ist weiterhin anzunehmen, dass der entstehende Schreckreflex starker Natur ist, einen ausgeprägt körperlichen Anteil besitzt (Landis & Hunt, 1939) und die Verkrampfung der Finger mit einschließt. Möchte man die Ergebnisse aus den Forschungsarbeiten zum Blinzelreflex als Einzelbestandteil der Schreckreflexreaktion auf den Schreckreflex vor einer Unfallsituation generalisieren, kann ebenfalls postuliert werden, dass der in dieser Situation gezeigte Reflex eine besonders starke Intensität besitzt, da ein drohender Unfall Komponenten von Tod, Verlust, oder zumindest ein Risiko bevorstehender Verletzungen enthält.

Ferner wird das Postulat einer erhöhten Griffkraft in Gefahren- und Kollisionssituationen noch weiter durch die Arbeiten von Seto, Minegishi, Yang & Kobayashi (2004) untermauert. Die Forscher berichten von Experimenten, die im Kontext der Fahrerassistenz untersuchten, welche physiologischen Variablen sich zur Detektion von Notfallsituationen im Straßenverkehr eignen. Dazu untersuchten die Forscher, welche Typen von physiologischen Reaktionen einer Notbremsung vorausgehen. Neben EMG-Ableitungen einiger Muskelpartien an den Beinen, Gesicht und Armen verschiedener Probanden arbeiteten Seto et al. (2004) unter anderem mit einem Griffkraft messenden Lenkrad. Innerhalb von Probandenversuchen wurden Notsituationen simuliert, in denen die Teilnehmer aufgrund einer plötzlichen Kollisionsgefahr das Fahrzeug abrupt abbremsen mussten. Laut der Autoren konnte während dieser Notbremsung über alle Probanden hinweg eine plötzlich erhöhte Griffkraft am Lenkrad verzeichnet werden. Dies geschah zu einem Zeitpunkt, der vor der Betätigung der Fußbremse und nach dem Loslassen des Fahrpedals lag. Die Autoren geben leider nur einen schematischen Überblick über den zeitlichen Ablauf der einzelnen Fahrerreaktionen, sodass keine exakte Information über den Zeitpunkt der Krafterhöhung am Lenkrad vorliegt. Entsprechend der oben dargebrachten Fakten zur allgemeinen menschlichen Schreckreflexreaktion, deren Variation durch unterschiedliche Inhalte der reflexauslösenden Situation und den aus einem Fahrexperiment gewonnenen Daten von Seto et al. (2004) liegt die Annahme nahe, dass die Wahrnehmung einer plötzlich auftretenden Notsituation eine Schreckreflexreaktion beim Fahrzeugführer auslöst, innerhalb der er das Lenkrad plötzlich mit erhöhter Kraft umgreift. Diese Schlussfolgerung bildet die Kernhypothese der hier geschilderten Forschungsarbeiten.

5. Allgemeine Methodik

5.1 Experimentalfahrzeug

In diesem Projekt kam ein Audi Serienfahrzeug der Baureihe C6 in der Variante A6 2.7 TDI Quattro S-Line zum Einsatz. Der Versuchsträger weicht lediglich durch die zusätzlich verbaute Messelektronik vom Serienmodell ab und war mit einem handelsüblichen CAN-Bus System ausgerüstet, zu dem ein offener Zugang möglich war.

5.2 Messtechnik

Zur Erfassung und anschließenden Auswertung der benötigten Messvariablen war der Einsatz einer umfangreichen Messtechnik und Sensorik erforderlich. Im Nachfolgenden wird auf die verwendeten Messgeräte und die Messtechnik einzeln eingegangen.

5.2.1 Videosensorik

Das Versuchsfahrzeug wurde im Vorfeld der Experimente mit zwei USB-Videokameras des Herstellers „The Imaging Source" (Modell: DFK 21 BU04; siehe Abbildung 27) bestückt. Beide Videosensoren wurden an entsprechenden Halterungsschienen im Fahrzeug angebracht. Eine der Kameras zeichnete das Geschehen vor dem Fahrzeug auf (Szenenkamera), die andere Kamera war auf das Gesicht des Fahrers gerichtet (Portraitkamera). Die verwendete Videosensorik erlaubte eine Aufzeichnung mit 60 Bildern pro Sekunde in einer Auflösung von 640 x 480 Pixel pro Bild.

Abbildung 27: Anbringung der Videosensorik im Versuchsfahrzeug Audi A6

5.2.2 Software zur Datenaufzeichnung und Datenauswertung

Während der Versuchsfahrten kam die Software „CANape" (Vektor GmbH) zum Einsatz. Generell dient diese Software der Entwicklung, Kalibrierung und Diagnose elektronischer Steuergeräte und lässt sich auch zur Messdatenerfassung verwenden. Mit CANape und der zugehörigen Messhardware („CANcard XL") können gezielt einzelne Variablen aus dem CAN-Bus System des Versuchsfahrzeuges ausgelesen und registriert werden. Darüber hinaus bietet CANape die Möglichkeit, externe Videosignale in die Messung einzubinden und diese synchron mit den CAN-Bus Daten aufzuzeichnen. Die übersichtliche Bedieneroberfläche des Programms erlaubt eine genaue Exploration und Auswertung der Messdaten. Der mit dieser Software ausgestattete Rechner war bei den Testfahrten auf der Mittelarmlehne der Rückbank des Fahrzeugs angebracht (siehe Abbildung 28), der Versuchsleiter konnte ihn an dieser Stelle bequem bedienen, dabei den Versuch anleiten und mit dem Probanden kommunizieren.

Allgemeine Methodik

Abbildung 28: Anbringung des Versuchsrechners und Sitzplatz des Versuchsleiters

Ein weiterer Vorteil von CANape zeigt sich in der Möglichkeit, abgeschlossene CAN-Messungen in Formate zu konvertieren, die in Matlab eingelesen werden können. Dementsprechend wurden große Anteile der Datenauswertung in Matlab vorgenommen.

5.2.3 Griffkraft messendes Lenkrad

In Kooperation mit der AUDI AG und der Firma „Kostal" wurde ein Lenkrad entwickelt, welches Veränderungen in der am Lenkradkranz aufgebrachten Griffkraft registrieren kann. Hierbei kommt eine Polymer Optische Faser (Durchmesser: 500 µm) zur Anwendung, welche in 5 mm – Abständen um den Lenkradkranz gewickelt ist (siehe Abbildung 29). Wird die Faser jedoch durch äußere Manipulation eingebogen, tritt ein Teil des Lichtes aus dem Faserkern aus und wirkt damit der bisherigen Totalreflexion des Lichts entgegen. Es entsteht eine dem äußeren mechanischen Druck entsprechende Teilreflexion (siehe Abbildung 30).

Abbildung 29: Wicklung der optischen Faser

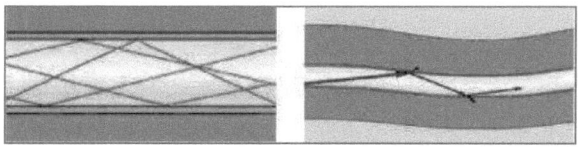

Abbildung 30: links: Vollreflexion der POF; rechts: Teilreflexion der POF bei Biegung

Das Messlenkrad nutzt diese Information, um Veränderungen in der aufgebrachten Kraft zu messen und auszugeben. Dies hat zur Konsequenz, dass bei konstanter Totalreflexion nur Nullwerte vom Sensor ausgegeben werden, bei zunehmender Teilreflexion jedoch ein Anstieg der ausgegebenen Werte stattfindet. Um die Faser in ein verkehrstaugliches Lenkrad zu integrieren, wurde der Lichtleiter direkt um den flexiblen Grundkörper des Lenkrades gewickelt und zwischen Lichtleiter und Lederoberfläche ein spezifischer Profilkörper mit angrenzendem Polsterschaum eingefügt (siehe Abbildung 31). Der Profilkörper garantiert durch seine Lamellenstruktur ein optimales Einwirken der äußeren Kräfte auf den Lichtleiter, der damit je nach aufgebrachter Kraft mit einer bestimmten Tiefe eingedrückt wird.

Allgemeine Methodik

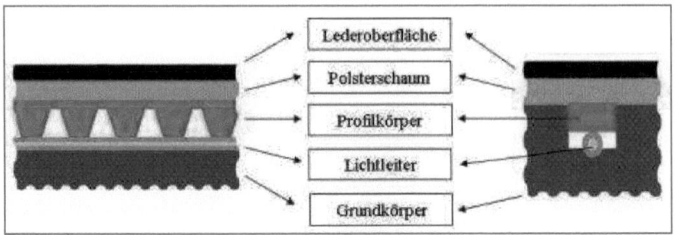

Abbildung 31: links: Seitenansicht des Lenkradsensors; rechts: Querschnitt des Lenkradsensors

Um am gesamten Lenkradkranz Veränderungen in der vom Fahrer aufgebrachten Kraft zu detektieren, sind insgesamt sechs Messsegmente über das Lenkrad verteilt. Vier der Segmente sind auf dem vorderen Teil angeordnet, die zwei übrigen Segmente am hinteren Teil des Lenkradkranzes (siehe Abbildung 32). Da der Sensor Druckveränderungen innerhalb der einzelnen Segmente lokal nicht differenzieren kann, ist die Unterteilung der Segmente von großer Relevanz. Besäße das Lenkrad nur ein Segment, welches den gesamten Lenkradkranz umfasst, wäre es nicht möglich festzustellen, wo am Lenkrad Druckveränderungen stattgefunden haben. Mittels der Einteilung in insgesamt sechs Messsegmente ist jedoch eine Lokalisierung der Krafteinwirkung möglich.

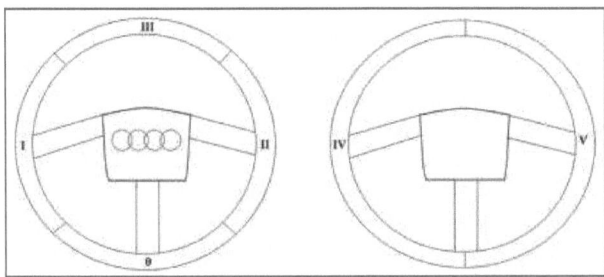

Abbildung 32: Aufteilung der Messsegmente auf der Vorder- und Hinterseite des Lenkrades

Die Segmente werden in der hier beschriebenen Arbeit je nach ihrer Lokalisierung unterschiedlich benannt:

- 00: vorne unten
- 02: vorne rechts
- 04: hinten links
- 01: vorne links
- 03: vorne oben
- 05: hinten rechts

Die Auswerteelektronik des Lenkrades befindet sich mittig in dem Bereich, der eigentlich für den Fahrerairbag des Fahrzeugs vorgesehen ist (siehe Abbildung 33). Hier laufen die Signale der einzelnen Segmente zusammen und werden durch die Software des Sensors weiterverarbeitet, um im Anschluss an den CAN-Bus des Fahrzeuges weitergeleitet zu werden (Aufzeichnungsrate: 100 Hz). Aufgrund der spezifischen Materialeigenschaften aller Sensorkomponenten besitzt diese Software einen vergleichsweise hohen Stellenwert im Gesamtkonzept des Lenkrades. So ist das Verhalten des Sensors stark abhängig von der Spannung und Elastizität des Leders, von der Elastizität des Lenkrad-Grundmaterials und von der Position des Lichtleiters unter dem Profilkörper. Diese Variablen kovariieren wiederum mit Umgebungsparametern wie Temperatur, Feuchtigkeit und Luftdruck. Dies hat schließlich zur Folge, dass das Sensorverhalten nicht linear und darüber hinaus inhomogen ist. Für eine bestimmte Druckintensität ergibt sich damit unter verschiedenen Bedingungen immer ein unterschiedlicher Ausgabewert. Daher verfügt das Lenkrad über eine eigens für diese Problematik entworfene Kalibrierungssoftware.

Abbildung 33: Auswerteelektronik des Griffkraft messenden Lenkrades

Der zur Anwendung kommende Kalibrierungsalgorithmus (Reset-Algorithmus) ermittelt permanent den Ausgabewert jedes einzelnen Messsegments und deren erste und zweite Ableitung. Wenn diese Größen innerhalb festgelegter Grenzen konstant und nahe null bleiben, wird darauf geschlossen, dass keine Berührung vorliegt und der Ausgabewert dementsprechend nahe bei null festgesetzt. Damit können äußere Einflüsse (z.B. Temperatur), die der Regel nach zu langsamen Änderungen führen, ausgeglichen werden. Weiterhin trägt der Kalibrierungsalgorithmus der Trägheit des Sensorverhaltens Rechnung. Da sich die Sensorkomponenten nach starker Manipulation aufgrund ihrer Materialbeschaffenheit nur langsam in ihre Ausgangsposition zurückbewegen, bleibt die optische Faser nach der Manipulation leicht deformiert, obwohl keinerlei Berührung mehr vorliegt. Die Zeitdauer bis zur vollständigen Erholung der Faser kann dabei bis zu 10 s betragen. Ohne angemessene Verarbeitung der Werte würde der Sensor auch während dieser Zeit Ausgabewerte weit über null generieren. Deshalb kommt auch während dieses Zustandes der Kalibrierungsalgorithmus zur Geltung und passt die Ausgabewerte an die aktuellen Gegebenheiten der Faser an. Ferner tritt der Reset-Algorithmus dann in Aktion, wenn die Grenzen des definierten Bereiches der Ausgabewerte erreicht werden (0 bis ca. 42.000). Erhöht sich die am Lenkrad aufgebrachte Kraft kontinuierlich bis zur oberen Grenze des Wertebereiches und nimmt auch danach noch weiter zu, verschiebt der Algorithmus den Offset nach unten (***Überlauf-Reset***), sodass sich der weitere Kraftanstieg in einem neuen Werteanstieg ausgehend vom neuen Offset äußert. Dieses Prinzip zeigt sich auch bei starken Druckabfällen. Erreichen die ausgegebenen Werte innerhalb des Werteabfalls das Minimum, reduziert der Algorithmus den Offset dynamisch nach oben (***Unterlauf-Reset***), um von dort aus den Druckabfall weiterhin darstellen zu können.

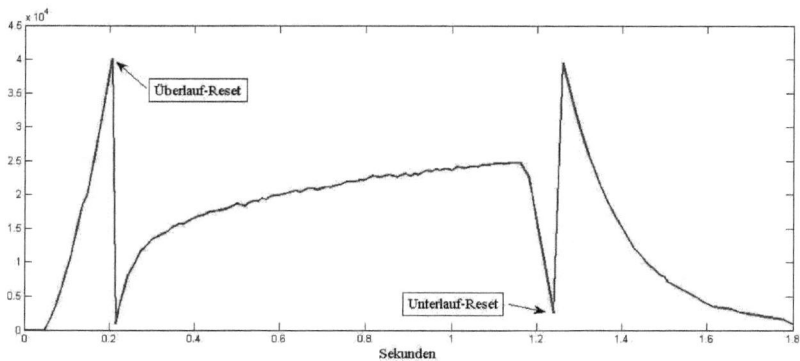

Abbildung 34: Exemplarische Darstellung eines Über- und Unterlauf-Resets

Abbildung 34 stellt diese Funktionen übersichtlich dar. Eines der Lenkradsegmente wird hierbei mit ansteigender Kraft betätigt, es kommt zu einem Überlauf-Reset. Die an dem Segment aufgebrachte Kraft steigt auch nach dem Überlauf-Reset weiter an, erreicht ein bestimmtes Niveau, um von dort abrupt abzufallen. Bedingt durch diesen Abfall der am Lenkrad aufgebrachten Kraft erreichen die Werte ein Minimum. Um den weiter folgenden Abfall korrekt darstellen zu können, wird der Wertebereich mittels eines Unterlauf-Resets nach oben versetzt, um von dort aus wieder seinem Abwärtstrend zu folgen.

Die oben angeführten Grundeigenschaften und die Verarbeitungsalgorithmik des Lenkrades führen dazu, dass das Lenkrad nicht als Kraftmessinstrument im klassischen Sinne bezeichnet werden kann. Aufgrund des Einflusses von Umweltvariablen auf die Materialeigenschaften der Messtechnik und der darauf aufbauenden Funktionsweise der Auswerteelektronik können die Ausgabewerte des Lenkrades nicht in Einheiten bestimmter physikalischer Größen überführt werden. Somit ist das Lenkrad nicht in der Lage, exakte Absolutwerte der Kraft zu bestimmen (z.B. Newton), vielmehr dient es als *Messgerät für Kraftänderungen innerhalb verschiedener Intensitätsbereiche.*

5.2.3.1 Griffkraft messendes Lenkrad – Funktionsstufen

Während der Forschungsarbeiten zu dem hier geschilderten Projekt wurde das Lenkrad in seiner Funktionsweise modifiziert, sodass insgesamt zwei verschiedene Funktionsstufen Anwendung fanden:

Funktionsstufe A:
Die erste Version des Lenkrades zeichnete sich insbesondere durch die hoch sensitive Beschaffenheit der Sensorfunktion aus. Das Maximum des vom Lenkrad gemessenen Wertebereiches (ca. 42.000) wurde schon bei relativ niedrigen Druckintensitäten erreicht, sodass die absoluten Ausgabewerte keine Differenzierung innerhalb höherer Druckintensitäten zuließen. Abbildung 35 verdeutlicht diese Funktionsweise und die sich

hieraus ergebende Problematik. Eines der Lenkradsegmente wird hierbei mit der Hand zweimal für kurze Zeit so kräftig wie möglich betätigt.

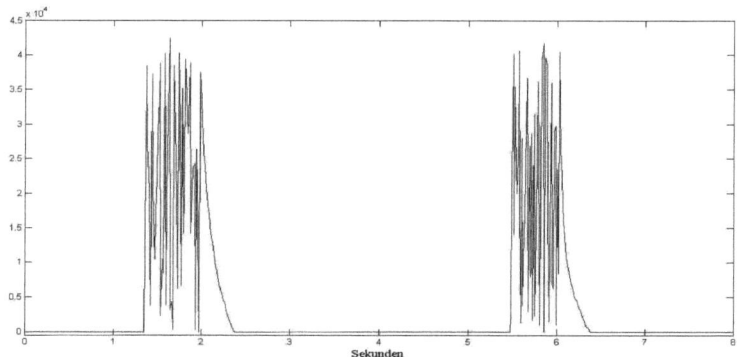

Abbildung 35: Werteverlauf bei zweimaliger, kräftiger Betätigung eines Lenkradsegmentes (Funktionsstufe A)

Es ist deutlich sehen, dass die vom Lenkrad ausgegebenen Werte in kürzester Zeit das Maximum erreichen und der Wertebereich durch die ständig folgenden Überlauf-Resets wiederholt nach unten versetzt wird, um von dort aus wieder von Neuem anzusteigen. Das Wertespektrum bietet nicht genug Raum, um die starken Kräfte am Lenkradkranz eindeutig abzubilden, vielmehr manifestiert sich der hohe Druck in einer gezackten Kurve, die mit Abbau des Druckes wieder zu einer Nulllinie wird. Die vom Lenkrad ausgegebenen Werte können demnach nicht als direkte Kraftangabe verwendet werden, da das Wertemaximum schon bei geringen Kräften erreicht wird. Um dennoch Angaben über Kraftintensitäten in höheren Bereichen zu machen, wurde bei den Arbeiten mit Funktionsstufe A des Lenkrades die *Anzahl der Überlauf-Resets pro Zeiteinheit* verwendet. Zögerliche, eher schwache Betätigungen der Segmente führen zu einer niedrigeren Anzahl dieser Resets, schnelle und kräftige Betätigungen hingegen zu einer hohen Anzahl pro Zeiteinheit. Abbildung

Allgemeine Methodik

36 soll diesen Sachverhalt exemplarisch vermitteln. Ein Proband umgreift hierbei das Lenkrad auf der rechten Seite und aktiviert dabei das vordere und hintere Segment. Dabei stützt er sich jedoch auf dem Lenkrad ab, sodass der Großteil der aufgebrachten Kraft auf das vordere Segment wirkt. Dies führt dazu, dass auf dem hinteren Segment (05) nur zwei Überlauf-Resets nötig sind, auf dem vorderen (02) in der gleichen Zeit jedoch acht. Der aufgebrachte Druck ist hier also höher.

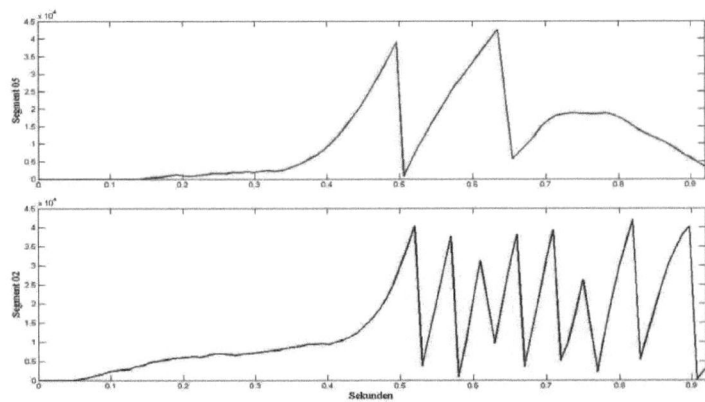

Abbildung 36: Annähernd zeitgleiche Betätigung zweier Segmente mit unterschiedlicher Kraft (Funktionsstufe A)

Um die Kraftänderungen auf den einzelnen Segmenten trotzdem übersichtlich abzubilden, wurden die einzelnen Messungen von Funktionsstufe A mithilfe eines Algorithmus bereinigt. Das hierfür entworfene Matlab-Programm registriert Über-[12] und Unterlauf-Resets[13] und verhindert retrospektiv eine Verschiebung des Offsets durch den Reset-Algorithmus der Auswerteelektronik. Direkt im Anschluss an jeden Reset

---

[12] Für einen Überlauf-Reset gilt dabei die Bedingung eines Werteabfalls um 65 % nach einem zuvor registrierten Werteanstieg über zwei Messwerte und ein generelles Wertespektrum über 5000 vor einem folgenden Reset.
[13] Für einen Unterlauf-Reset hingegen gilt ein 2.5-facher Werteanstieg bei vorausgehendem Abfall über drei Messwerte und einem folgenden Abfall über zwei Messwerte. Zusätzlich gilt hier ein minimales Wertespektrum von 20000 für den Wert nach einem Reset.

wurde dabei die Differenz des hier ausgegebenen Wertes zu dem letzten Wert vor dem Reset ermittelt und mit allen folgenden Werten addiert. Dieses Vorgehen führt dazu, dass der Wertebereich nach einem Überlauf-Reset nicht nach unten verschoben wird, sondern auf gleichem Niveau bleibt und sich bei steigender Kraft von dort aus nach oben hin vergrößert[14]. Dasselbe Prinzip gilt für Unterlauf-Resets, nur in umgekehrter Richtung. Abbildung 37 macht diese Logik anhand einer Beispielmessung deutlich. Etwa ab 28 s beginnt eine Erhöhung der Griffkraft, die im unteren Bereich der Abbildung (blaue Linie; ohne Resets) deutlicher zu sehen ist, als im oberen Bereich der Abbildung (grüne Linie; mit Resets). Das für Funktionsstufe A typische „Signalrauschen" bleibt dabei jedoch trotzdem bestehen, das Signal ist nach wie vor nicht „glatt".

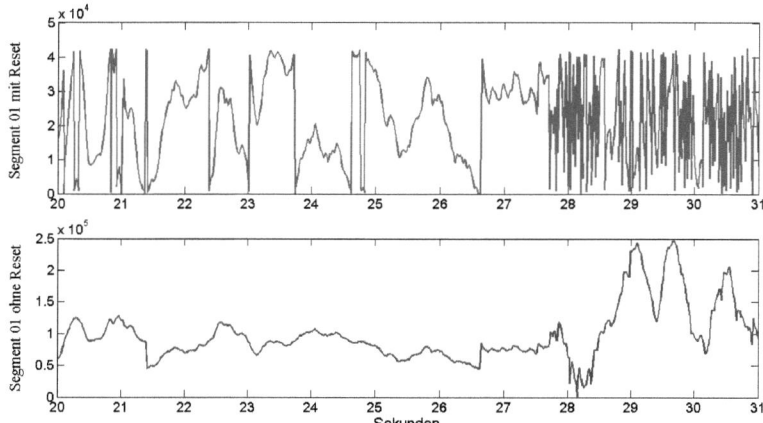

Abbildung 37: Darstellung des Werteverlaufes während einer Krafterhöhung mit und ohne retrospektive Bereinigung um Resets.

---

[14] Die maximalen Ausgabewerte liegen damit nicht mehr bei 40000, sondern steigen je nach Anzahl an Überlauf-Resets weit über diesen Wert an. Dementsprechend ist die Skala in Abbildung 37 zu bewerten.

Funktionsstufe B:

Die oben geschilderte Problematik von Funktionsstufe A sollte durch eine Neukonfiguration des Lenkrades behoben werden. Funktionsstufe B wurde dahin gehend verändert, dass der vom Lenkrad abgebildete Druckbereich größer ist und somit nicht nur innerhalb niedriger Intensitäten anhand der absoluten Ausgabewerte differenziert werden kann. Das theoretische Wertemaximum von 42.000 wird bei dieser Funktionsstufe nicht mehr erreicht, selbst bei maximaler Kraftanstrengung des Fahrers ergeben sich Werte, die diesen Bereich nicht überschreiten. Dennoch kann das Lenkrad auch innerhalb geringer Kräfte differenzieren. Die durch das schnelle Erreichen des Wertemaximums entstehenden Deckeneffekte von Funktionsstufe A sind bei der optimierten Konfiguration jedoch nicht mehr vorhanden. Abbildung 38 soll diese Funktionsweise weiter veranschaulichen, es wird abermals die zweimalige Betätigung eines Segmentes mit maximal möglicher Kraft der Hände abgebildet. Der Proband (männlich, 24 Jahre) erreicht hierbei ein Wertemaximum von ca. 6.000 und hält die ihm maximal mögliche Kraft für jeweils zwei Sekunden. Mit Loslassen des Lenkrades fallen die vom Lenkrad ausgegebenen Werte zügig auf null ab, es sind keine Resets zu verzeichnen.

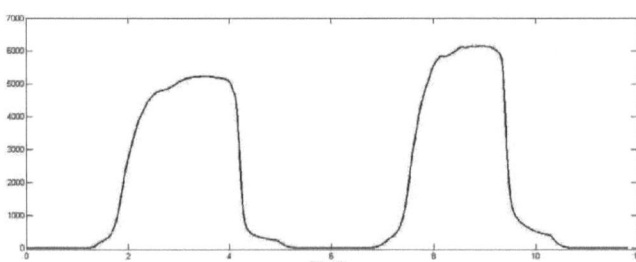

Abbildung 38: Werteverlauf bei zweimaliger, kräftiger Betätigung eines Lenkradsegmentes (Funktionsstufe B).

Auf am Lenkrad aufgebrachte Druckveränderungen kann bei Funktionsstufe B folglich ohne weitere Berechnungen über die von der Auswerteelektronik ausgegebenen Werte geschlossen werden. Höhere Werte stehen für Veränderungen innerhalb höherer Druckbereiche, niedrigere Werte für Druckveränderungen innerhalb geringerer Druckbereiche (siehe Abbildung 39)

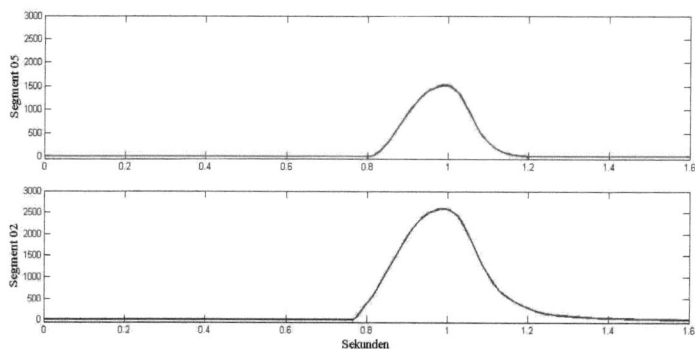

Abbildung 39: Zeitgleiche Betätigung zweier Segmente mit unterschiedlicher Kraft (Funktionsstufe B).

Der Proband umgreift das Lenkrad auf ca. neun Uhr und betätigt Segment 02 und Segment 05. Da er sich dabei vorne auf dem Lenkrad abstützt und das Lenkrad von hinten mit den Fingern umschließt, fällt der größere Teil der aufgebrachten Kraft auf den vorderen Teil des Lenkradkranzes. Segment 02 gibt hierbei maximale Werte von ca. 2.500 aus, Segment 05 erreicht nur Werte von ca. 1.800. Aufgrund der oben beschriebenen Charakteristika von Funktionsstufe B wurde während der experimentellen Arbeiten mit dieser Lenkradkonfiguration die absolute Höhe der Ausgabewerte als Maß für die aktuelle Druckintensität am Lenkrad verwendet. Die Unterscheidung von langsamen und schnellen Kraftänderungen hingegen konnte regulär über die Änderung der Ausgabewerte pro Zeit (Gradient) errechnet werden.

6. Experiment I

6.1 Theoretische Einführung

Das hier geschilderte Experiment ist die erste Forschungsarbeit, die mit dem oben beschriebenen Griffkraft messenden Lenkrad durchgeführt wurde. Hierbei wurde eine Notbremsung während einer Notsituation im Längsverkehr mit Daten anderer Bremsmanöver und regulärer Autofahrten verglichen. Die Teilnehmer wurden innerhalb des Versuches unvorbereitet mit einem Hindernis (großer Schaumstoffwürfel, ca. 100 cm x 50 cm x 100 cm) auf der Fahrbahn konfrontiert, um so den Eindruck einer unmittelbar bevorstehenden, folgenschweren Kollision zu vermitteln. Griffkräfte in dieser Fahrsituation können als exemplarisch für *Auffahrunfälle im Längsverkehr* interpretiert werden. Unfälle dieses Typus nehmen 23 % des Gesamtunfallgeschehens ein (Statistisches Bundesamt, 2011), viele Fahrerassistenzsysteme richten ihre Eingriffe hauptsächlich auf die Vermeidung oder Folgenmilderung dieses spezifischen Unfallszenarios (z.B. BAS-Plus, CMBS etc.; siehe Kapitel 2.4.2). Abbildung 40 zeigt zwei typische Beispiele dieser Unfallart.

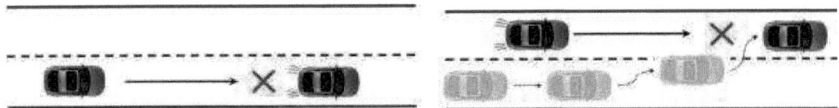

Abbildung 40: Zwei Beispielszenarien für Unfälle im Längsverkehr. Links: Kollision mit plötzlich verzögerndem Fahrzeug; rechts: Kollision mit Naheinscherer.

Die in Experiment I simulierte Kollision zeigt sich als eine für die Wahrnehmung des Fahrers intensive und kritische Fahrsituation und stellt gleichermaßen ein Unfallszenario mit hoher externer Validität dar. Zeigen sich die Griffkräfte während der Notsituation als spezifisch und trennscharf genug, könnte ein Assistenzsystem diese Information für die verbesserte Situationsklassifikation verwenden, damit Auffahrunfälle eindeutiger wahrnehmen und ihnen besser entgegenwirken.

6.2 Methodisches Vorgehen

Das Experiment wurde mit Funktionsstufe (A) des Griffkraft messenden Lenkrades durchgeführt, die Auswertung der Griffkräfte beruht auf den in Kapitel 5.2.3 geschilderten Grundlagen.

6.2.1 Probandenstichprobe

Bei der Auswahl der Probanden (n=40) wurde besonderes Augenmerk auf eine repräsentative Gestaltung der Stichprobe auf den Variablen „Alter" und „Geschlecht" gelegt. Weiterhin erforderte das Versuchsdesign außergewöhnliche Fahrmanöver (hier: Notbremsung), sodass die Teilnehmer über ausreichend Fahrerfahrung verfügen mussten. Da diese Fahrmanöver unter verschiedenen Geschwindigkeitsprofilen (60 km/h vs. 130 km/h) stattfanden, wurden die Teilnehmer entsprechend ihrer alltäglichen Fahrumgebung (hier: Autobahn vs. Landstraße vs. Stadtverkehr) einer spezifischen Bedingung zugewiesen, die zu ihrem regulären Fahrprofil passte. Probanden, die privat häufig auf der Autobahn fuhren, wurden dem hohen Geschwindigkeitsprofil zugeordnet. Probanden, die wenig Fahrpraxis auf der Autobahn hatten, wurden dem niedrigen Geschwindigkeitsprofil zugewiesen. Weiterhin wurden nur Teilnehmer mit ausreichend allgemeiner Fahrerfahrung (hier: fünf Jahre und mind. 10.000 km pro Jahr) akzeptiert. Die Präselektion auf Basis dieser Variablen wurde anhand eines Fragebogens (siehe Anhang A) vorgenommen, den die Probanden im Voraus bearbeiteten[15].

---

[15] Neben diesen Aufnahmekriterien wurde bei allen Experimenten zusätzlich sichergestellt, dass keiner der Teilnehmer an früheren Versuchen teilgenommen hatte, die ähnliche Szenarien (z.B. plötzliche Hindernisse, Notbremsungen etc.) enthielten, um möglichen Erwartungshaltungen der Probanden entgegenzuwirken

Für die Stichprobe von Experiment I ergeben sich die in Tabelle 1 aufgeführten Charakteristika:

	Männer (n=20)		Frauen (n=20)	
	Alter	Km pro Jahr	Alter	Km pro Jahr
Mittelwert	32,8	24619	30	24000
Standardabweichung	12,6	11289	12,6	10902

Tabelle 1: Altersverteilung und Fahrerfahrung der Teilnehmer an Experiment I

6.2.2 Coverstory

Für den gesamten Versuch war es von hoher Wichtigkeit, dass keiner der Probanden Einblick in die tatsächlichen Untersuchungsziele bekam. Die sich plötzlich ergebende Kollisionssituation (siehe unten) sollte für die Teilnehmer völlig überraschend und unmittelbar eintreten, um somit ein möglichst reales Abbild eines Auffahrunfalls im Straßenverkehr darzustellen. Daher wurde den Teilnehmern vom ersten Kontakt an vermittelt, dass es sich bei dem Versuch um eine Untersuchung im Rahmen des fingierten Projektes „Ergonomie und Akustik im Automobil" handelt. Die Probanden waren der Meinung, dass das Ziel des Experimentes darin bestehe, Zusammenhänge zwischen individuellen Körpermaßen und dem wahrgenommenen Komfort während der Bedienung verschiedener Instrumente und Schalter im Fahrzeug zu ermitteln. Weiterhin wurde ihnen glaubhaft gemacht, dass ein zusätzliches Forschungsziel in der Ermittlung von wahrgenommenen Fahrzeug- und Windgeräuschen während variierender Reisegeschwindigkeiten bestehe. *Zu keinem Zeitpunkt war den Probanden bewusst, dass das Lenkrad Unterschiede in der am Lenkradkranz aufgebrachten Griffkraft misst.* Um die Situation für die

Probanden so schlüssig wie möglich zu gestalten, waren alle Materialen (z.B. Fragebögen und Instruktion; siehe Anhang B) und der gesamte Versuchsablauf auf die fingierten Untersuchungsziele hin ausgerichtet. Nach Abschluss aller notwendigen Messfahrten folgte die Aufklärung des Probanden und die Ausbezahlung der Aufwandsentschädigung.

6.2.3 Versuchsdurchführung

Zur Einführung wurde den Probanden ein Instruktionsbogen vorgelegt (siehe Anhang B), der das folgende Vorgehen erklären sollte. Je nach Geschwindigkeitsprofil der bevorzugten Fahrumgebung wurde jeweils die Hälfte der Probanden entweder der 130 km/h Bedingung oder der 60 km/h Bedingung zugeordnet. Dieses Profil entschied, bei welcher Geschwindigkeit die relevanten Bremsmanöver (siehe unten) durchgeführt wurden. Vor dem endgültigen Start des Experiments versicherten die Probanden schriftlich, in fahrtüchtigem Zustand zu sein und benötigte Sehhilfen bei sich zu haben (siehe Anhang C).

Die nun folgende *Trainingsfahrt* (ca. 20 Minuten) auf der Teststrecke diente zum einen der Eingewöhnung in das Versuchsfahrzeug und zum anderen der Aufzeichnung von Basisdaten („Baseline") für den späteren Vergleich von Griffkräften aus Notsituationen und Kräften normaler Fahrten ohne kritische Zwischenfälle[16]. Zu diesem Zweck wurde eine Reihe von Fahrmanövern durchgeführt, darunter eine Wende, eine Slalomfahrt, eine Rückwärtsfahrt und eine *vom Probanden selbst initiierte Vollbremsung,* während der er aus einer vorgegebenen Geschwindigkeit - je nach Profil entweder 60 km/h oder 130 km/h - das Fahrzeug so schnell

---

[16] Somit liegen für die spätere Auswertung Baselinedaten für ca. 13 Stunden Fahrzeit vor.

wie möglich zum Stillstand bringen sollte. Bis auf die Vollbremsung gingen alle Manöver mit in die Baselinedaten ein[17]. Der definierte Trainingsparcours (siehe Anhang D) wurde von jedem Proband einmal im Automatikmodus des Fahrzeuges und einmal im manuellen Modus durchfahren[18]. Da es für Teile des Versuchsablaufes (siehe „Akustik-Fahrten") erforderlich war, das Fahrzeug manuell in einer vorher definierten Fahrstufe zu bewegen, konnten die Probanden den manuellen Betrieb des Fahrzeugs während der Trainingsfahrten einüben. Für die Trainingsfahrt, wie auch für alle weiteren Fahrten des Versuches erhielten die Probanden Anweisung, die Hände immer auf drei und neun Uhr am Lenkradkranz zu positionieren, um die Vergleichbarkeit der Daten zu gewährleisten. Anhang D zeigt die Trainingsstrecke inklusive der Fahrmanöver und deren Lokalisation.

Im Anschluss an die Trainingsfahrt begann mit den ersten *„Nebenaufgaben-Fahrten"* die zweite Phase der fingierten Untersuchung. Um die Coverstory weiter zu plausibilisieren, befuhren die Probanden auf Anweisung des Versuchsleiters immer wieder eine lang gezogene Gerade und sollten dabei verschiedene Schalter und Knöpfe im Fahrzeug bedienen, um im Anschluss nach dem empfundenen Komfort befragt zu werden (siehe Anhang E). Die Fragen hatten keinerlei Relevanz für den eigentlichen Versuch, sie dienten allein der Coverstory. Während dieser Fahrten passierten die Probanden mehrfach einen Anhänger (siehe Abbildung 41), der einen großen Schaumstoffwürfel enthielt. Vor dem

---

[17] Eine Vollbremsung ist nicht Teil einer regulären Fahrt ohne Notsituationen, die Daten zu den Griffkräften dieser Bremsmanöver würden die Baselinemessungen damit unbrauchbar machen.
[18] Bei Fragen der Teilnehmer zum Zweck der Fahrten im manuellen Modus erklärte der Versuchsleiter, dass untersucht werden soll, ob sich die wahrgenommenen Geräusche im Fahrzeug auch mit dem Modus der Schaltung ändern.

Anhänger war Versuchsmaterial (Pylonen etc.) aufgestellt, sodass er den Teilnehmern als Lager für benötigte Materialen erschien.

Nach diesen Fahrten zur vermeintlichen Untersuchung des Bedienkomforts verschiedener Funktionen begannen die Fahrten zur vermeintlichen Beurteilung der Akustik von Fahrzeug- und Windgeräuschen (*„Akustik-Fahrten"*). Auch hierbei sollten die Probanden die lange Gerade des Versuchsgeländes abfahren und passierten bei vorgegebener Geschwindigkeit und Fahrstufe den im Anhänger versteckten Würfel. Im Anschluss an jede Fahrt wurden für den eigentlichen Versuch irrelevante Fragen zur wahrgenommenen Akustik im Fahrzeug gestellt, die wieder allein der Plausibilisierung der Coverstory dienten.

Abbildung 41: Anhänger und Kollisionsobjekt (Schaumstoffwürfel).

Während des jeweils letzten Durchgangs dieser „Akustik-Fahrten" erfolgte die für das Untersuchungsziel tatsächlich relevante Manipulation, nämlich die ***Simulation einer Notbremsung im Längsverkehr***. Einer der beiden Versuchsleiter war bis zu diesem Zeitpunkt im Anhänger hinter dem Schaumstoffwürfel versteckt, aus einem Sichtfenster konnte er das annähernde Versuchsfahrzeug beobachten. Befand sich das Fahrzeug in einem bestimmten Abstand zum Anhänger, schob er den Würfel aus dem Hänger heraus, sodass dieser mittig auf die Fahrbahn vor das

Versuchsfahrzeug fiel und dort zum Liegen kam. Je nach Geschwindigkeitsprofil des Probanden fand die letzte Akustik-Fahrt bei 60 km/h (dritte Fahrstufe) oder bei 130 km/h (fünfte Fahrstufe) statt. Der Würfel wurde entsprechend der Geschwindigkeit bei einer Entfernung von 23 m oder 75 m zum Versuchsfahrzeug auf die Straße geschoben[19]. Dieses plötzliche Auftauchen des Würfels versetzte den Probanden in eine Notsituation, in der er sich mit einer unmittelbar bevorstehenden Kollision konfrontiert sah. Die Abmessungen (1m x 0.5m x 1m) und die dunkle Farbgebung des Würfels ließen ihn als gefährliches Objekt erscheinen. Bis auf eine Ausnahme führte diese Situation bei allen Probanden zu einer fahrerbasierten Notbremsung mit voller Kraft. Die Abstände waren während sorgfältiger Vorversuche so gewählt worden, dass die Probanden auch bei unmittelbarer Reaktion eine Kollision nicht vermeiden konnten. Jeder Proband kollidierte demnach während der Bremsung mit dem Hindernis, das Fahrzeug kam erst kurz danach zum Stillstand (siehe Abbildung 42). Unmittelbar nach der Kollision wurde der Proband darüber aufgeklärt, dass der Versuch unter anderem die menschliche Reaktion während Notbremsungen untersuchen sollte, das Griffkraft messende Lenkrad fand dabei jedoch keine Erwähnung.

---

[19] Der Versuchsleiter im Anhänger konnte über das in der Plane des Hängers angebrachte Sichtfenster die Szenerie gut beobachten. Zwei große Pylonen innerhalb einer Reihe kleiner Pylonen, die die Fahrbahn simulierten, dienten ihm als Referenzpunkte zur Bestimmung des Abstandes des Experimentalfahrzeuges.

Abbildung 42: Schematischer Ablauf einer Notbremsung bei Experiment I

Neben diesen Manövern beinhaltete Experiment I mit den *„Komfortbremsungen"* noch eine letzte Gruppe von experimentell simulierten Bremsmanövern. Hierbei wurden auf dem Versuchsgelände Verkehrsampeln positioniert, die vom Versuchsleiter über eine Fernbedienung angesteuert werden konnten. Die Probanden wurden je nach Geschwindigkeitsprofil instruiert, entweder mit 60 km/h oder mit 130 km/h auf die grüne Ampel zuzufahren. In ausreichender Entfernung (90 m bzw. 250 m) aktivierte der Versuchsleiter die Zeitschaltuhr, die Ampel schaltete nun wie im realen Verkehrsgeschehen von grün, über gelb, auf rot. Die Aufgabe der Probanden bestand darin, beim Umschalten der Ampel so komfortabel wie möglich vor der Ampel anzuhalten. Dabei sollte das normale Fahr- und Bremsverhalten in realer Verkehrsumgebung als Vorbild dienen. Um diesen abschließenden Versuch weiter für den Probanden zu plausibilisieren, begründete der Versuchsleiter diese Bremsmanöver mit der allgemeinen Notwendigkeit, Referenzmessungen zu erheben, die als Vergleich zu den Fahrdaten während Vollbremsungen herangezogen werden sollen. Abbildung 43 gibt abschließend eine schematische Übersicht zu dem Gesamtablauf des Versuches:

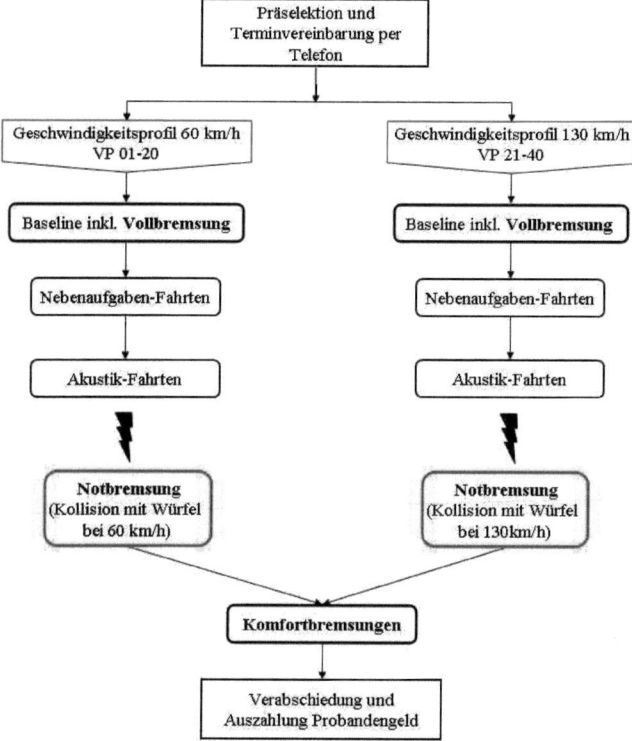

Abbildung 43: Schematische Übersicht zum Versuchsablauf von Experiment I

6.2.4 Messvariablen und zusammenfassende Versuchsplanung

Während der Messfahrten (Bremsmanöver und Baseline) wurden über den CAN-Bus des Fahrzeuges unterschiedliche Variablen gemessen. Die für die hier zu untersuchenden Fragestellungen relevanten Messgrößen beinhalten:

- Fahrpedalstellung (50 Hz)
- Bremsdruck (50 Hz)
- Kraftänderung auf den relevanten Lenkradsegmenten (100 Hz)

Um die einzelnen Messfahrten im Nachhinein auf mögliche Besonderheiten und den korrekten Ablauf des Versuches hin zu überprüfen, wurden im Fahrzeug zwei Kameras angebracht, die das Portrait des Fahrers und die Szenerie vor dem Versuchsfahrzeug aufzeichneten (siehe Kapitel 5.2.1). Diese Videodaten sind für die hier behandelten Fragestellungen allerdings irrelevant und werden demnach nicht mit in die Ergebnisbeschreibung einbezogen. Auf Grundlage der oben geschilderten Versuchsdurchführung und der relevanten Messgrößen ergeben sich für das Versuchsdesign von Experiment I die folgenden Variablen:

Unabhängige Variablen:
- Bremsmanöver:
    o Komfortbremsung
    o Vollbremsung
    o Notbremsung
- Geschwindigkeit:
    o 60 km/h
    o 130 km/h

Abhängige Variablen:
- CAN-Bus Messgrößen
    o Fahrpedalstellung
    o Bremsdruck
    o Kraftänderungen auf den Lenkradsegmenten

Als weitere unabhängige Variable können ferner die Baselinefahrten betrachtet werden, die mit jedem Probanden durchgeführt worden sind. Während dieser Fahrabschnitte wurden die oben aufgeführten abhängigen Variablen kontinuierlich mit aufgezeichnet.

6.3 Ergebnisse

Vor der genauen Schilderung der Ergebnisse soll anhand Abbildung 44 der schematische Verlauf eines Bremsmanövers beschrieben werden. Zu sehen ist ein Ausschnitt aus dem Ablauf der Notbremsung aus 130 km/h über alle Versuchspersonen des hohen Geschwindigkeitsprofils (130 km/h; für die anderen Bremsmanöver siehe Anhänge H bis L).

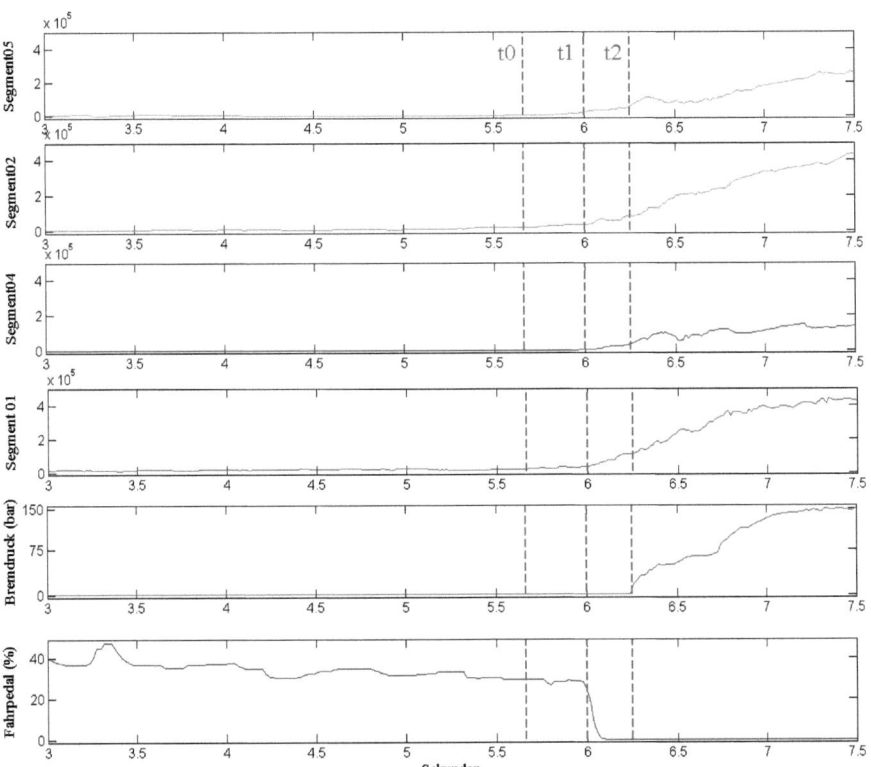

Abbildung 44: Zentrale Tendenz (Median) der Notbremsung aus 130 km/h über alle Probanden aus der entsprechenden Bedingung. t0: Würfel im Sichtfeld des Probanden. t1: Loslassen des Fahrpedals. t2: Beginn Bremsung

Das Diagramm enthält alle für die Fragestellung relevanten abhängigen Variablen. Die von den Lenkradsegmenten ausgegebenen Werte wurden aufgrund der besseren schematischen Übersicht um die einzelnen Über- und Unterlauf-Resets bereinigt (siehe Abbildung 37) und über alle Personen der 130 km/h – Bedingung aggregiert. Die durch vertikalen Strichlinien gekennzeichneten Abschnitte markieren zentrale Ereignisse während der simulierten Notsituation. Zu Zeitpunkt t0 tritt der Würfel als Hindernis erstmalig in das Sichtfeld des Probanden. Auf dieses Ereignis folgt in kurzem zeitlichem Abstand das reflexartige Loslassen des Fahrpedals (t1), gefolgt von der Betätigung der Bremse (t2), die unmittelbar in der Erhöhung des Bremsdrucks resultiert. Ungefähr mit Loslassen des Fahrpedals (t1) beginnt die Erhöhung des Drucks am Lenkrad und steigt mit zunehmendem Bremsdruck weiter an. Da sich die Hände der Probanden immer auf drei und neun Uhr am Lenkrad befanden, wurden nur die linken (01,04) und rechten Segmente (02, 05) betätigt, die irrelevanten Segmente gingen nicht mit in die Auswertung ein.

6.3.1 Fahrpedal und Bremse – Deskriptive Statistik

Die in diesem Teilkapitel aufgeführten Ergebnisse sind nicht alle für die Beantwortung der zu Anfang dieser Arbeit aufgestellten Fragestellungen nötig. Einige der Teilergebnisse dienen jedoch der Verdeutlichung des Versuchsprinzips und können als Anhaltspunkte herangezogen werden, wie gut die experimentelle Simulation der verschiedenen Bremsmanöver geglückt ist.

Bei der Auswertung der Daten wurde deutlich, dass die Verteilungen der einzelnen Variablen häufig starke Abweichungen von Mittelwert und

Median zeigen. Diese Abweichungen weisen auf schiefe Verteilungen hin, sodass bei der Interpretation der ***deskriptiven Statistik*** meist größeres Gewicht auf den Median gelegt wurde. Dieser ist besonders robust gegen die Schiefe einer Verteilung und zusätzlich weniger anfällig für Extremwerte (Field, 2009b). Dies gilt sowohl für die Ergebnisdarstellung von Experiment I als auch für Experiment II. Hinsichtlich der ***Inferenzstatistik*** folgten die einzelnen Auswertungsschritte einem festen Schema. Zur Prüfung der Daten auf ihre Verteilungsform diente der Kolmogorov-Smirnov-Test (Field, 2009a). Konnte anhand dieses Tests auf Normalverteilung geschlossen werden, folgten parametrische Verfahren zur inferenzstatistischen Analyse der Daten. War dies nicht der Fall, fanden non-parametrische Verfahren Anwendung. Die Irrtumswahrscheinlichkeit wurde für alle verwendeten Testverfahren auf $\alpha = 5\,\%$ festgesetzt und Signifikanzwerte unter $p = 0.05$ mit einem Stern (*) gekennzeichnet (Bortz, 1993, S. 1-13). Auch dieses Vorgehen gilt für die gesamte Arbeit.

<u>Maximaler Bremsdruck</u>
Der maximale Bremsdruck während der im Experiment realisierten Bremsmanöver kann Aufschluss über die vom Fahrer wahrgenommene Kritikalität der Fahrsituation geben. Möchte er das Fahrzeug komfortabel anhalten, ist mit niedrigerem Bremsdruck zu rechnen als während einer Situation, die dem Fahrer gefährlich erscheint. Tabelle 2 listet deskriptive Statistiken zum maximalen Bremsdruck während der im Experiment realisierten Bremsmanöver auf. Die Übersicht zeigt, dass sich während der Not- und Vollbremsungen deutlich höhere Werte für den Bremsdruck ergaben, als während der Annäherung an die Ampel. Ein systematischer Unterschied in den Werten zwischen Not- und Vollbremsung ist jedoch

nicht zu erkennen. Über alle Manöver der Not- und Vollbremsungen hinweg veranschaulichen die Standardabweichungen eine hohe Variation innerhalb der einzelnen Probandengruppen, die Teilnehmer bremsten also mit enorm unterschiedlichen Intensitäten.

	Not-bremsung 130 km/h	Not-bremsung 60 km/h	Voll-bremsung 130 km/h	Voll-bremsung 60 km/h	Komfort-bremsung 130 km/h	Komfort-bremsung 60 km/h
Mittelwert	152.1	127.6	145.4	149.3	27.7	18
Median	159.5	128.1	131	142	27	17.8
Standard-abweichung	41.6	51.1	35	37.5	3.4	3.1
Minimum	45	42.7	117	91	23.5	14.1
Maximum	210	220.4	236	226	37.3	24.3

Tabelle 2: Deskriptive Statistik zum maximalen Bremsdruck [bar] der verschiedenen Bremsmanöver.

Pedalwechselzeiten

Als Pedalwechselzeit während eines Bremsmanövers wird die Zeitdauer bezeichnet, die der Fahrer für das Umsetzen des Fußes vom Fahrpedal auf das Bremspedal benötigt (t1-t2 in Abbildung 25). Dieser Vorgang ist als ein hoch automatisierter und reflexartiger Ablauf von Bewegungen einzustufen, die sämtlich zum Ziel haben, das Fahrzeug zu stoppen. Je schneller diese Bewegung ausgeführt wird, desto dringender ist der Wunsch des Fahrers, den Bremsvorgang einzuleiten und das Fahrzeug anzuhalten oder zumindest zu verzögern. Es liegt auf der Hand, dass speziell in Situationen, die der Fahrer als besonders kritisch einstuft, geringere Pedalwechselzeiten zu beobachten sind (Schmitt et al., 2007).

Tabelle 3 veranschaulicht die systematischen Unterschiede zwischen den für die verschiedenen Bremsmanöver benötigten Pedalwechselzeiten. Für die Notbremsungen ergeben sich innerhalb beider Geschwindigkeitsprofile die niedrigsten Werte, gefolgt von den Vollbremsungen und den Komfortbremsungen. Standardabweichung, Minima und Maxima verdeutlichen auch hier die starke Variation innerhalb der einzelnen Gruppen. Darüber hinaus zeigen die Werte der Notbremsungen Ausprägungen, die sich mit denen anderer Forschungsarbeiten decken. So wurde für Notbremsungen in einschlägigen Arbeiten einheitlich ein Wert um 0.2 s ermittelt (Burckhardt, 1985; Zomotor, 1991; Weiße, 2003).

	Not-bremsung 130 km/h	Not-bremsung 60 km/h	Voll-bremsung 130 km/h	Voll-bremsung 60 km/h	Komfort-bremsung 130 km/h	Komfort-bremsung 60 km/h
Mittelwert	0.29	0.28	0.50	0.36	0.73	0.58
Median	0.25	0.23	0.36	0.29	0.62	0.51
Standardabweichung	0.13	0.12	0.30	0.19	0.41	0.29
Minimum	0.14	0.15	0.21	0.12	0.25	0.19
Maximum	0.64	0.57	1.22	0.84	2.35	1.38

Tabelle 3: Deskriptive Statistik zu den Pedalwechselzeiten [s] während verschiedener Bremsmanöver.

6.3.2 Fahrpedal und Bremse – Inferenzstatistik

Maximaler Bremsdruck
Die Werte für den maximalen Bremsdruck zeigen sich nicht als normal verteilt ($D(134) = 0.217$, $p < 0.05$). Die folgenden Testverfahren sind daher non-parametrischer Natur.

Zur Prüfung eines möglichen Einflusses des *Geschwindigkeitsprofils* auf die Intensität der durchgeführten Bremsungen wurde ein Mann-Whitney-Test mit der Gruppierungsvariable „Geschwindigkeitsprofil" (130 km/h vs. 60 km/h) und der Testvariable „maximaler Bremsdruck" durchgeführt. Der Test zeigte über alle Bremsmanöver hinweg einen signifikanten Einfluss der Geschwindigkeit auf die Bremsintensität ($U = 1754.5$; $p = 0.029*$), bei einer Effektstärke von $r = -0.188$ (Effektstärke nach Rosenthal; siehe Rosenthal, 1986).

Um zu untersuchen, ob ein signifikanter Zusammenhang zwischen der *Art des Bremsmanövers* und dem maximal aufgebrachten Bremsdruck besteht, wurde weiterhin ein Kruskal-Wallis-Test mit der dreifach abgestuften Variable „Bremsmanöver" und der Testvariable „maximaler Bremsdruck" durchgeführt. Auch dieser Test zeigte ein signifikantes Ergebnis ($H(2) = 97.086$, $p = 0.000*$). Anschließende Mann-Whitney-Tests sollten weiteren Aufschluss über Unterschiede zwischen den Einzelgruppen geben (siehe Tabelle 4). Hierbei zeigten sich signifikante Unterschiede zwischen der Komfort- und Vollbremsung und zwischen Komfort- und Notbremsmanövern. Für Voll- und Notbremsmanöver konnte jedoch kein signifikant unterschiedlicher Bremsdruck festgestellt werden. Diese Ergebnisse gelten auch für eine entsprechende Anpassung der Irrtumswahrscheinlichkeit nach Bonferroni (hier: $\alpha = 0.05/3$).

	Komfortbremsung vs. Vollbremsung	Vollbremsung vs. Notbremsung	Komfortbremsung vs. Notbremsung
U	0.0	757.0	0.0
p	0.000*	0.976	0.000*
r	-0.85	0.00	-0.85

Tabelle 4: Mann-Whitney-Tests für die Gruppenvariablen „Bremsmanöver" und der Testvariable „Maximaler Bremsdruck", getrennt für die einzelnen Gruppenvergleiche. U = Prüfgröße; p = Irrtumswahrscheinlichkeit; r = Effektstärke nach Rosenthal.

Pedalwechselzeiten

Für die Dauer des Wechsels vom Fahrpedal auf das Bremspedal während der Bremsmanöver kann die Annahme der Normalverteilung nicht aufrechterhalten werden (D(134) = 0.154; p = 0.000*). Zur weiteren Analyse folgen non-parametrische Tests.

Auch für die Pedalwechselzeiten wurde zur Analyse des Einflusses des *Geschwindigkeitsprofils* auf die Pedalwechselzeiten ein Mann-Whitney-Test mit der Gruppierungsvariable „Geschwindigkeitsprofil" (130 km/h vs. 60 km/h) und der Testvariable „Pedalwechselzeit" durchgeführt. Der Test zeigte über alle Bremsmanöver hinweg keinen signifikanten Einfluss der Geschwindigkeit auf die Pedalwechselzeiten (U = 1838; p = 0.071).

Ein Kruskal-Wallis-Test mit der Gruppierungsvariable „Bremsmanöver" und der Testvariable „Pedalwechselzeit" sollte Aufschluss über den Einfluss der *Art des Bremsmanövers* auf die Pedalwechselzeit geben. Die Testergebnisse zeigen einen signifikanten Einfluss des Manövertyps auf die Pedalwechselzeiten (H(2) = 27.617, p = 0.000*). Einzelvergleiche anhand von Mann-Whitney-Tests sollten selektive Gruppenunterschiede deutlich machen (siehe Tabelle 5). Es zeigen sich für jeden möglichen Vergleich der drei Bremsmanöver signifikante Unterschiede bei mittleren bis großen Effektstärken, wobei auch bei einer Bonferroni-Korrektur des Alpha-Niveaus ($\alpha = 0.05/3$) von signifikanten Unterschieden auszugehen ist.

	Komfortbremsung vs. Vollbremsung	Vollbremsung vs. Notbremsung	Komfortbremsung vs. Notbremsung
U	521	458.5	226
p	0.000*	0.000*	0.003*
r	-0.43	-0.34	-0.68

Tabelle 5. Mann-Whitney-Tests für die Gruppenvariablen „Bremsmanöver" und der Testvariable „Pedalwechselzeit", getrennt für die einzelnen Gruppenvergleiche. U = Prüfgröße; p = Irrtumswahrscheinlichkeit; r = Effektstärke nach Rosenthal.

6.3.3 Aktivität der Lenkradsegmente – Deskriptive Statistik

Bei allen im Experiment durchgeführten Versuchsfahrten zeigte sich während des Bremsmanövers eine *Erhöhung der am Lenkradkranz aufgebrachten Griffkräfte* (siehe Abbildung 44 und Anhänge H bis L). Für die Zielfragestellung des Projektes ist die Intensität der Kräfte für den Zeitraum vor der Betätigung des Bremspedals besonders relevant (siehe Kapitel 3.2). Daher wird auf die Darlegung von globalen Maximalkräften während des gesamten Bremsmanövers bis in den Stillstand verzichtet.

<u>Zeitpunkt der Krafterhöhung</u>

Die Fragestellung des eigenen Projektes berührt unter anderem den *Zeitpunkt der Griffkrafterhöhung*, also denjenigen Zeitpunkt, zu dem die Griffkraft während Notbremsungen erstmals plötzlich ansteigt (siehe Kapitel 3). Die Auswertung der im Experiment I generierten Daten hatte demzufolge auch die Beantwortung dieser Frage zum Ziel, blieb jedoch

Experiment I

aufgrund der Charakteristika von Funktionsstufe A erfolglos. Diese Problematik soll anhand Abbildung 45 genauer vermittelt werden.

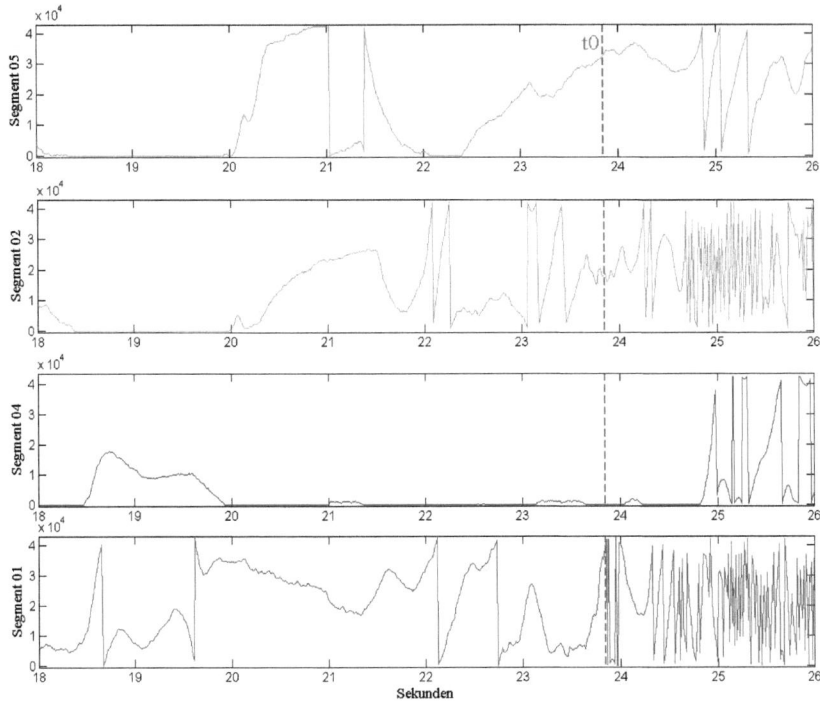

Abbildung 45: Ausschnitt der am Lenkrad aufgebrachten Griffkräfte während einer Notbremsung aus 130 km/h. t0 = Zeitpunkt, zu dem das Kollisionsobjekt in das Sichtfeld des Probanden tritt.

Abgebildet ist ein Ausschnitt der Lenkradaktivität während einer Notbremsung aus 130 km/h. Wieder sind nur diejenigen Segmente abgebildet, die durch die Position der Hände am Lenkrad (drei und neun Uhr) überhaupt aktiviert wurden. Zu t0 (vertikale, gestrichelte Linie) tritt das Kollisionsobjekt in das Sichtfeld des Probanden. Auf den beiden vorderen Segmenten (01,02) zeigt sich kurz danach starke Aktivität. Die Segmente auf der Hinterseite des Lenkrades (04, 05) hingegen zeigen zu einem späteren Zeitpunkt erhöhte Aktivität, wenn auch nur auf einem geringeren Niveau (weniger Überlauf-Resets). Es ist jedoch schnell einsehbar, dass der genaue Zeitpunkt der Krafterhöhung nicht eindeutig festzumachen ist, die hohe Sensitivität des Lenkrades und das damit verbundene „Signalrauschen" verhindern dies. Allein die Kraftmuster auf Segment 04 erlauben die annähernd genaue Bestimmung des Zeitpunktes, zu dem der vorher ruhige Signalverlauf plötzlich nach oben hin ausschlägt. Die anderen Segmente hingegen zeigen derart konfuse und undurchsichtige Muster, dass keine objektive Festlegung eines solchen Punktes möglich ist. Das gewählte Beispiel in Abbildung 45 steht exemplarisch für die gesamten Datenmuster aller Probandendaten, sodass an dieser Stelle keine exakte Angabe zum Zeitpunkt der Griffkrafterhöhung gemacht werden kann.

Alternativ wurden die Daten zur besseren Darstellung um die Resets bereinigt (siehe Abbildung 37). Dieses Verfahren erlaubt eine bessere Übersicht über den Werteverlauf, kann jedoch das grundsätzliche Problem des „Signalrauschens" bei Funktionsstufe A nicht vollständig beheben, sodass eine eindeutige Bestimmung des Zeitpunktes der Krafterhöhung auch mit dieser Methode nicht möglich ist. Um trotzdem eine ungefähre Einschätzung des im Interesse stehenden Zeitpunktes vorzunehmen, wurden die Werteverläufe nach der Reset-Bereinigung über alle Probanden der jeweiligen Bedingung mediansiert (siehe Abbildung 44 und Anhänge H bis L[20]). Analog der in Abbildung 44 dargestellten Übersicht zu den Notbremsungen aus 130 km/h zeigte sich auch bei Notbremsungen aus 60 km/h, den selbst initiierten Vollbremsungen und den Komfortbremsungen, dass eine Erhöhung der Kraft am Lenkrad über alle

---

[20] Es gilt zu beachten, dass die Abbildungen zu den einzelnen Gruppen von Bremsmanövern auf den Y-Achsen der Lenkradsegmente unterschiedlich normiert sind. Dies wurde zur besseren Bestimmung des Zeitpunktes der Druckerhöhung vorgenommen.

Probanden hinweg nicht vor dem Loslassen des Gaspedals (t1) zu erkennen ist. Eine genauere Bestimmung des Zeitpunktes lassen die Abbildungen jedoch nicht zu.

Kraftintensitäten - Bremsmanöver

Zur Bestimmung der Kraftintensitäten während der im Versuch realisierten *Bremsmanöver* wurde die mittlere Anzahl von Überlauf-Resets pro Segment für die individuelle Pedalwechselzeit berechnet. Die Wahl der Pedalwechselzeit als Zeitspanne zur Bestimmung der Griffkraft resultiert einerseits aus der oben dargelegten Annahme, dass die Krafterhöhung während aller Typen von Bremsmanöver nicht vor dem Zeitpunkt t1 stattfindet und andererseits daraus, dass zusätzliche sensorische Informationen zur Detektion von Gefahrensituationen dann von besonders hohem Wert sind, wenn sie noch vor dem Bremsmanöver vorliegen (siehe Kapitel 3.2). Abbildung 46 zeigt das Vorgehen anhand einer Notbremsung aus 130 km/h. Auf Segment 01, 04 und 05 ist jeweils ein Überlauf-Reset zu verzeichnen, Segment 02 hingegen zeigt erst nach dem relevanten Zeitabschnitt erhöhte Aktivität.

Experiment I

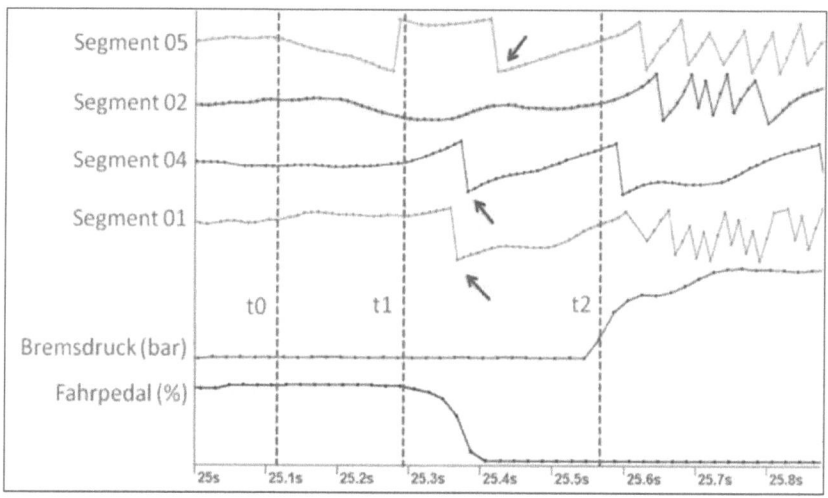

Abbildung 46: Exemplarische Darstellung der Zählung von Überlauf-Resets während der Pedalwechselzeit einer Notbremsung aus 130 km/h. t0: Würfel im Sichtfeld des Probanden. t1: Loslassen des Fahrpedals. t2: Beginn Bremsung. Rote Pfeile: Überlauf-Resets auf jeweiligem Segment

Tabelle 6 gibt Einblick in die am Lenkrad gemessenen Kräfte während der einzelnen Bremsmanöver, Anhang M enthält zusätzliche deskriptive Statistiken für Intensitäten während der beiden Notbremsmanöver. Für die Gruppe der Notbremsungen ergibt sich die höchste mittlere Anzahl an Überlauf-Resets, gefolgt von den selbst initiierten Vollbremsungen und den Komfortbremsungen.

Darüber hinaus zeigen sich für die Segmente 02, 04 und 05 innerhalb der Bremsmanöver Werte mit ähnlich hoher Ausprägung. Bei Betrachtung der Werte von Segment 01 fällt jedoch auf, dass unabhängig von Art und Geschwindigkeit des Bremsmanövers höhere Ausprägungen zu betrachten sind, als auf den übrigen Segmenten.

	Segment 01	Segment 02	Segment 04	Segment 05	Mittelwerte über alle Segmente
Notbremsung 60 km/h	1,0	0,6	0,75	0,45	
Notbremsung 130 km/h	1,76	1,1	0,95	1,2	
Notbremsung gesamt					**0,98**
Vollbremsung 60 km/h	0,58	0,11	0,21	0,42	
Vollbremsung 130 km/h	1,6	0,71	0,57	0,57	
Vollbremsung gesamt					**0,61**
Komfortbremsung 60 km/h	0,34	0,10	0,0	0,0	
Komfortbremsung 130 km/h	0,61	0,14	0,0	0,04	
Komfortbremsung gesamt					**0,15**
Mittelwerte über alle Bremsmanöver	**0,93**	**0,43**	**0,37**	**0,4**	

Tabelle 6: Mittlere Anzahl an Überlauf-Resets während der Pedalwechselzeit der verschiedenen Bremsmanöver, getrennt nach den einzelnen Lenkradsegmenten

Kraftintensitäten - Baselinefahrten

Da die Kraftintensitäten für die Pedalwechselzeit bestimmt worden sind, wurden die Messungen der *Baselinefahrten* in Zeitfenster eingeteilt, die der Länge dieser Pedalwechselzeit entsprechen. Dies geschah aufgrund der Tatsache, dass die Anzahl der registrierten Überlauf-Resets stark mit dem Zeitraum zusammenhängt, über den die Segmentaktivität betrachtet wird. Um eine vergleichende Darstellung von Griffkräften während Notbremsungen und regulären Fahrten zu ermöglichen, muss dieser Faktor daher konstant gehalten werden. Daher wurden alle Baselinemessungen in

Zeitfenster eingeteilt, deren Länge der zentralen Tendenz (Median) der Pedalwechselzeit aller Notbremsmanöver aus 60 km/h und 130 km/h[21] entspricht (0.238 s; vgl. auch Tabelle 3).

Da die Messwerte der einzelnen CAN-Variablen – darunter auch die einzelnen Lenkradsegmente – leicht verschobene Zeitstempel besitzen, musste zusätzlich bei der Extraktion der Zeitfenster ein zeitlicher Abgleich erfolgen[22]. Dabei galten die Zeitstempel der Messwerte auf Segment 01 als erster Ausgangspunkt[23]. Für Segment 02, 04 und 05 wurden darauf aufbauend diejenigen Messwerte bestimmt, welche die zeitlich geringste Differenz zu dem Ausgangswert auf Segment 01 aufwiesen und gleichsam als Startpunkte für die zu bestimmenden Zeitfenster festgesetzt. Um die Endpunkte der Zeitfenster für die einzelnen Segmente festzulegen, wurde der Zeitstempel des jeweiligen Ausgangspunktes mit dem Wert der globalen Pedalwechselzeit (0.238 s) addiert und als nächster Orientierungspunkt herangezogen. Das Ende der Zeitfenster auf den einzelnen Segmenten markierten diejenigen Messwerte, deren Zeitstempel die geringste Differenz zu diesen Orientierungspunkten aufwiesen. Abbildung 47 zeigt dieses Prinzip für die Bestimmung der Startpunkte eines Zeitfensters auf den relevanten Segmenten.

---

[21] Das Geschwindigkeitsprofil zeigte keinen signifikanten Einfluss auf die Pedalwechselzeit, sodass eine Zusammenfassung Werte über 60 km/h und 130 km/h gerechtfertigt ist (vgl. S. 92).
[22] CANape bietet die Möglichkeit, diese zeitlichen Abweichungen bei der Konvertierung in Matlab auszugleichen, sodass alle Messvariablen exakt identische Zeitstempel besitzen. Die Methodik dieser Interpolation ist jedoch intransparent, sodass bei den hier vorgelegten Messungen darauf verzichtet worden ist.
[23] Hierbei ist irrelevant, welches der Segmente die Ausgangspunkte zu Berechnung der Zeitfenster liefert, da alle Segmente mit derselben zeitlichen Frequenz Messwerte generieren. Die Wahl von Segment 01 geschah demnach zufällig.

Experiment I

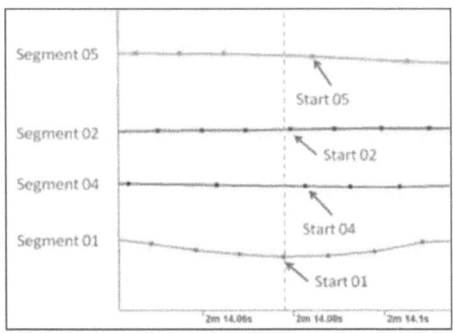

Abbildung 47: Bestimmung der Startpunkte eines Zeitfensters bei Einteilung der Baselinefahrten in kurze Zeitabschnitte einer bestimmten Länge; Start 0x: Startpunkte auf den entsprechenden Segmenten; gestrichelte Linie: Zeitstempel zu Start 01.

Ausgehend vom Anfangspunkt auf Segment 01 (Start 01; gestrichelte Linie) sind diejenigen Messwerte der anderen Segmente markiert, die die geringste zeitliche Differenz hierzu besitzen[24]. Diese Punkte gelten demnach als Startpunkt für die zu extrahierenden Zeitfenster auf den verschiedenen Lenkrad-Segmenten.

Anhand dieser Methode wurden die Baselinemessungen der einzelnen Segmente zeitlich fortlaufend von Beginn bis Ende in Fenster unterteilt, die die gleiche Zeitdauer und zeitlich korrespondierende Start- und Endpunkte besitzen. Jeder neue Messwert auf Segment 01 diente dabei als Ausgangsbasis zur Berechnung neuer Zeitfenster, sodass im Hinblick auf die Messfrequenz des Lenkrades (100 Hz) alle 10 ms neue Zeitfenster berechnet werden konnten. Für eine Sekunde Messaufzeichnung ergeben sich damit ca. 100 zu untersuchende Zeitfenster pro Segment. Abbildung 48 zeigt beispielhaft vier dieser zeitlich korrespondierenden Fenster auf den entsprechenden Segmenten, wobei die Pfeile am rechten Rand der

---

[24] Die mittlere zeitliche Differenz zwischen dem Startpunkt auf Segment 01 und den Startpunkten auf den anderen Segmenten beträgt für das Beispiel 0.006 s.

Abbildung die fortschreitende „Bewegung" dieser Zeitfenster von Beginn bis Ende der einzelnen Messaufzeichnungen verdeutlichen sollen.

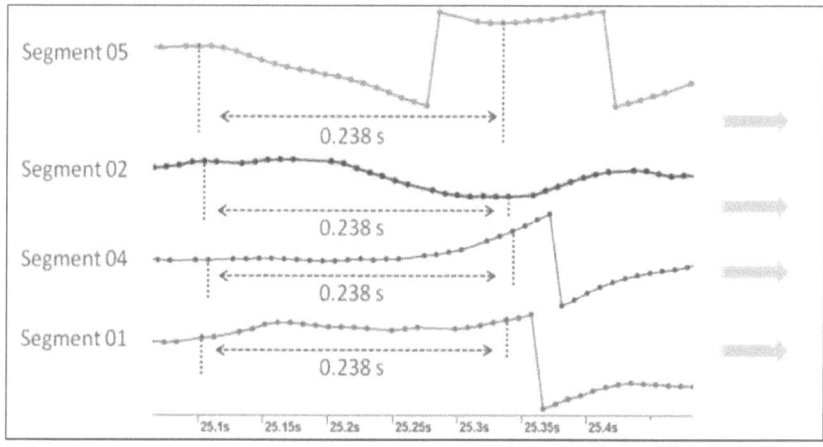

Abbildung 48: Bestimmung vier zeitlich korrespondierender Ausschnitte auf den relevanten Messsegmenten mit der Länge von 0.238 s.

Tabelle 7 enthält die mittlere Anzahl der Überlauf-Resets über alle betrachteten Zeitfenster, getrennt nach Kurvenfahrten und geraden Fahrten (für weitere deskriptive Statistiken siehe Anhang N). Als Kurvenfahrten gelten in diesem Kontext Abschnitte, während derer der vom Proband eingeschlagene Lenkradwinkel größer als 10 Grad ist, gerade Fahrten hingegen als Fahrperioden mit einem Lenkradwinkel kleiner als 10 Grad. Es wurden weiterhin nur diejenigen Abschnitte berücksichtigt, in denen der Fahrer nicht bremste und das Fahrpedal nicht betätigte. Abschnitte der Baselinefahrten, während der die Bremse betätigt wird, wären irrelevant, da das Ziel der Arbeit darin besteht, eine Notsituation noch vor der Bremsbetätigung durch den Fahrer zu prädizieren. Abschnitte mit Betätigung des Fahrpedals sind ebenfalls irrelevant, da sich oben abzeichnete, dass ein Anstieg der Griffkraft während Notsituationen nicht vor dem Beginn der Pedalwechselzeit (t1) zu verzeichnen ist, also dann erst besonders relevant wird, wenn das Fahrpedal in der Nullposition ist (siehe hierzu auch Experiment II). Somit bestand auf den Parametern „Fahrpedalstellung" und „Bremsdruck" eine optimale Vergleichbarkeit zu den Bedingungen während der Pedalwechselzeit der Notbremsmanöver, bei denen naturgemäß keine Betätigung der Bremse oder des Fahrpedals zu verzeichnen ist (siehe Abbildung 25).

	Segment 01	Segment 02	Segment 04	Segment 05	Mittelwerte über alle Segmente
Kurvenfahrten	0.19	0.10	0.11	0.16	0.14
Gerade Fahrten	0.08	0.03	0.01	0.02	0.04

Tabelle 7: Mittlere Anzahl an Überlauf-Resets für die Baselinefahrten getrennt nach Kurvenfahrten und geraden Fahrten über Zeitfenster von **0.238 s**.

Bei der Ansicht der Werte wird deutlich, dass die Griffkräfte während Kurvenfahrten weitaus höher sind, als während gerader Fahrabschnitte. Für gerade Fahrten wie auch für Kurvenfahrten zeigt Segment 01 die höchsten Werte. In Vergleich zu den Notbremsmanövern ergeben sich für alle Segmente und Fahrsituationen im Mittel weitaus niedrigere Kraftintensitäten. Der Median hingegen liegt während aller Fahrabschnitte auf jedem Segment bei 0 (siehe Anhang N), jedes der Lenkradsegmente verzeichnet damit bei 50 % der untersuchten Zeitfenster keinen Überlauf-Reset.

6.3.4 Aktivität der Lenkradsegmente – Inferenzstatistik
Die Annahme der Normalverteilung kann für die Griffkräfte während der Notbremsungen nicht aufrechterhalten werden ($D(138) = 0.223$, $p =$

0.000*). Die anschließenden Testverfahren sind demnach nonparametrischer Art.

Um zu untersuchen, ob ein statistisch relevanter Einfluss des ***Geschwindigkeitsprofils*** auf die Anzahl der Resets am Lenkrad besteht, wurde ein Mann-Whitney-Test mit der Gruppenvariablen „Geschwindigkeit" (60 km/h vs. 130 km/h) und der Testvariablen „Überlauf-Resets" durchgeführt. Die Ergebnisse zeigen, dass die Anzahl der Überlauf-Resets signifikant unterschiedlich für die beiden Geschwindigkeitsprofile ist (U = 1632.5; p = 0.001*), bei einer Effektstärke nach Rosenthal von r = 0.28. Aufgrund dieser als sehr gering einzustufenden Effektstärke (Cohen, 1988, 1992) wurden die Messwerte aus beiden Geschwindigkeitsprofilen innerhalb der folgenden Analysen zusammengefasst und die weiteren Betrachtungen nur noch auf Basis der verschiedenen Bremsmanöver angestellt.

Weiterhin sollte ein Kruskal-Wallis-Test mit der Gruppenvariablen „Segmentlokalität" und der Testvariablen „Überlauf-Resets" klären, ob die *** Segmentlokalität*** mit der am jeweiligen Segment aufgebrachten Kraft zusammenhängt. Werden alle relevanten Segmente (01, 02, 04, 05) mit in die Analyse einbezogen, zeigt sich der Test als signifikant (H(3) = 39.088, p = 0.000*). Mit alleiniger Berücksichtigung der Segmente 02, 04 und 05 errechnet sich jedoch ein p-Wert über dem Signifikanzniveau von α = 5 % (H(2) =2.001, p = 0.368).

Zur Prüfung der Unterschiede der an den Lenkradsegmenten aufgebrachten Griffkraft zwischen den verschiedenen ***Arten von Bremsmanövern*** wurde abschließend ein Kruskal-Wallis-Test mit der Gruppenvariablen

„Bremsmanöver" und der Testvariablen „Überlauf-Resets" durchgeführt. Die Anzahl der Überlauf-Resets wurde hierbei über die einzelnen Lenkradsegmente addiert und anschließend gemittelt. Der so entstehende Wert gilt als Maßzahl der am Lenkrad aufgebrachten Kraft. Dieser zeigte ein signifikantes Ergebnis (H(2) = 53.425, p = 0.000*). Nachfolgende Mann-Whitney-Tests konnten auch für die einzelnen Paarvergleiche signifikant unterschiedlich hohe Anzahlen von Überlauf-Rests belegen, bei mittleren bis hohen Effektstärken (siehe Tabelle 8). Es zeigen sich demnach signifikant unterschiedliche Griffkräfte für alle Bremsmanöver des Versuchs.

	Komfortbremsung vs. Vollbremsung	Vollbremsung vs. Notbremsung	Komfortbremsung vs. Notbremsung
U	697	480	251
p	0.000*	0.003*	0.000*
r	-0.39	-0.33	-0.71

Tabelle 8: Mann-Whitney-Tests für die Gruppenvariablen „Bremsmanöver" und der Testvariablen „Überlauf-Resets", getrennt für die einzelnen Gruppenvergleiche. U = Prüfgröße; p = Irrtumswahrscheinlichkeit; r = Effektstärke nach Rosenthal.

6.3.5 Aktivität der Lenkradsegmente – Vergleich von Notsituationen mit regulärer Fahrt

Für den Vergleich der Griffkräfte während normaler Fahrten ohne Notsituationen mit Griffkräften aus Notsituationen wurden die Daten der Baselinefahrten den Daten der Notbremsungen gegenübergestellt. Die Kraftmuster anderer Bremsmanöver (Vollbremsung, Komfortbremsung) sind für diesen Vergleich nicht relevant, da die Notsituationen die eigentlichen Zielsituationen der Arbeit darstellen. Es sind genau diese Fahrsituationen, in denen der Fahrer angemessene Unterstützung von einem Assistenzsystem benötigt, was eine klare sensorische Abgrenzung dieser Situationen von regulären Fahrabschnitten erfordert.

Bei den Vergleichen zwischen Baselinemessungen und Kraftmustern aus Notsituationen kam die auf Seite 128 ff. geschilderte Methode zum Einsatz, bei der die Baselinedaten fortlaufend in Zeitfenster spezifischer Länge eingeteilt und jeweils auf die entstehenden Griffkräfte hin untersucht werden. Bei der Bestimmung der Länge der Zeitfenster und der Art und Weise der anzusetzenden Vergleiche wurden jedoch zwei unterschiedliche Strategien verfolgt, deren Verständnis die nun folgenden Vorbemerkungen voraussetzt.

Viele Assistenzsysteme arbeiten mit spezifischen Schwellenwerten, die zwischen normalen Eingaben und solchen Eingaben unterscheiden, welche nur in kritischen Situationen stattfinden, die ein Eingreifen des Systems erfordern (z.B. Geschwindigkeit der Bremspedalbetätigung bei Bremsassistenten; siehe Kapitel 2.4.2.1.2). Sind diese Schwellen für einen bestimmten Nutzer des Fahrzeugs bekannt, könnte das Assistenzsystem optimal an diesen Fahrer angepasst werden. Vorausgesetzt, dass die verwendeten Schwellen tatsächlich das Fahrerverhalten in Notsituationen abbilden, kann somit eine Funktionalität des Systems gewährleistet werden, die eine optimale Situationsklassifikation erlaubt, also weder Notsituationen übersieht, noch normale Situationen fälschlicherweise als Notsituationen einstuft („Fehlalarm" bzw. Fehlauslösung). Dieses Vorgehen birgt jedoch viele Nachteile und kommt bislang nicht zur Anwendung. Einerseits müssten die entsprechenden Schwellen für jeden Fahrer vor der Nutzung des Fahrzeugs aufwendig bestimmt werden, andererseits ist das so entstehende System nur für diesen einzelnen Fahrer funktional.

Die Parametrierung aktueller Fahrerassistenzsysteme stützt sich daher auf Schwellenwerte, die einen Kompromiss darstellen und das Verhalten einer maximalen Anzahl von Fahrern abbilden sollen. Da ein fixer Schwellenwert naturgemäß nicht das ganze Spektrum interindividueller Varianz abbilden kann, fallen einzelne Fahrer aus dem für das Assistenzsystem erkennbaren Bereich heraus. Dies führt für diese Fahrer dazu, dass das System deren spezifische Eingaben nicht als solche erkennt und nicht funktioniert. Um Fehlauslösungen zu vermeiden, werden die Auslöseschwellen bei aktuellen Systemen weiterhin bewusst hoch angesetzt. Dies soll sicherstellen, dass das System nicht Gefahr läuft, fälschlicherweise einzugreifen, führt jedoch abermals dazu, dass einzelne kritische Situationen vom System „übersehen" werden, da einige Fahrer während dieser Situationen nicht die entsprechenden Schwellen erreichen.

Aufbauend auf diesen Auslegungsprinzipen sicherheitsrelevanter Fahrerassistenzsysteme bietet sich mit Hinblick auf eine individualisierte Auslegung eines zukünftigen Assistenzsystems einerseits ein intraindividueller Vergleich der Daten der Notsituationen und der Baselinedaten an. Dieses Vorgehen trägt der großen interindividuellen Varianz des Fahrerverhaltens Rechnung und ermisst das Potenzial eines fahrerspezifisch ausgerichteten Assistenzsystems. Auf der anderen Seite besteht die Möglichkeit, die Kraftintensitäten über die Notsituationen hinweg vor dem durchzuführenden Vergleich zu aggregieren und die so entstehenden Werte mit den Baselinefahrten zu vergleichen. Dieses Vorgehen entspricht dem Ansatz einer einheitlichen Systemauslegung eines

Assistenzsystems, welches für eine maximale Anzahl von Nutzern Gültigkeit besitzen soll. Wie oben angedeutet, führt dies zu einem Kompromiss. Die Schwellenwerte des Systems können nicht das gesamte Fahrerverhalten abbilden, das System bietet für einzelne Fahrer keine Funktionalität. Beide Varianten wurden bei der Analyse der Daten durchgeführt und finden in diesem Unterkapitel Erwähnung.

Intraindividueller Vergleich von Notsituation und Baseline
Für die individualisierte Form der Auswertung wurde für jeden einzelnen Proband die mittlere Anzahl an Überlauf-Resets auf den relevanten Segmenten während der Pedalwechselzeit des entsprechenden Notbremsmanövers bestimmt und mit den Baselinemessungen dieses spezifischen Probanden verglichen. Als Maß für die am Lenkrad aufgebrachte Griffkraft galt die über alle relevanten Segmente gemittelte Anzahl an Überlauf-Resets. Die Segmentaktivität während der Notbremsungen wurde abermals für die Pedalwechselzeit (t1-t2) bestimmt. Da die Griffkraft bei Funktionsstufe A generell in Überlauf-Resets pro Zeiteinheit gemessen wird, erfordert der Vergleich mit den Baselinemessungen eine entsprechende Aufteilung dieser Daten in Zeitabschnitte der Länge der Pedalwechselzeit. Entsprechend der auf Seite 128 ff. geschilderten Methode wurde daher jede individuelle Baselinemessung in Zeitfenster eingeteilt, die der individuellen Pedalwechselzeit des entsprechenden Probanden gleichen und auf entstehende Griffkraftmuster hin untersucht.

Da während Kurvenfahrten von höheren Kräften am Lenkradkranz auszugehen ist als während Fahrten auf Geraden wurden die Baselinedaten hinsichtlich dieses Kriteriums getrennt und gesondert analysiert. Zusätzlich fanden nur diejenigen Abschnitte der Baselinefahrten Beachtung, bei denen keine Betätigung des Fahrpedals oder der Bremse zu verzeichnen war. Nur so konnte eine optimale Vergleichbarkeit zur Pedalwechselzeit in Notsituationen gewährleistet werden, da hier ebenfalls keine Pedalbetätigung vorliegt.

Für jeden Probanden wurde darauf aufbauend die Anzahl der Zeitfenster seiner Baselinefahrt errechnet, innerhalb derer die Kräfte an den relevanten Lenkradsegmenten höher sind, als die Kräfte während des Notbremsmanövers des entsprechenden Probanden. Diese Ereignisse sind im Kontext von Fahrerassistenz als „Fehlalarme" zu bezeichnen, da das Assistenzsystem in einem solchen Moment von einer Notsituation ausgehen würde, also unberechtigterweise „alarmiert" wäre. Neben der absoluten Anzahl wurde zusätzlich der relative zeitliche Anteil dieser „Fehlalarme" an der Dauer der gesamten Baselinemessung des jeweiligen Probanden bestimmt. Dieses Maß kann für die Interpretation der Daten als zentrales Kriterium angesehen werden, da es unabhängig von der jeweiligen Länge der Baselinefahrten ist und auch für Fahrten verschiedener Dauer eine Schätzung der absoluten Anzahl von Fehlalarmen erlaubt.

Tabelle 9 enthält die hieraus resultierenden deskriptiven Statistiken über alle Probanden hinweg. Aufgrund des großen Abstandes von Mittelwert und Median ist der Median das aussagekräftigste Kriterium und wird daher für die weitere Diskussion herangezogen. Die Werte zeigen deutlich, dass während Kurvenfahrten mehr Fehlalarme registriert worden sind. Daneben wird deutlich, dass der zeitliche Anteil dieser Fehlalarme während Kurvenfahrten höher einzustufen ist als während gerader Fahrabschnitte der Baselinemessungen. Die Werte der Kurvenfahrten betragen dabei mehr als die 20fache Ausprägung der Werte für die geraden Fahrten. Für die Interpretation der Ergebnisse und den späteren Vergleich mit Experiment II sind jedoch speziell die relativen Prozentwerte von Bedeutung, da diese unabhängig von der Dauer der Baselinefahrten sind.

	Fehlalarme Kurve	Fehlalarme Gerade	Prozent Kurve	Prozent Gerade
Mittelwert	315.9	62.7	7.5	1.4
Median	97.5	4.5	2.4	0.1
Standardabweichung	463.8	112.5	10.5	2.4
Minimum	0.0	0.0	0.0	0.0
Maximum	1599.0	377.0	32.1	7.5

Tabelle 9: Deskriptive Statistik für die Anzahl der Fehlalarme und relativer Zeitanteil von Zeitfenstern mit Fehlalarmen während der Baselinemessung für den intraindividuellen Vergleich der Griffkräfte bei Notbremsmanövern und Baselinefahrten ohne Notsituationen

Interindividueller Vergleich von Notsituation und Baseline

Im Gegensatz zu der oben geschilderten Vergleichsmethodik fand die Aggregation der Daten bei dem interindividuellen Vorgehen vor dem Zielvergleich der Notsituationen mit den Baselinemessungen statt. Wiederum galt der Median als Richtwert der zentralen Tendenz. Für die Pedalwechselzeit der Notbremsmanöver aus 60 km/h und 130 km/h errechnete sich nach diesem Vorgehen ein Wert von 0.238 s, für die an den relevanten Segmenten aufgebrachte mittlere Kraft hingegen ein Wert von 1 (siehe auch Anhang M). Auch bei der hier beschriebenen Vergleichsmethodik gab die Pedalwechselzeit die Länge der Zeitabschnitte vor, in die die Baselinedaten aufgeteilt wurden, um mit den Kräften der Notbremsungen verglichen zu werden. Die Aufteilung der

Baselinemessungen erfolgte dabei abermals nach dem auf Seite 128 ff. geschilderten Prinzip. Im Gegensatz zu dem Vorgehen des intraindividuellen Vergleiches wurden alle Baselinemessungen aufgrund der konstanten Pedalwechselzeit in Zeitfenster derselben Länge eingeteilt und diese Fenster jeweils mit einem fixen Kraftwert (1.0) verglichen.

Für die Kurvenfahrten der Baselinemessungen ergeben sich nach dieser Methode bei 2.7 % der Zeitfenster Kräfte, die höher als die Kraftintensitäten während der Pedalwechselzeit bei Notbremsungen einzuordnen sind, für gerade Fahrten hingegen ergibt sich ein Wert von 0.2 %. Die absolute Anzahl der Fehlalarme beträgt für Kurvenfahrten 3506, während der geraden Fahrten waren insgesamt 655 Fehlalarme zu verzeichnen.

6.4 Diskussion

Während Experiment I wurden innerhalb eines Fahrversuches drei Bremsmanöver realisiert. Eine moderate, weiche Bremsung ähnlich dem alltäglichen Verkehrsgeschehen (Komfortbremsung), eine Bremsung mit voller Kraft ohne relevante Notsituation (Vollbremsung) und eine Bremsung aufgrund einer Notsituation, während der die Probanden unvorbereitet mit einem großen Kollisionsobjekt auf der Straße konfrontiert wurden (Notbremsung). Während dieser Bremsmanöver wurde neben regulären Fahrzeugdaten (Fahrpedal, Bremse) auch die Griffkraft am Lenkradkranz erhoben. Dabei kam das in Kapitel 5 beschriebene Fahrzeug und das Griffkraft messende Lenkrad in Funktionsstufe A zum Einsatz. Zusätzlich zu den Bremsmanövern liegen aus Experiment I Daten zu regulären Baselinefahrten vor, bei denen die Probanden ohne gefährliche Zwischenfälle einen Parcours auf dem Versuchsgelände der Universität der Bundeswehr durchfuhren.

Die Statistiken zu Fahrpedal- und Bremsbetätigung der Probanden zeigen, dass das Experiment in seiner Zielsetzung der Simulation spezifischer Fahrsituationen geglückt ist. So bremsten die Probanden am stärksten während der Not- und Vollbremsungen und zeigten während der Notbremsungen die niedrigsten *Pedalwechselzeiten* (t1-t2), gefolgt von den Vollbremsungen und den Komfortbremsungen. Die annähernd gleich hohen *Bremskräfte* während der Voll- und Notbremsungen belegen, dass die Probanden in der Notsituation die individuell maximal mögliche Kraft am Bremspedal mobilisierten, da sie für die Vollbremsung während der Trainingsfahrt angewiesen wurden, das Fahrzeug mit maximal möglicher Kraft abzubremsen. Das schnellere, reflexartige Umsetzen des Fußes vom Fahrpedal auf das Bremspedal während der Notbremsung verdeutlicht weiterhin die hohe, subjektive Kritikalität der Fahrsituation. Die Probanden nahmen die Situation demnach als äußerst gefährlich war und reagierten entsprechend.

Der *Zeitpunkt der ersten Krafterhöhung* am Lenkradkranz während Notbremsmanövern konnte aufgrund der spezifischen Charakteristika von Funktionsstufe A des Lenkrades nicht exakt festgelegt werden. Die Lenkradsegmente reagierten sehr sensitiv auf kleine Kraftänderungen und das so entstehende Signalrauschen machte eine genaue Bestimmung des Zeitpunktes t1 nicht möglich. Die Abbildungen der zentralen Tendenz der während der Bremsmanöver registrierten Variablen (siehe Abbildung 44 und Anhänge H bis L) legen jedoch die Vermutung nahe, dass keine systematische Krafterhöhung vor dem Loslassen des Fahrpedals (t1) zu erkennen ist.

Während der Pedalwechselzeit der Notbremsmanöver hingegen zeigte sich eine Erhöhung der Kräfte am Lenkradkranz, deren Ausmaß dasjenige der Baselinefahrten tendenziell übersteigt (vgl. Tabelle 6 und Tabelle 7). Dies gilt für die Kräfte der geraden Baselinefahrten, wie auch für die Kräfte der Kurvenfahrten. Die inferenzstatistischen Analysen der Daten zeigten zusätzlich, dass die Teilnehmer die Segmente des Lenkrades während der Notbremsmanöver stärker bei hohen *Geschwindigkeitsprofilen* betätigten (hier 130 km/h) als bei niedrigen Geschwindigkeiten (hier: 60 km/h). Dieser Unterschied wird durch höhere subjektive Kritikalität einer Notsituation bei schneller Reisegeschwindigkeit plausibel. Die im Experiment realisierte Kollisionssituation wurde von den Fahrern bei schnellerer Annäherung als gefährlicher wahrgenommen, da der bevorstehende Aufprall bei 130 km/h von den Teilnehmern intensiver und folgenreicher antizipiert wurde als bei 60 km/h. Die für den Signifikanztest errechnete Effektstärke ($r = 0.28$) fiel jedoch sehr niedrig aus. So kann zwar von unterschiedlichen Ausprägungen ausgegangen werden, das Ausmaß des Unterschiedes ist aber als gering einzustufen und besaß daher keine Relevanz für die Folgeanalysen.

Die Auswertungen zur *Segmentlokalität* legten offen, dass auf Segment 01 sowohl für jedes Bremsmanöver beider Geschwindigkeitsprofile als auch für die gesamten Baselinefahrten aller Probanden die höchsten Werte für die Anzahl an Überlauf-Resets registriert werden konnten. Es ist jedoch nicht richtig, diesen Sachverhalt anhand einer ständig erhöhten Griffkraft auf diesem Segment zu erklären. So bestand für die Probanden während der

Baselinefahrten keinerlei Anlass, das Lenkrad dauerhaft mit der linken Hand fester zu umfassen, als mit der rechten Hand. Sitz und Lenkrad des Versuchsfahrzeugs sind in ihrem Gebrauch identisch zu Serienproduktionen, sodass kein Ausgleich durch erhöhte Kräfte auf der linken Seite nötig ist. Weiterhin zeigten sich die erhöhten Messwerte auf Segment 01 auch während der geraden Baselinefahrten. Das Missverhältnis der Kraftwerte ist damit auch nicht durch Kraftunregelmäßigkeiten zu erklären, die während Kurvenfahrten zu erwarten sind. Darüber hinaus generiert Segment 02 ähnlich hohe Werte wie die beiden hinteren Segmente 04 und 05. Ein möglicher Schluss, dass die auf Segment 01 erhöhten Werte mit dessen Lokation am vorderen Bereich des Lenkradkranzes verbunden sind, besitzt damit ebenfalls keine Gültigkeit.

Die für die Baselinefahrten dargelegten Ausführungen haben auch für die auf dem Testgelände durchgeführten Bremsmanöver Bestand. Die Teilnehmer hatten keinen ersichtlichen Grund, Segment 01 konstant kräftiger zu betätigen als die anderen drei Segmente. Alle Manöver wurden auf ebener Fahrbahn und gerader Streckenführung durchgeführt, eine ständige Kurskorrektur in eine Richtung war demnach nicht notwendig. Die inferenzstatistischen Analysen zu den Bremsmanövern zeigen weiterhin, dass die Kräfte auf Segment 02, 04 und 05 nicht signifikant voneinander abweichen, erst bei Berücksichtigung von Segment 01 erreicht der Test das kritische Signifikanzniveau.

Schließlich scheint es generell nicht plausibel, das Lenkrad auf Dauer nur auf der vorderen, linken Seite mit erhöhter Kraft zu umfassen. Eine Krafterhöhung der linken Hand würde sich über längere Zeit hinweg sicherlich nicht nur in erhöhten Messwerten am vorderen Segment der linken Seite äußern, sondern auch das linke hintere Segment betreffen. Die

Tatsache, dass die Krafterhöhung über alle Probanden hinweg betrachtet werden konnte und nicht als singulärer Fall einzustufen ist, spricht weiterhin dafür, dass es sich nicht um eine Eigenart des Fahrstils handelt, sondern um ein generelles, dem Messlenkrad zuzuordnendes Prinzip. Der Werteunterschied ist also nicht mit einer möglichen Tendenz der Probanden verbunden, das Lenkrad auf dem linken, vorderen Teil intensiver anzugreifen. Vielmehr zeigt sich, dass Segment 01 seit der ersten Inbetriebnahme des Lenkrades nach Lieferung durch den Hersteller eine im Vergleich zu den anderen Segmenten weit erhöhte Sensitivität besitzt. Über die Bremsmanöver hinweg betrachtet kann deshalb nicht auf unterschiedlich hohe Kräfte an den einzelnen Segmenten verschiedener Lokalität geschlossen werden. Auf Basis der vorliegenden Daten und Auswertungen bleibt somit festzuhalten, dass die Probanden während der Pedalwechselzeit (t1-t2) alle Segmente mit gleicher Kraft betätigten.

Für den Vergleich der Griffkräfte der verschiedenen ***Arten von Bremsmanövern*** wurden die Überlauf-Resets der einzelnen Segmente addiert und gemittelt, um anschließend in den inferenzstatistischen Analyseprozess als Maßzahl für die am Lenkrad aufgebrachte Kraft einzugehen. Hierbei ergaben sich signifikant unterschiedliche Kräfte für die verschiedenen Bremsmanöver. Die Probanden umgriffen das Lenkrad am stärksten während der Notbremsungen, gefolgt von den Vollbremsungen und den Komfortbremsungen[25]. Der Unterschied zwischen Not- und Vollbremsungen zeigte sich trotz gleich hoher Bremsintensitäten

---

[25] Dieses Verhältnis gilt trotz des hierzu umgekehrten Größenverhältnisses der Pedalwechselzeiten. Die Komfortbremsungen zeigten weitaus längere Pedalwechselzeiten als die Notbremsungen. Trotzdem wurde während dieses Zeitabschnittes die niedrigste Anzahl von Überlauf-Resets registriert. Während des vergleichbar kurzen Zeitabschnittes des Pedalwechsels der Notbremsungen ergab sich jedoch die höchste Anzahl an Überlauf-Resets.

(maximaler Bremsdruck in bar) beider Bremsmanöver (siehe Tabelle 2). Die während der Notbremsung entstehenden Kräfte sind demnach nicht allein auf die physikalischen Besonderheiten einer Bremsung mit der maximal möglichen Kraft des Probanden zurückzuführen, sondern gehen mit hoher Wahrscheinlichkeit auf die vom Probanden wahrgenommene Kritikalität der Situation zurück. Die für den Vergleich der beiden Bremsmanöver errechnete Effektstärke ($r=-0.25$) zeigt jedoch an, dass das Ausmaß des Unterschieds als gering einzustufen ist.

Für die Fragestellung des Forschungsprojektes zeigt sich die griffkraftbasierte ***Abgrenzung von Notbremsungen und regulären Fahrten*** ohne Notsituationen als fundamental. Nur wenn sich zeigt, dass Situationen im normalen Straßenverkehr nicht zu Kraftmustern am Lenkrad führen, die denen einer Notsituation ähnlich sind, könnte diese Information in ein Fahrerassistenzsystem integriert werden. Im Zuge der Datenauswertung wurde dieser Vergleich auf zwei verschiedene Arten durchgeführt. Beim *intraindividuellen* Vorgehen wurden die Kräfte der Notsituationen mit denen der Baselinefahrten individuell für jeden Probanden verglichen. Die so entstehenden Werte zu Fehlalarmen und zeitlichem Anteil dieser Fehlalarme an der Baselinemessung wurden im Anschluss daran über die Probanden hinweg interpretiert. Während des *interindividuellen* Vergleiches hingegen fand die Aggregation der Messwerte vor dem Vergleich von Baseline und Notsituation statt, sodass alle Baselinemessungen mit konstanten Werten für Pedalwechselzeit und Kraftintensität verglichen wurden. Die Baselinedaten wurden während beider Prozeduren zusätzlich nicht in Rohform untersucht, sondern mussten in Zeitfenster eingeteilt werden, die der Pedalwechselzeit in Notsituationen entsprachen, da die Kraftintensitäten des Lenkrades über Zeitabschnitte dieser Länge abgenommen worden sind. Daneben sollte eine Vorselektion von Fahrabschnitten, während denen keine Aktivierung von Brems- und Fahrpedal stattfand, sicherstellen, dass keine irrelevanten Messabschnitte der Baselinefahrten untersucht wurden (siehe Seite 96 ff.).

Beide Methoden der Auswertung führen zu dem Schluss, dass keine sichere Abgrenzung der Kräfte während relevanter Zeitabschnitte von Notsituationen zu denjenigen Kräften, die sich bei regulären Fahrten ohne Notsituationen ergeben, möglich ist. Dies gilt sowohl bei alleiniger Betrachtung von geraden Fahrabschnitten der Baselinemessungen, die ohnehin mit geringeren Kräften verbunden sind, als auch bei Kurvenfahrten. So zeigt das *intraindividuelle* Auswertungsschema, dass sich für die untersuchten Baseline-Zeitfenster der geraden Fahrten ein Anteil von 0.1 % (Median; siehe Tabelle 9) ergibt, während dessen die Griffkräfte höher als diejenigen einzustufen sind, die sich während Notsituationen ergeben. Für 1000 untersuchte Zeitfenster ist statistisch damit mit einem Fehlalarm zu rechnen. Aufgrund der Tatsache, dass sich pro Sekunde relevanter Baselineabschnitte ca. 100 Zeitfenster ergaben, die auf ihre Griffkraft hin untersucht worden sind (siehe Seite 96 ff.), bedeutet dies, dass im Mittel jede zehnte Sekunde mit einem Fehlalarm zu rechnen ist. Auch bei der *interindividuellen* Auswertungssystematik ergeben sich Werte, die einer sicheren Abgrenzung der Notsituationen von den Kraftwerten der Baselinefahrten entgegenstehen. So zeigten 0.2 % der relevanten Baseline-Zeitfenster gerader Fahrten höhere Kraftausprägungen als der über die Probanden hinweg aggregierte Wert der Notsituationen. Damit ist bei 500 aufeinanderfolgenden Zeitfenstern der Baselinefahrten mit einem Fehlalarm zu rechnen, was einer statistischen Frequenz von einem Fehlalarm nach jeder fünften Sekunde relevanter Baselinefahrten gleichkommt. Somit kann weder der intraindividuelle Vergleich noch das interindividuelle Auswertungsverfahren haltbare Abgrenzungen der Griffkräfte während Notsituationen von Kräften während regulärer Baseline-Fahrten gewährleisten.

Zusammenfassung und Schlussfolgerung

Zwar konnten die im Experiment realisierten Bremsmanöver „Komfortbremsung", „Vollbremsung" und „Notbremsung" hinsichtlich der Griffkraft während der Pedalwechselzeit statistisch signifikant abgegrenzt werden, eine sichere Abgrenzung zu Griffkräften regulärer Autofahrten war jedoch nicht erfolgreich. Während des normalen Fahrbetriebs zeigten die Lenkraddaten in weiten Abschnitten identisch viele Überlauf-Resets pro Zeitabschnitt, wie während Notbremsmanövern. Mit Perspektive auf die Einbindung des Griffkraft messenden Lenkrades in ein modernes Fahrerassistenzsystem zur verbesserten Kategorisierung von Verkehrssituationen ist dieses Ergebnis vorerst als negativ zu bewerten.

Die im Versuch zur Anwendung gekommene Funktionsstufe A zeigte sich besonders während der Datenauswertung als zu sensitiv. Die Ermittlung des genauen Zeitpunktes eines plötzlichen Anstieges der Griffkraft war deshalb nicht möglich. Weiterhin konnten die vom Lenkrad generierten Werte nicht absolut interpretiert werden. Zur Bestimmung der am Lenkrad aufgebrachten Kraft war die Auszählung der Überlauf-Resets pro Zeiteinheit nötig. Eine genauere Messung der Griffkraft birgt hingegen das Potenzial, eine differenziertere Analyse verschiedener Fahrsituationen vorzunehmen. Die dem Experiment I folgenden Arbeiten wurden daher mit Funktionsstufe B durchgeführt, einer eigens hierfür überarbeiteten Variante des Lenkrades zur Erhöhung der Messgenauigkeit und Differenzierungsfähigkeit der Griffkraft des Fahrers.

7. Experiment II

7.1 Theoretische Einführung

Experiment I gab Aufschluss über Unterschiede der am Lenkrad aufgebrachten Griffkraft während relevanter Zeitabschnitte verschiedener Bremsmanöver und normaler Fahrten ohne sicherheitskritische Verkehrssituationen. Für die untersuchte Kollisionssituation im Längsverkehr zeigte sich zwar, dass die Griffkräfte am Lenkradkranz während dieser Kollisionssituation höhere Ausprägung besaßen als während Bremsmanövern bei unkritischen Verkehrssituationen, eine sichere Abgrenzung zu Kraftmustern während regulärer Autofahrten (Baseline) gelang jedoch nicht.

Die Tatsache, dass sich während der in Experiment I untersuchten Kollisionssituation vor dem Bremsbeginn keine Griffkräfte zeigten, die einer verbesserten Situationsklassifikation dienen könnten, lässt eine allgemeine Generalisierung auf das Kräfteaufkommen während aller Notsituationen im Straßenverkehr nur eingeschränkt zu. Auch wenn sich in regulären Kollisionsszenarien im Längsverkehr keine Kraftmuster ergeben, die deutlich zu einer Klassifikation der Verkehrssituation beitragen können, ist nicht grundsätzlich davon auszugehen, dass die am Lenkrad aufgebrachte Griffkraft einer verbesserten Situationsklassifikation nicht zugutekommen kann. Daher sollten die in Experiment II untersuchten Verkehrssituationen das Spektrum von sicherheitskritischen Situationen erweitern, um weitere Informationen über am Lenkrad aufgebrachte Kraftmuster in Not- und Schrecksituationen zu erhalten. Insgesamt wurden zwei sicherheitskritische Fahrsituationen im realen Straßenverkehr und eine

Notsituation auf abgesperrter Teststrecke simuliert. Die Situation auf der Teststrecke fällt in den Kontext einer Ampelkreuzung und den hier entstehenden Querverkehr (50 km/h), die Situationen im realen Straßenverkehr in verkehrsberuhigte 30 km/h Bereiche. Jede der experimentellen Situationen simulierte eine Notsituation, bei der sich auch mit modernen Fahrerassistenzsystemen starke Schwierigkeiten bei Detektion und Reaktion auf die Notsituation ergeben. Entweder besteht die Notwendigkeit, verletzliche Verkehrsteilnehmer (Fußgänger, Fahrradfahrer) sicher und schnell genug zu detektieren oder sensorischen Einblick in den Querverkehr des Egofahrzeugs zu gewinnen.

7.2 Methodisches Vorgehen

Im Gegensatz zu Experiment I wurde bei Experiment II mit *Funktionsstufe B* des Lenkrades gearbeitet, die Auswertung der vom Lenkrad generierten Daten unterschied sich demnach von der bei Experiment I zur Anwendung gekommenen Methode (siehe Kapitel 5.2.3). Das inferenzstatistische Vorgehen gleicht jedoch dem von Experiment I und folgt der auf Seite 118 geschilderten Systematik.

7.2.1 Probandenstichprobe

Die Teilnehmer von Experiment II wurden an der Universität der Bundeswehr rekrutiert und sollten neben drei Jahren Fahrerfahrung eine Fahrleistung von mehr als 10000 Kilometern pro Jahr nachweisen können. Um Varianzanteile, die dem Altersunterschied der Teilnehmer zuzurechnen sind optimal zu kontrollieren, wurde die Altersverteilung der Stichprobe schmal gehalten. Alle Teilnehmer waren zum Zeitpunkt der Datenerhebung zwischen 21 und 25 Jahre alt. Insgesamt nahmen 40 Probanden am Experiment teil, davon waren 13 Teilnehmer weiblichen und 27 Teilnehmer männlichen Geschlechts. Nach Abschluss der Fahrversuche erhielten die Probanden eine Aufwandsentschädigung von 10 Euro.

7.2.2 Coverstory

Auch während Experiment II durften die Probanden keinen Einblick in die eigentlichen Ziele des Versuches gewinnen, da es nur so möglich war, die Teilnehmer völlig unvorbereitet mit den Notsituationen zu konfrontieren und entsprechend valide Daten zu sammeln. Den Probanden wurde deshalb glaubhaft gemacht, dass das Ziel des Experiments der Untersuchung des Fahrverhaltens während unterschiedlicher Automationsstufen des Fahrbetriebes diene. Fahrten im Automatikmodus der Gangschaltung und gleichzeitigem ACC-Betrieb wurden dabei als Betriebsstufen mit höchstmöglicher Automation deklariert, Fahrten im manuellen Modus der Gangschaltung und ohne aktiviertes ACC galten hingegen als Fahrten mit niedriger Automation. Innerhalb des gesamten Versuches wechselten sich Perioden unterschiedlicher Automation ab, sodass die Coverstory dem Teilnehmer weiter plausibilisiert wurde. Während dieser fingierten Versuchsfahrten wurden die Probanden mit verschiedenen simulierten Notsituationen konfrontiert, die alle so gestaltet waren, dass eine möglichst natürliche Passung zu der jeweils aktuellen Fahrsituation bestand. Instruktion (siehe Anhang A) und Versuchsmaterialien wurden ebenfalls entsprechend dieser Coverstory gestaltet. Erst nach Beendigung des Experiments wurden die Teilnehmer auf der Heimfahrt über das eigentliche Ziel der Arbeiten aufgeklärt.

7.2.3 Versuchsdurchführung

Während Experiment II wurden insgesamt drei kritische Verkehrssituationen simuliert. Jeder Proband wurde nach einer Trainingsfahrt mit der Situation „Unerwarteter Querverkehr" konfrontiert und durchlief im Anschluss eine weitere Situation. Auf den vollständigen Durchlauf aller Notsituationen pro Proband wurde mit Bedacht verzichtet, da sonst die Gefahr bestanden hätte, den Probanden auf den eigentlich unterliegenden Messgegenstand aufmerksam zu machen.

Der Ablauf vor Versuchsbeginn entsprach dem von Experiment I (siehe Kapitel 6.2.3), die Materialen und Fragebogen waren bis auf die Instruktion (siehe Anhang A) ebenfalls identisch. Die nach der Bearbeitung der notwendigen Formulare folgende *Trainingsfahrt* (siehe Anhang B und C) diente neben der Gewöhnung an das Fahrzeug wiederum der Messung von Baselinedaten, die später mit denen der Notsituationen verglichen werden sollten. Auch während Experiment II sollten die Probanden ihre Hände konstant auf drei und neun Uhr am Lenkrad halten, um die interindividuelle Vergleichbarkeit zu gewährleisten[26]. Die Trainingsfahrt beinhaltete Slalomfahrten, Wenden, Rückwärtsfahrten und Kurven- wie auch Geradeausfahrten bei verschiedenen Geschwindigkeiten (max. 130 km/h). Darüber hinaus befuhren die Probanden mehrfach eine eigens hierfür aufgebaute Kreuzung, die über reguläre Verkehrsampeln gesteuert wurde und innerhalb derer ein anderes Experimentalfahrzeug den zusätzlichen Kreuzungsverkehr simulierte. Die Messungen wurden dabei im manuellen Modus (siehe Kapitel 7.2.2), wie auch im Automatikmodus durchgeführt,

---

[26] Diese Handpositionen führen dazu, dass die Lenkradsegmente 01, 02, 04 und 05 die für die Datenverarbeitung relevanten Segmente darstellen, da allein diese Abschnitte des Lenkradkranzes während der Fahrt betätigt wurden (vgl. Kapitel 6).

um den Probanden den ACC-Betrieb zu verdeutlichen und die Coverstory weiter zu plausibilisieren.

Die Trainingsfahrten gingen fließend in die erste experimentelle Situation über. Die letzte Durchfahrt der Kreuzung mündete in der Simulation des *„unerwarteten Querverkehrs"*. Hierbei übersah das andere Experimentalfahrzeug die vermeintlich rote Ampel, schien dem Probanden die Vorfahrt zu nehmen und fuhr plötzlich mit erhöhter Geschwindigkeit auf die Kreuzung, um im letzten Moment abzustoppen (siehe 7.2.3.1).

Den Testfahrten auf dem Testgelände der Universität der Bundeswehr folgten Fahrten im realen Straßenverkehr und eine der Notsituationen *„unaufmerksamer Fahrradfahrer"* und *„Spielball auf Straße"* (siehe 7.2.3.1). Entlang der Coverstory sollten die Probanden während definierter Versuchsstrecken (siehe Anhang D und E)[27] auf Anweisung des Versuchsleiters zwischen dem Automatikmodus und dem Manualmodus wechseln. Während der Fahrten im Manualmodus[28] ereignete sich pro Proband eine weitere Notsituation. Jede der Notsituationen war an einen festen Ort gebunden, um die Vergleichbarkeit über die Probanden hinweg zu gewährleisten. Weiterhin wurden die Notsituationen so eingebunden, dass die benötigten Fahrtzeiten von einer Situation zur nächsten in ihrer Länge vergleichbar waren. Während der Anfahrt zu den Notsituationen, wie auch während der Trainingsfahrten wurden über den CAN-Bus des Fahrzeugs alle für den späteren Vergleich notwendigen Variablen laufend

---

[27] Blaue Pfeile kennzeichnen den Beginn manueller Fahrten, grüne Pfeile den Beginn von ACC Fahrten
[28] Der Manualmodus sollte sicherstellen, dass der Proband das Fahrpedal während der Notsituation ausreichend stark betätigte, um so den Wechsel vom Fahr- auf das Bremspedal bei der Datenauswertung eindeutig registrieren zu können.

mitgemessen, sodass für jeden Proband ca. 60 Minuten *Baselinedaten* vorliegen. Insgesamt konnte bei der Datenauswertung somit auf 40 Stunden Baselinedaten zurückgegriffen werden. Die Probanden fuhren von der Universität der Bundeswehr zu einem für alle Teilnehmer identischen Startpunkt (siehe rotes Kreuz in Anhang D und E), von dem aus jede der Notsituationen in gleicher Zeit zu erreichen war. Von dort aus führte die Versuchsstrecke zu den beiden Notsituationen mit anschließender Aufklärung des Probanden. Um Reihenfolgeeffekte zu vermeiden, wurden die einzelnen Situationen im Straßenverkehr in ihrer Reihenfolge permutiert, sodass jede beliebige Kombination der Situationen in jeder möglichen Reihenfolge in gleicher Häufigkeit vorhanden war. Abbildung 49 gibt eine schematische Übersicht zum Versuchsablauf von Experiment II.

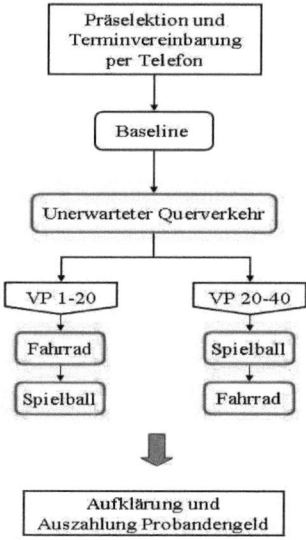

Abbildung 49: Schematische Übersicht zum Versuchsablauf von Experiment II

7.2.3.1 Beschreibung der simulierten Notsituationen[29]

Die folgenden Notsituationen wurden in Zusammenarbeit von zwei Versuchsleitern durchgeführt. Der Versuchsleiter im Probandenfahrzeug gab die nötigen Instruktionen an den Probanden und bediente die Messtechnik, der assistierende Versuchsleiter steuerte das andere Experimentalfahrzeug und simulierte die an den Notsituationen beteiligten Personen (Fahrradfahrer, Ballspieler). Die zeitliche Abstimmung wurde anhand von Funkgeräten vorgenommen, über die für den Probanden nicht hörbare Signale abgegeben werden konnten.

1) „Unerwarteter Querverkehr": Kollisionen mit Fahrzeugen, die sich dem Egofahrzeug abrupt von der linken oder rechten Seite her annähern (Querverkehr), zeigen sich gemäß ihres Entstehungsprinzips meistens an uneinsichtigen Ausfahrten und innerhalb von Verkehrskreuzungen. Die hierbei entstehenden Unfälle resultieren häufig aus der willentlichen oder auch unwillentlichen Missachtung der Vorfahrt eines Verkehrsteilnehmers. Die im Versuch umgesetzte Notsituation bestand aus einer Straßenkreuzung, die über Ampeln geregelt wurde. Auf abgesperrter Teststrecke durchfuhr der Proband mehrfach eine Kreuzung aus der gleichen Richtung bei 50 km/h und musste sich dabei nach dem Signal einer Verkehrsampel richten.

---

[29] Alle im Experiment simulierten Notsituationen wurden so durchgeführt, dass ausreichend Sicherheit für Proband und Versuchsleiter gegeben war. In jedem Fall war ausreichend Sicherheitsabstand vorhanden, eine Kollision zwischen Versuchsfahrzeug und dem assistierenden Versuchsleiter wurde somit ausgeschlossen.

Experiment II

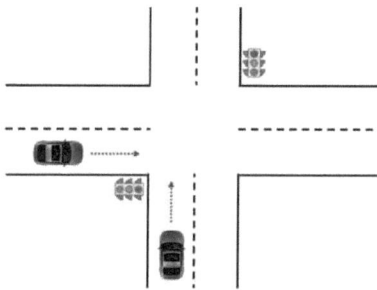

Abbildung 50. Szenario für die experimentelle Situation „Unerwarteter Querverkehr"

Ein anderes Versuchsfahrzeug simulierte den Querverkehr, welcher sich ebenfalls an eine auf ihn ausgerichtete Ampel hielt. Die Ampeln waren entsprechend der Funktionsweise im realen Straßenverkehr geschaltet. Wurde dem Probanden rotes Licht angezeigt, fuhr das andere Experimentalfahrzeug auf die Kreuzung, bei grünem Licht hielt es an und der Proband konnte die Kreuzung befahren. Bei der letzten Durchfahrt missachtete das andere Versuchsfahrzeug die Vorfahrt des Probanden, beschleunigte im letzten Moment auf die Kreuzung zu und bremste erst unmittelbar vor Auffahrt auf die Kreuzung ab (siehe Abbildung 50 und Anhang F).

2) „Unaufmerksamer Fahrradfahrer": Diese Situation bildete eine scheinbar nur knapp verhinderte Kollision des Egofahrzeugs mit einem Fahrradfahrer ab (siehe Abbildung 51 und Anhang G). Kollisionen mit ungeschützten Verkehrsteilnehmern (Fußgänger, Fahrradfahrer) münden mit hoher Wahrscheinlichkeit in schweren Verletzungen für den ungeschützten Kollisionspartner und stellen daher für die Unfallforschung einen hoch relevanten Bereich dar. Während der experimentellen Situation in Experiment II verließ ein Fahrradfahrer plötzlich den neben der Straße

verlaufenden Fahrradweg und fuhr quer auf die Fahrbahn direkt vor das Experimentalfahrzeug, welches vom Probanden durch eine verkehrsberuhigte Zone (30 km/h) gesteuert wurde, um unmittelbar danach wieder auf den Radweg einzuschwenken.

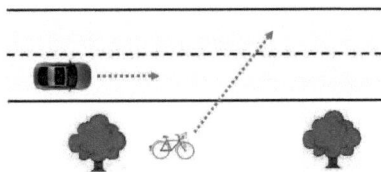

Abbildung 51: Szenario für die experimentelle Situation „Unaufmerksamer Fahrradfahrer"

3) „Spielball auf Straße": Eine ebenfalls dem Bereich ungeschützter Verkehrsteilnehmer angehörende Situation stellte der „Spielball" dar, während der dem Fahrer ein Fußball von einer nicht einsehbaren Stelle innerhalb einer verkehrsberuhigten Zone (30 km/h) in einem Abstand von ca. 5 Metern vor das Versuchsfahrzeug geworfen wurde. Der Proband sollte diese Situation mit dem rasch nachfolgenden Erscheinen des Besitzers des Balles in Verbindung bringen und dementsprechend auf die Situation reagieren (siehe Abbildung 52 und Anhang H).

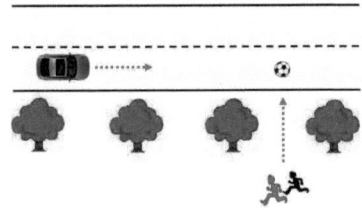

Abbildung 52: Szenario für die experimentelle Situation „Spielball auf Straße"

7.2.4 Messvariablen und zusammenfassende Versuchsplanung

Der in Experiment II zur Anwendung gekommene Messaufbau gleicht dem von Experiment I. Über den CAN-Bus des Versuchsfahrzeugs wurden verschiedene Messgrößen aufgezeichnet, die für Experiment II relevanten Variablen sind die Fahrpedalstellung (50 Hz), der Bremsdruck (50 Hz) und die Kraftänderung auf den relevanten Lenkradsegmenten (100 Hz). Für Experiment II ergeben sich somit die unten aufgeführten abhängigen und unabhängigen Variablen. Als weitere unabhängige Variable können die Baselinefahrten eingestuft werden, die für jeden einzelnen Probanden vorliegen. Während dieser Fahrabschnitte wurden die oben aufgeführten abhängigen Variablen kontinuierlich mit aufgezeichnet.

Unabhängige Variablen:
- Unerwarteter Querverkehr
- Spielball auf Straße
- Unaufmerksamer Fahrradfahrer

Abhängige Variablen:
- Fahrpedalstellung
- Bremsdruck
- Kraftänderungen auf den Lenkradsegmenten

7.3 Ergebnisse

Abbildung 53 zeigt einführend die zentrale Tendenz (Median) aller Probandendaten aus der Notsituation „Unerwarteter Querverkehr" (siehe Anhang I und J für die weiteren Notsituationen) und soll den typischen Werteverlauf während einer Notsituation veranschaulichen.

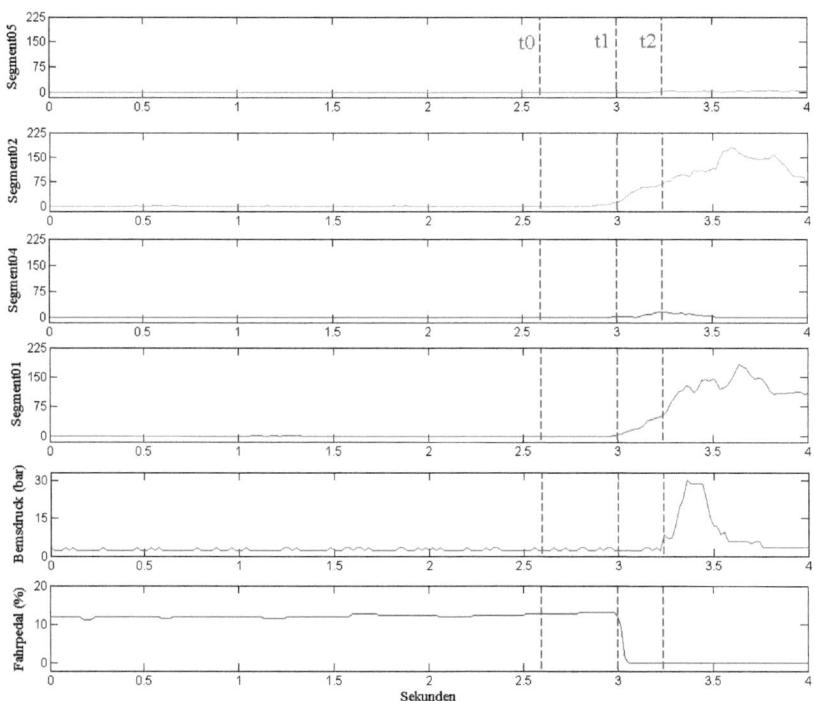

Abbildung 53: Zentrale Tendenz (Median) der Notsituation „Unerwarteter Querverkehr" über alle Probanden aus der entsprechenden Bedingung. t0: Fahrzeug im Sichtfeld des Probanden. t1: Loslassen des Fahrpedals. t2: Beginn Bremsung.

Da sich auch für Experiment II nur die Segmente 01, 02, 04 und 05 als relevant erweisen (siehe Kapitel 7.2.3), wird auf die Darstellung der Werte anderer Segmente verzichtet. Abbildung 53, wie auch die in Anhang I und J einsehbaren Übersichten zu den einzelnen Notsituationen machen deutlich, dass insbesondere Segment 01 und Segment 02 starke Aktivität während der experimentellen Situationen zeigen, die Kräfte auf Segment 04 und Segment 05 hingegen erweisen sich jedoch als vergleichsweise gering.

7.3.1 Fahrpedal und Bremse – Deskriptive Statistik

<u>Maximaler Bremsdruck</u>
Innerhalb von Experiment II kann der von den Probanden maximal aufgebrachte Bremsdruck nur eingeschränkt als Maß der subjektiv wahrgenommenen Kritikalität interpretiert werden. Die im Experiment untersuchten Notsituationen „entschärften" sich zu unterschiedlichen Zeitpunkten in der vom Probanden wahrgenommen Kritikalität und führten zum Abbruch der Bremsung. Nur die Situation „Spielball auf Straße" stellte bis zum Stillstand des Versuchsfahrzeugs ein anhaltendes Niveau der Kritikalität dar und veranlasste somit eine konsequente Bremsung bis zum Stillstand. Während der verbleibenden Situationen hingegen war dies nicht notwendig (siehe Kapitel 7.4 für weitere Ausführungen).

Tabelle 10 gibt Übersicht über die während der Notsituationen maximal aufgebrachten Bremsintensitäten und macht deutlich, dass die Probanden während aller Notsituationen deutliche interindividuelle Unterschiede im Bremsverhalten aufweisen.

	Unerwarteter Querverkehr	Unaufmerksamer Fahrradfahrer	Spielball auf Straße
Mittelwert	36.3	29.5	62.2
Median	33.1	22.1	50.3
Standardabweichung	24.9	22.8	36
Minimum	2.2	2.6	19.9
Maximum	111.5	116.2	167.2

Tabelle 10: Deskriptive Statistik zum maximalen Bremsdruck [bar] der verschiedenen Bremsmanöver

So zeigen Standardabweichung, wie auch Minima und Maxima, dass innerhalb jeder der drei Notsituationen eine starke Streuung der Einzelwerte um den Mittelwert existiert. Der Blick auf die beiden aufgeführten Maße der zentralen Tendenz der Daten (Mittelwert und Median) zeigt weiterhin, dass sich während der Situation „Unaufmerksamer Fahrradfahrer" die niedrigsten Werte für die Bremsintensitäten abzeichnen, gefolgt von der Situation „Unerwarteter Querverkehr" und der Situation „Spielball auf Straße", die auf diesen Maßen die höchsten Werte enthält.

Pedalwechselzeiten

Die von den Probanden benötigte Zeit, den Fuß während einer Notsituation vom Fahrpedal auf die Bremse zu setzen, kann abermals als ein Maß der wahrgenommenen Kritikalität der Situation eingeordnet werden (vgl. Kapitel 6.3.1). Möchte der Fahrer das Fahrzeug so schnell wie möglich abbremsen oder womöglich komplett zum Stillstand bringen, ist mit besonders niedrigen Pedalwechselzeiten zu rechnen. Nimmt der Fahrer die Situation als unkritisch war, besteht kein Anlass zur abrupten Verzögerung des Fahrzeugs, die Pedalwechselzeit nimmt entsprechend zu (Schmitt et al., 2007).

Tabelle 11 enthält deskriptive Statistiken zu den in Experiment II registrierten Pedalwechselzeiten. Für die Situation „Unerwarteter Querverkehr" ergeben sich die niedrigsten Pedalwechselzeiten, gefolgt von der Situation „Unaufmerksamer Fahrradfahrer" und „Spielball auf Straße". Dieser Trend ist auf den Mittelwerten und Medianen gleichermaßen zu beobachten. Standardabweichung und Extremwerte veranschaulichen weiterhin die intensive Streuung der Werte und die damit verknüpften interindividuellen Unterschiede der Probanden in deren Reaktionen auf die Notsituationen.

	Unerwarteter Querverkehr	Unaufmerksamer Fahrradfahrer	Spielball auf Straße
Mittelwert	0.29	0.34	0.35
Median	0.24	0.28	0.30
Standardabweichung	0.12	0.17	0.15
Minimum	0.17	0.19	0.15
Maximum	0.65	0.86	0.79

Tabelle 11: Deskriptive Statistik zu den Pedalwechselzeiten [s] während verschiedener Bremsmanöver.

7.3.2 Fahrpedal und Bremse – Inferenzstatistik

Das inferenzstatistische Vorgehen bei der Datenauswertung zu Experiment II gleicht dem von Experiment I. Das Vorhandensein von Normalverteilung der Werte entscheidet über die Art der zur Anwendung kommenden

Testverfahren (non-parametrisch vs. parametrisch). Weiterhin wird die Irrtumswahrscheinlichkeit für alle Verfahren auf α = 5 % festgesetzt, Signifikanzwerte unter p = 0.05 werden mit Stern (*) gekennzeichnet.

Maximaler Bremsdruck

Die Annahme der Normalverteilung kann für den maximalen Bremsdruck nicht aufrechterhalten werden (D(69) = 0,165, p = 0.000*). Für die weiteren Auswertungen wurden demnach non-parametrische Testverfahren verwendet.

Zur Prüfung eines möglichen Einflusses des *Typus der Notsituation* auf die maximale Bremsintensität wurde ein Kruskal-Wallis-Test mit der dreifach gestuften Gruppierungsvariablen „Notsituation" und der Testvariablen „Maximaler Bremsdruck" durchgeführt. Dieser zeigte sich als signifikant (H(2) = 16.555, p = 0.000*). Zur Prüfung auf Unterschiede zwischen den einzelnen Notsituationen wurden anschließend Mann-Whitney-Tests durchgeführt, deren Ergebnisse in Tabelle 12 aufgeführt sind.

	Querverkehr vs. Spielball	Querverkehr vs. Fahrradfahrer	Fahrradfahrer vs. Spielball
U	149	223	65.5
p	0.005*	0.285	0.000*
r	- 0.41	- 0.16	- 0.61

Tabelle 12: Mann-Whitney-Tests für die Gruppenvariablen „Notsituation" und der Testvariable „Maximaler Bremsdruck", getrennt für die einzelnen Gruppenvergleiche. U = Prüfgröße; p = Irrtumswahrscheinlichkeit; r = Effektstärke nach Rosenthal.

Allein der Unterschied zwischen den Notsituationen „Unerwarteter Querverkehr" und „Unaufmerksamer Radfahrer" zeigt sich als nicht signifikant, die Situation „Spielball auf Straße" zeigt sich hingegen als signifikant abweichend von den beiden anderen Notsituationen bei mittleren bis hohen Effektstärken. Diese Ergebnisse sind auch nach einer entsprechenden Bonferroni-Korrektur des Alpha-Niveaus (α = 0.05/3) haltbar.

Pedalwechselzeiten

Auch für die Werteverteilung der Pedalwechselzeiten kann nicht von einer Normalverteilung ausgegangen werden (D(69) = 0.193; p = 0.000). Folglich werden zur weiteren Analyse der Daten abermals non-parametrische Tests verwendet.

Ein Kruskal-Wallis-Test mit der dreifach gestuften Gruppierungsvariablen *„Notsituation"* und der Testvariablen „Pedalwechselzeit" diente der Prüfung auf Gruppenunterschiede in der Geschwindigkeit, mit der die Probanden den Fuß vom Fahrpedal auf die Bremse setzten. Das Testverfahren zeigte keine statistisch signifikanten Unterschiede der Pedalwechselzeit zwischen den einzelnen Notsituationen (H(2) = 3.45, p = 0.178).

7.3.3 Aktivität der Lenkradsegmente – Deskriptive Statistik

Die folgenden Beschreibungen der Lenkradaktivität beziehen sich erneut auf Zeitabschnitte vor der Betätigung des Bremspedals, da verwertbare sensorische Informationen in diesem Zeitraum besondere zeitliche Vorteile für ein entsprechendes Assistenzsystem bringen (siehe Kapitel 3.2).

Eine Auszählung derjenigen Messungen, bei denen auf den einzelnen Segmenten keinerlei Kraftänderung während relevanter Abschnitte der Notsituation registriert werden konnte, ergab über alle Notsituationen hinweg, dass Segment 01 nur in 8 % der Fälle und Segment 02 in 4 % der Fälle nicht von den Probanden betätigt wurde. Für Segment 04 und Segment 05 hingegen konnte in 21 % bzw. in 24 % der Fälle keine Kraftänderungen während der Notsituationen registriert werden. Ein möglicher Informationsgewinn zur Klassifikation von Notsituationen aus dem Aktivitätsmuster der Segmente 04 und 05 ist demnach schon an dieser Stelle als vernachlässigbar einzustufen. Die Daten zur Lenkradaktivität werden daher nur für die Segmente 01 und 02 genauer analysiert.

<u>Zeitpunkt der Krafterhöhung</u>

Da in Experiment II Funktionsstufe B des Lenkrades zur Anwendung kam, waren die im Experiment erhobenen Messdaten weniger „verrauscht" und die zeitliche Bestimmung der Kraftänderungen am Lenkrad besser möglich. Abbildung 54 zeigt exemplarisch einen Ausschnitt aus der Notsituation „Unerwarteter Querverkehr" für einen Probanden aus Experiment II.

Experiment II

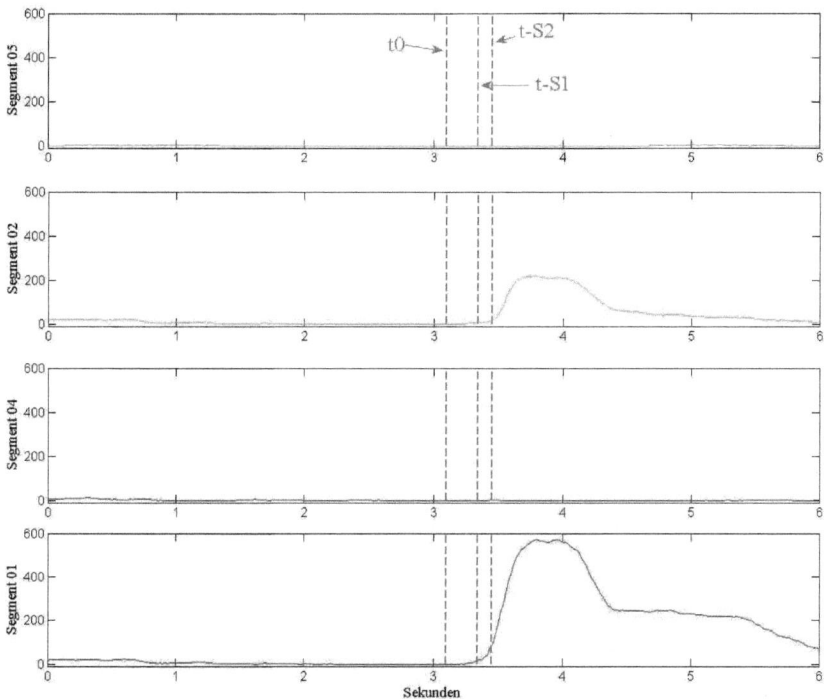

Abbildung 54: Ausschnitt der am Lenkrad aufgebrachten Griffkräfte während einer Notsituation „Unerwarteter Querverkehr". t0 = Zeitpunkt, zu dem das Kollisionsobjekt in das Sichtfeld des Probanden tritt. t-S1 / t-S2 = Zeitpunkt des Beginns der Krafterhöhung auf dem jeweiligen Segment.

Der Zeitpunkt t0 markiert den Moment, an dem das potenzielle Kollisionsobjekt - hier das Fahrzeug des assistierenden Versuchsleiters - in das Sichtfeld des Probanden gelangt. Es ist deutlich zu sehen, dass kurz darauf (ca. 0.3 Sekunden später) eine Erhöhung der Griffkraft auf Segment 01 und Segment 02 stattfindet, Segment 04 und Segment 05 bleiben inaktiv. Es ist ohne Weiteres möglich, die Zeitpunkte des Beginns der Krafterhöhung auf Segment 01 und 02 genau zu bestimmen.

Um den Zeitpunkt der Krafterhöhung auf Segment 01 und 02 während einer Notsituation einheitlich zu untersuchen, wurde für jeden einzelnen Probanden die Differenz zwischen dem Zeitpunkt der Krafterhöhung (t-S1 bzw. t-S2) und dem Beginn der Pedalwechselzeit (t1), berechnet.

Tabelle 13 enthält deskriptive Statistiken zu diesen Differenzen. Positive Differenzen zeigen Krafterhöhungen nach t1 an, negative Differenzen stehen für Krafterhöhungen vor t1. Die Übersicht der Differenzwerte belegt für jede der drei Notsituationen, dass die Zeitstempel t-S1 und t-S2 um den Zeitpunkt t1 streuen. Zwar liegen einige der Werte bis ca. 450 ms von t1 entfernt (vgl. Fahrradsituation), die Werte der zentralen Tendenz (Mittelwert und Median) der Differenzen liegt jedoch für jede Situation nahe bei null.

Unerwarteter Querverkehr		Segment 01	Segment 02
	Mittelwert	0.0185	0.001
	Median	0.008	-0.027
	Standardabweichung	0.123	0.127
	Minimum	-0.253	-0.135
	Maximum	0.301	0.383
Spielball auf Straße		**Segment 01**	**Segment 02**
	Mittelwert	0.019	0.009
	Median	0.026	-0.004
	Standardabweichung	0.186	0.206
	Minimum	-0.336	-0.478
	Maximum	0.398	0.372
Unaufmerksamer Fahrradfahrer		**Segment 01**	**Segment 02**
	Mittelwert	0.003	-0.028
	Median	-0.011	-0.071
	Standardabweichung	0.176	0.210
	Minimum	-0.414	-0.479
	Maximum	0.391	0.450

Tabelle 13: Deskriptive Statistik zu den zeitlichen Differenzen zwischen den Zeitstempeln für t-S1 / t-S2 und t1 in Sekunden.

Kraftintensitäten

Um die Kraftmuster auf den einzelnen Segmenten zu analysieren, wurde für die Pedalwechselzeit[30] (t1-t2) die *maximal registrierbare Kraft* auf den Segmenten und die *Geschwindigkeit des Anstieges* (Kraftänderung pro Zeit oder auch „Gradient") des jeweiligen Kraftanstieges bestimmt. Für die Berechnungen des Gradienten bestehen verschiedene Strategien, deren Unterschied im Zeitraum liegt, über den die Geschwindigkeit des Kraftanstieges gemessen wird. Um abzuwägen, welcher Zeitraum sich für die spätere Klassifikation der Gefahrensituation am besten eignet, wurde der Gradient vorerst über Zeitfenster von 50 ms, 100 ms und 150 ms bestimmt. Da sich im späteren Vergleich für die Gradienten über 100 ms die niedrigste Anzahl von Fehlalarmen ergab, wird im Folgenden nur von Auswertungen auf Grundlage dieser Gradienten berichtet.

Um den *maximalen Gradienten* während der Pedalwechselzeit zu ermitteln, wurde dementsprechend auf den relevanten Segmenten ein Zeitfenster der Länge von 100 ms von t1 nach t2 „geschoben" und für jedes entstehende Fenster der Gradient des Kraftanstieges berechnet. Diese Fenster wurden in einem zeitlichen Abstand von ca. 0.01 s generiert, da dies der zeitliche Abstand der vom Lenkrad ausgegebenen Werte ist (Messfrequenz: 100 Hz). Jeder vorhandene Messwert galt demnach als Ausgangspunkt zur Berechnung eines neuen Zeitfensters. Im Anschluss wurde das Maximum der so erhaltenen Werte bestimmt und als maximaler Kraftgradient für das spezifische Segment festgehalten. Die *maximale Kraft* hingegen ergibt sich aus dem maximalen Messwert des untersuchten Segments zwischen t1 und t2. Abbildung 55 soll dieses Prinzip für eine Beispielmessung verdeutlichen.

---

[30] Zur weiteren Begründung dieses Vorgehens siehe Kapitel 7.3.4 und 7.4

Experiment II

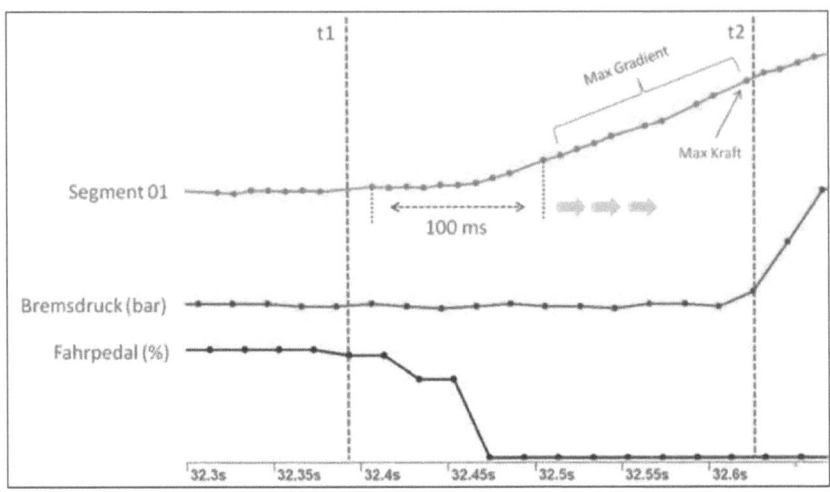

Abbildung 55: Bestimmung der maximalen Kraft und des maximalen Kraftgradienten für den Zeitraum der Pedalwechselzeit eines Notbremsmanövers. t1: Loslassen des Fahrpedals. t2: Beginn Bremsung

Segment 01 wird für den Zeitraum der Pedalwechselzeit auf die oben beschriebenen Werte hin untersucht. Vom ersten Messwert innerhalb der Pedalwechselzeit beginnend wird ein Zeitfenster der Länge von 100 ms durch den relevanten Zeitausschnitt bewegt und für jedes Zeitfenster der maximale Gradient berechnet. Für dieses Beispiel ergibt sich der maximale Wert im letzten relevanten Zeitabschnitt („Max Gradient"). Die maximale Griffkraft ergibt sich aufgrund des stetigen Kraftanstieges ebenfalls kurz vor Ende des relevanten Zeitraums („Max Kraft"). Tabelle 14 enthält deskriptive Statistiken für die so errechneten Werte, getrennt nach Notsituation, Segment 01 und Segment 02 (siehe Anhang K für Angaben zu Segment 04 und 05). Die während der Fahrsituation „Unerwarteter Querverkehr" wirkenden Kräfte zeigen sich für Segment 01 und 02 als annähernd gleich intensiv, jedoch zeigen sich für die beiden anderen Notsituationen abweichende Statistiken.

Unerwarteter Querverkehr		Segment 01		Segment 02	
		Gradient	Kraft	Gradient	Kraft
	Mittelwert	984.3	117.3	928.9	121.6
	Median	633	78.7	553.8	79.30
	Standardabweichung	1018.7	112.6	1007.3	115.4
	Minimum	122.4	11	0	0
	Maximum	4892.8	457	2764.9	380
Spielball auf Straße		Segment 01		Segment 02	
		Gradient	Kraft	Gradient	Kraft
	Mittelwert	878.8	127.9	471.6	75.6
	Median	698.3	111.8	216.1	30.23
	Standardabweichung	803.4	119.4	1017.7	123.8
	Minimum	0	0	-115.04	0
	Maximum	2569.8	469	4848.8	573
Unaufmerksamer Fahrradfahrer		Segment 01		Segment 02	
		Gradient	Kraft	Gradient	Kraft
	Mittelwert	954.1	149.3	1144	182
	Median	434.6	73.5	480	107.3
	Standardabweichung	1461.3	267.9	1318.7	167.8
	Minimum	65.2	5.9	0	0
	Maximum	6568.4	1189.5	4379.6	525.9
Alle Situationen		Segment 01		Segment 02	
		Gradient	Kraft	Gradient	Kraft
	Mittelwert	941.5	130.4	851.4	125.35
	Median	589.1	80.6	443.8	73.5
	Standardabweichung	1100.4	174.2	1133.3	140.7
	Minimum	0	0	-115.04	0
	Maximum	6568.4	1190	4848.8	573

Tabelle 14: Deskriptive Statistik zu Kraftintensitäten und Gradienten des Kraftanstieges (Wertanstieg pro Sekunde) innerhalb der Pedalwechselzeit der einzelnen Notsituationen

Die Werte der zentralen Tendenz (Mittelwert und Median) von Gradient und Kraftintensität sind während der Situation „Spielball auf Straße" niedriger auf Segment 02, während der Situation „Unaufmerksamer Fahrradfahrer" hingegen zeigen sich Mittelwert und Median niedriger auf Segment 01. Gradient und maximale Kraft variieren innerhalb jeder einzelnen Notsituation stark, Minimum und Maximum der Werte liegen ebenfalls weit auseinander.

Tabelle 15 zeigt die Griffkräfte der Baselinefahrten auf Segment 01 und 02 des Lenkrades (siehe Anhang L für weitere deskriptive Statistiken). Ausgehend vom Median der Pedalwechselzeit über die drei Notsituationen hinweg (0.282 s) wurden die Fahrten in Zeitabschnitte dieser Länge eingeteilt, der maximale Gradient, wie auch das Maximum der entstehenden Kräfte errechnet und über alle so erhaltenen Zeitfenster aggregiert. Die Werte für Gradient und Maximum der Griffkräfte lassen sich nun direkt mit den Werten der Notsituationen vergleichen, da diese innerhalb von Zeitfenstern derselben Länge bestimmt worden sind (siehe hierzu auch Seite 128 ff.).

Kurvenfahrten		Segment 01		Segment 02	
		Gradient	Kraft	Gradient	Kraft
	Mittelwert	87.4	38.3	79.6	37.2
	Median	23.1	8.6	24.1	8
	Standardabweichung	204.2	80.1	183	81.1
	Minimum	-753.9	0	-561.6	0
	Maximum	1819.1	810.3	1623.5	1125.3
Gerade Fahrten		Segment 01		Segment 02	
		Gradient	Kraft	Gradient	Kraft
	Mittelwert	64.7	22.6	67.4	25.8
	Median	35.4	7.8	42.9	10
	Standardabweichung	104.3	40.5	101.2	41.6
	Minimum	-432.8	0	-384.7	0
	Maximum	1249.5	510.6	1199.3	472.6

Tabelle 15: Deskriptive Statistik zu maximalen Kraftintensitäten und Kraftgradienten (Werteanstieg pro Sekunde) während Baselinemessungen getrennt nach Kurvenfahrten und geraden Fahrten über Zeitfenster von 0.282 s.

Tabelle 15 unterscheidet weiterhin nach Kurvenfahrten und geraden Fahrten, wobei abermals ein Lenkradwinkel von 10 Grad zwischen Kurvenfahrten und geraden Fahrten unterscheidet. Zusätzlich werden nur diejenigen Fahrsituationen berücksichtigt, während der keine Betätigung des Fahrpedals und des Bremspedals zu verzeichnen ist (siehe 6.3.3). Im Vergleich zu den Kräften der Notsituationen zeigen die Gradienten und

Kraftintensitäten der Baselinefahrten weitaus niedrigere Ausprägungen. Mittelwert und Median liegen für Kurvenfahrten, wie auch für gerade Fahrten weit unter den Werten der Notsituationen. Auf Segment 01 und 02 ergeben sich für beide Fahrabschnitte ähnliche hohe Werte. Der Vergleich von Kurvenfahrten und geraden Fahrten zeigt wie bei Experiment I höhere mittlere Kraftintensitäten und Gradienten während Kurvenfahrten, die Mediane liegen jedoch nahe beieinander.

7.3.4 Aktivität der Lenkradsegmente – Inferenzstatistik

Wie die deskriptiven Statistiken zur Aktivität der Lenkradsegmente werden inferenzstatistische Analysen getrennt nach dem Zeitpunkt der Krafterhöhung und den Kraftintensitäten berichtet.

<u>Zeitpunkt der Krafterhöhung</u>

Die zeitlichen Differenzen der Zeitstempel für den Startpunkt der Krafterhöhung (t-S1 und t-S2) und der Zeitstempel des Beginns der Pedalwechselzeit (t1) folgen einer Normalverteilung (D(131) = 0. 97, p = 0.170). Entlang dieser Voraussetzung konnten für die nachfolgenden Testverfahren parametrische Tests gewählt werden.

Um zu prüfen, ob der Zeitpunkt der Krafterhöhung auf den Segmenten 01 und 02 signifikant vom Zeitpunkt t1 abweicht, wurde für die Differenzwerte der Zeitstempel beider Segmente und t1 jeweils ein t-Test gegen 0 durchgeführt. Sowohl für die Differenzwerte von t-S1 und t1 (t(63)= 0.683, p=0.497) als auch für die Differenzwerte von t-S2 und t1 (t(66)= -0.247, p=0.806) zeigten sich keine signifikanten Abweichungen von null.

Kraftintensitäten

Weder die Verteilung der Gradienten (D(137) = 0.208, p=0.000*), noch die der maximalen Kräfte (D(137)= 0.208, p=0.000*) während der Notbremsmanöver zeigen eine Normalverteilung. Somit folgen alle weiteren Berechnungen den Vorgaben non-parametrischer Testverfahren.

Mann-Whitney-Tests mit der Gruppierungsvariable *„Segmentlokalität"* und den Testvariablen „Gradient" und „Maximale Kraft" sollten klären, ob die Ausprägungen von Gradient und Maximum auf den Segmenten 01 und 02 über die Notsituationen hinweg systematische Unterschiede zeigen. Keine der Variablen zeigt sich dabei als signifikant unterschiedlich in ihrer Ausprägung, sowohl Gradient (U = 1965.5; p = 0.101), wie auch die maximale Kraft (U=2226.0, p = 0.605) weichen auf den beiden Segmenten nicht systematisch voneinander ab.

Um zu prüfen, ob sich ein statistisch relevanter Einfluss des *Typs von Notsituation* auf die Werte der Lenkradkräfte ergibt, wurden Kruskal-Wallis-Tests mit der Gruppierungsvariablen „Notsituation" und den Testvariablen „Gradient" und „Maximale Kraft" durchgeführt. Die Testverfahren zeigen für den Gradienten des Kraftanstieges (H(2) =5.169, p = 0.075) und die maximale Kraft (H(2) =2.672 p = 0.263) keine signifikant unterschiedlichen Ausprägungen zwischen den einzelnen Notsituationen.

7.3.5 Aktivität der Lenkradsegmente – Vergleich Notsituationen mit regulärer Fahrt

Wie bei der Auswertung der Daten von Experiment I sollten auch bei Experiment II während des Vergleiches von Notsituationen und regulären Fahrten zwei unterschiedliche Verfahren Anwendung finden. Abermals wurde einerseits ein intraindividueller Vergleich zwischen den Daten der Notsituationen und den Baselinefahrten der entsprechenden Teilnehmer angestellt und andererseits ein interindividueller Vergleich, bei dem die Werte aus den Notsituationen zuvor über alle Probanden aggregiert wurden (siehe Kapitel 6.3.5). Ersteres Vorgehen ist im Hinblick auf einen zukünftigen Trend, Fahrzeuge individuell auszulegen und anzupassen, interessant, letzteres Vorgehen hingegen würde einer einheitlichen Parametrierung der Systeme für alle Fahrer entsprechen. Während beider Verfahren wurden die Baselinefahrten in die maximale Anzahl von Zeitfenstern mit der Länge der entsprechenden Pedalwechselzeiten aufgeteilt, um diese mit den Werten der Notsituationen zu vergleichen. Daneben wurden nur solche Fahrabschnitte betrachtet, in denen der Proband weder Fahrpedal, noch Bremspedal betätigte (vgl. Seite 96 ff.).

Intraindividueller Vergleich von Notsituation und Baseline

Für den intraindividuellen Vergleich fand für jeden Teilnehmer eine Gegenüberstellung der individuellen Lenkradkräfte (maximale Kraft und Gradient) aus den Notsituationen und den Kräften, die sich während der Baselinemessungen ergaben, statt. Wie oben beschrieben (siehe Kapitel 7.3.4) zeigen weder Pedalwechselzeit, noch Gradient und maximale Kraft signifikant unterschiedliche Ausprägung zwischen den Notsituationen. Für jeden Probanden wurden daher Lenkradwerte und die zugehörigen Pedalwechselzeiten über die verschiedenen Notsituationen gemittelt. Die so entstehenden Werte wurden im Anschluss für jeden Teilnehmer mit dessen Baselinemessungen verglichen. Da maximale Griffkraft und Gradient innerhalb der Pedalwechselzeit bestimmt worden sind, mussten die Baselinemessungen wie bei der Auswertung zu Experiment I in Zeitabschnitte eingeteilt werden, die der Länge der Pedalwechselzeit entsprechen. Beide Kraftwerte hängen stark vom Zeitraum ab, über den die Lenkradsegmente analysiert werden, sodass ein zulässiger Vergleich zweier Messungen auf identischen Zeitabschnitten basieren muss (siehe auch Seite 128 ff.). Somit galt die individuelle Pedalwechselzeit als Richtwert für die Aufteilung der Baselinedaten in einzelne Zeitfenster, für die jeweils Kraftmaximum und maximaler Kraftgradient bestimmt wurden. Die absolute Anzahl derjenigen Fenster, deren Kraftwerte höher waren als die der Notsituationen, wurde dabei als die Anzahl der „Fehlalarme" ausgewertet. Für jeden Probanden ergibt sich somit eine bestimmte Anzahl an Fehlalarmen, die im Anschluss der Auswertung über alle Messungen aggregiert wurde. Um Aufschluss über denjenigen zeitlichen Anteil zu bekommen, den Fahrperioden mit derart erhöhten Kräften an den Baselinefahrten einnehmen, wurde zusätzlich der prozentuale Anteil dieser Zeitfenster an der Gesamtanzahl aller untersuchten Zeitfenster berechnet. Abermals gilt das letztere Maß als das aussagekräftigere, da es unabhängig von der gesamten Zeitdauer der Baselinemessungen ist. Tabelle 16 enthält die hieraus resultierenden deskriptiven Statistiken über alle Probanden. Mittelwert und Median liegen für alle Maße weit auseinander und es zeigt sich eine enorme interindividuelle Varianz, sowohl für den absoluten Anteil der Fehlalarme als auch für den relativen Anteil.

	Fehlalarme Kurve	Fehlalarme gerade	Prozent Kurve	Prozent gerade
Mittelwert	167.0	879.7	1.13	1.12
Median	33.5	47.3	0.2	0.07
Standardabweichung	270.8	2544.7	1.5	3.02
Minimum	0.0	0.0	0	0
Maximum	983.8	11300.7	5.1	13.4

Tabelle 16: Deskriptive Statistik für die Anzahl der Fehlalarme und relativer Zeitanteil von Zeitfenstern mit Fehlalarmen während der Baselinemessung für den intraindividuellen Vergleich der Griffkräfte während Notbremsmanövern und Baselinefahrten ohne Notsituationen.

Weiterhin zeigt sich während der geraden Fahrten eine höhere absolute Anzahl von Fehlalarmen als während Kurvenfahrten. Der relative Anteil hingegen ist bei Betrachtung des Medians in den Kurven höher. Dieses umgekehrte Verhältnis geht auf die unterschiedliche Länge der beiden Messabschnitte zurück. Kurvenfahrten nahmen in der gewählten Strecke einen weitaus kleineren Zeitanteil an als gerade Fahrten, sodass die geringere absolute Anzahl von Fehlalarmen einen höheren relativen Anteil annehmen kann.

Interindividueller Vergleich von Notsituation und Baseline

Um den interindividuellen Vergleich der Kräfte am Lenkradkranz während der Notsituationen aus Experiment II und den Kräften während regulärer Fahrten ohne kritische Zwischensituationen anstellen zu können, wurden die Werte der einzelnen Notsituationen (Gradient und maximale Kraft) über alle Situationen hinweg aggregiert (vgl. Tabelle 14), um sie anschließend den Werten der Baselinedaten (vgl. Tabelle 15) gegenüberzustellen. Da die Lenkradkräfte der Notsituationen jeweils für die Pedalwechselzeit bestimmt worden sind, wurden ausgehend von dem Median der Dauer dieser Zeitabschnitte (0.282 s) alle vorliegenden Baselinefahrten in Abschnitte derselben Länge eingeteilt und jeweils maximaler Gradient der Krafterhöhung und maximale Kraftintensität mit den über die Notsituationen aggregierten Kennwerten verglichen. Abermals diente der Median als Richtwert. Die im Vergleich zur Anwendung kommenden Werte sind daher:

- Segment 01 – Kraftintensität: 80.6
- Segment 02 – Kraftintensität: 73.5
- Segment 01 – Kraftgradient: 589.1
- Segment 02 – Kraftintensität: 443.8

Für die Kurvenfahrten ergeben sich nach dieser Auswertung für 0.23 % der Zeitfenster Werte, die über denen der Notsituationen liegen, für gerade Fahrten hingegen errechnet sich ein Wert von 0.05 %. Die absolute Anzahl der Fehlalarme beträgt für die Kurvenfahrten 1440, die Daten zu den geraden Fahrten hingegen zeigen in 1886 Fällen höhere Werte als die Notsituationen. Der scheinbare Widerspruch zwischen der vermeintlich geringen relativen Häufigkeit der Fehlalarme und der vergleichsweise hohen absoluten Anzahl ergibt sich hierbei aus der großen Anzahl an untersuchten Zeitfenstern. Für Experiment II lagen insgesamt 40 Stunden Baselinemessungen vor, sodass die Anzahl der Zeitfenster für einen Vergleich zwischen Baselinemessungen und Kräften der Notsituationen im sechs-stelligen Bereich liegt.

7.4 Diskussion

Experiment II enthielt drei verschiedene Notsituationen, mit denen die Probanden unvorbereitet in kontrollierter Umgebung konfrontiert wurden. Die Situation *„Unerwarteter Querverkehr"* fand auf dem Testgelände der Universität der Bundeswehr statt und simulierte eine Kollisionssituation auf einer Kreuzung. Hierbei übersah der Fahrer eines anderen Fahrzeugs vermeintlich das Rotsignal der für ihn bestimmten Ampel und beschleunigte schnell auf die Kreuzung zu, um im letzten Moment abzubremsen. Während der zweiten Notsituation *„Spielball auf Straße"* wurde dem Probanden in einer verkehrsberuhigten Zone im realen Straßenverkehr ein Fußball plötzlich unmittelbar vor das Fahrzeug geworfen. Die so entstehende Situation sollte ein plötzliches Auftauchen von Kindern auf der Fahrbahn wahrscheinlich machen. Die dritte Notsituation *„Unaufmerksamer Fahrradfahrer"* beinhaltete einen Fahrradfahrer, der abrupt von einem an der Straße entlanglaufenden Fahrradweg abbog, vor dem Versuchsfahrzeug einscherte, um im darauf folgenden Moment sofort wieder auf den Fahrradweg zurückzusteuern. Während dieser Notsituationen fand das Griffkraft messende Lenkrad in seiner überarbeiteten Version (Funktionsstufe B) Anwendung und registrierte während der Notsituationen die am Lenkradkranz entstehenden Griffkräfte. Neben diesen Messperioden wurde die Griffkraft während regulären Fahrten auf dem Testgelände und im realen Straßenverkehr protokolliert, bei denen der Proband nicht mit Notsituationen konfrontiert wurde. Diese Daten dienten später als Baselinemessungen, insgesamt liegen 40 Stunden Fahrtzeit als Baseline vor.

Der bei den Notsituationen entstehende **Bremsdruck** zeigte sich bei der Situation „Spielball auf Straße" mit Abstand am höchsten ausgeprägt, die beiden anderen Situationen variierten auf dieser Variablen nicht signifikant. Dies ist dadurch zu erklären, dass die Ballsituation der einzige Zwischenfall war, bei dem der plötzlich auftauchende Gegenstand im Fahrweg des Probanden verblieb. Der Fahrer musste jeden Moment davon ausgehen, dass Personen dem Spielball folgen würden und bremste deshalb das Fahrzeug so schnell wie möglich konsequent in den Stillstand. Bei den anderen Situationen („Unaufmerksamer Fahrradfahrer" und „Unerwarteter Querverkehr") hingegen geriet das potenzielle Kollisionsobjekt nicht - oder nur für einen kurzen Augenblick - in den Fahrweg des Probanden. Das unvermittelte Auftauchen und der vermeintliche Kollisionskurs genügten in diesen Situationen jedoch, das subjektive Niveau der Kritikalität sprunghaft zu erhöhen und die reflexartige Umsetzung des Fußes vom Fahrpedal auf das Bremspedal zu provozieren. Während beider Situationen korrigierte das vermeintliche Kollisionsobjekt selbst den Kollisionskurs, die Situation wurde schnell wieder entschärft. Das Fahrzeug wurde während dieser Situationen demnach nie vollständig abgebremst, sondern immer nur für eine kurze Zeit „angebremst". Der maximale Bremsdruck kann deshalb in diesem Kontext nicht als Maß für die vom Fahrer wahrgenommene Kritikalität herangezogen werden.

Anders verhält es sich bei den **Pedalwechselzeiten**, deren Median sich zwischen 0.24 s und 0.3 s bewegt und keine statistisch signifikanten Abweichungen zwischen den Notsituationen zeigt. Ausgehend von der Annahme, dass die Geschwindigkeit, mit der der Fahrer den Fuß vom Fahrpedal auf das Bremspedal setzt das subjektive Niveau der Kritikalität abbildet, ist es bei Experiment II also gelungen, drei Situationen herzustellen, die sich als annähernd gleich kritisch für den Fahrer einordnen lassen.

Die deskriptiven Statistiken der *Kraftintensitäten am Lenkrad* (maximaler Gradient und Kraft) zeigten während der Pedalwechselzeit aller im Experiment untersuchten Notsituationen eine Erhöhung der Kraft und des Kraftgradienten. Beide Maße besitzen eine mittlere Ausprägung, die höher als die mittlere Kraft der Baselinefahrten einzustufen ist. Dieses Verhältnis lässt sich für gerade Baselinefahrten, wie auch für Kurvenfahrten bestimmen.

Der *Zeitpunkt des Anstieges der Krafterhöhungen* während der Notbremsmanöver konnte eindeutig mit dem Zeitstempel verbunden werden, zu dem der Fahrer während einer Notsituation das Fahrpedal loslässt und damit auf den Beginn der Pedalwechselzeit festgesetzt werden. Die Differenzen der Zeitstempel für den Beginn des Kraftanstieges (t-S1 und t-S2) und den Beginn der Pedalwechselzeit (t1) sind dementsprechend für Segment 01 und Segment 02 nicht signifikant von null zu trennen. Dieses Ergebnis deckt sich mit der aus Experiment I entstehenden Vermutung, dass ein Kraftanstieg nicht vor t1 zu erwarten ist und verfestigt sie objektiv. Die Strategie, die Kraftintensitäten der Notbremsmanöver erst ab diesem Punkt statistisch auszuwerten, hat sich als erfolgreich bewährt, da vor Zeitpunkt t1 keine relevanten Krafterhöhungen auf den Segmenten stattfinden.

Die Analyse der Lenkraddaten ergab weiterhin, dass Segment 04 und Segment 05 in ca. 20 % der Fälle keine nennenswerte Aktivität während der Pedalwechselzeit zeigten. Ein funktionierendes Fahrerassistenzsystem ist für eine fehlerfreie Funktionalität jedoch darauf angewiesen, dass die ihm zugeordnete Sensorik in einer maximalen Anzahl von relevanten Notsituationen entsprechende Informationen liefert. Im Fall der Segmente 04 und 05 würde diese Information in 20 von 100 Fällen verloren gehen, die Verwendung dieser beiden Sensoren ist - zumindest im Hinblick auf die Daten von Experiment II - somit hinfällig. Die weiteren Analysen zur Bedeutung der *Segmentlokalität* wurden daher nur noch für die vorderen Segmente 01 und 02 fortgeführt. Diese Auswertungen zeigten, dass sich weder für den maximalen Kraftgradienten, noch für die maximale Kraft ein statistisch haltbarer Unterschied zwischen den beiden Segmenten ergab. Die Probanden betätigten damit über alle Notsituationen hinweg die beiden vorderen Segmente mit gleicher Kraft.

Die vergleichende Betrachtung der *Lenkradkräfte während der verschiedenen Notsituationen* legte offen, dass weder der maximal zu verzeichnende Gradient, noch die maximal registrierbaren Kräfte am Lenkradkranz signifikante Abweichungen zwischen den Notsituationen aufweisen. Die Schlussfolgerung, dass keine der experimentellen Situationen mit einer Kraftintensität einhergeht, die die anderen Situationen systematisch übersteigt oder untersteigt, deckt sich mit dem Ergebnis der Pedalwechselzeiten. Auch hier konnten keine signifikanten Abweichungen zwischen den Notsituationen gefunden werden. Sowohl die Lenkradmaße wie auch die Geschwindigkeit der Pedalbetätigung sind Variablen, die mit der subjektiv wahrgenommenen Kritikalität der Situation in Verbindung gebracht werden können. Die im Experiment untersuchten Situationen besitzen somit ein ähnlich einzustufendes Niveau in der vom Probanden empfundenen Gefahr.

Den obigen Auswertungen folgte ein Versuch der *Abgrenzung von Griffkräften aus Notsituationen und regulären Fahrten*. Dabei wurde mit Hinblick auf eine individuelle Auslegung von Assistenzsystemen ein *intraindividueller* Vergleich der Kraftintensitäten vorgenommen und zusätzlich ein *interindividueller* Vergleich der Daten, welcher dem Prinzip einer für viele Fahrer passenden Auslegung entspricht (für genauere Ausführungen hierzu siehe Kapitel 6.3.5). Die intraindividuelle Auswertungssystematik zeigte, dass bei Betrachtung von geraden Fahrten ohne kritische Situationen zu einem zeitlichen Anteil von 0.07 %[31] mit Kräften zu rechnen ist, die Kraftmustern der Notsituationen entsprechen. Für 1428 untersuchte Zeitfenster relevanter Baselinedaten würde sich damit ein Fehlalarm ergeben. Da die untersuchten Zeitfenster in einem Abstand von 0.01 s generiert wurden kann somit jede vierzehnte Sekunde mit einem Fehlalarm gerechnet werden. Für die Kurvenfahrten ergibt sich ein noch schlechteres Verhältnis, der Prozentanteil liegt hier bei 0.2 %. Das interindividuelle Auswertungsschema zeigt Werte, die den eben berichteten Angaben ähnlich sind. So ergeben sich für relevante Abschnitte gerader Baselinefahrten zu einem Zeitanteil von 0.05 % Kräfte in Höhe der Notsituationen, auf 2000 untersuchte Zeitfenster kommt damit ein Fehlalarm. Dies entspricht einer Frequenz von einem Fehlalarm auf 20 s Baselinefahrt. Die Prozentanteile der Kurvenfahrten zeigen sich mit 0.23 % noch höher und münden somit in Statistiken, die mehr Fehlalarme erwarten lassen.

Die Tatsache, dass die absolute Anzahl der Fehlalarme bei beiden Auswertemethoden während Kurvenfahrten niedriger ausfällt als während geraden Fahrten und trotzdem höhere zeitliche Prozentanteile während

---

[31] Siehe Median in Tabelle 16

Kurvenfahrten vorhanden sind, ist mit dem Verhältnis der Anteile von Kurvenfahrten und geraden Fahrten verbunden. Da die Baselinemessungen während Experiment II zu einem großen Teil aus Fahrten in realer Verkehrsumgebung bestehen, sind gerade Fahrten (Lenkradwinkel < 10 Grad) weitaus häufiger vertreten, als enge Kurvenfahrten, die in vielen Fällen nur Abbiegemanöver beinhalten.

Insgesamt ist damit offensichtlich, dass weder das intraindividuelle Vorgehen noch der interindividuelle Vergleich von Kraftmustern der Notsituationen mit Mustern regulärer Baselinedaten zu einer sicheren Abgrenzung der entstehenden Fahrsituationen führt.

Zusammenfassung und Schlussfolgerung

Die in Experiment II umgesetzten Notsituationen zeigten sich in der Wahrnehmung der Teilnehmer durchweg als kritisch. Jede der Situationen führte zu einem schnellen Wechsel des Fußes vom Fahrpedal zum Bremspedal, was dem einer kritischen Fahrsituation angemessenem, reflexartigen Verhalten entspricht. Auch die Griffkräfte am Lenkradkranz erreichten Werte, die über der zentralen Tendenz der Kräfte während normaler Fahrten liegen. Dennoch ist es nicht gelungen, diese Kraftmuster eindeutig voneinander zu trennen. Reguläre Fahrten resultieren trotz ihrer niedrigeren zentralen Ausprägung der Griffkräfte in einer Vielzahl von Fahrsituationen, in denen die Griffkraft höher ist, als während Notsituationen.

Das überarbeitete Messlenkrad hingegen zeigte sich in der zweiten Version (Funktionsstufe B) für die Verwendung im Kontext der hier beschriebenen Arbeiten geeigneter als Funktionsstufe A. Die weniger sensible

Abstimmung der Messtechnik führte dazu, dass im Rahmen des Fahrbetriebs kein Werteüberlauf mehr zu verzeichnen war. Die am Lenkrad aufgebrachte Kraft musste nicht mehr über den Umweg der Überlauf-Resets bestimmt werden, sondern war direkt anhand der ausgegebenen Werte interpretierbar. Weiterhin war nun eine exakte Bestimmung des Fußpunktes des Kraftanstieges während der Notsituationen möglich. Das Lenkrad differenzierte nun ausreichend zwischen sehr leichten Berührungen und intensiver Manipulation der Segmente.

8. Vergleichende Sensorleistung von Pedalerie und Griffkraft messendem Lenkrad

Die Ergebnisse von Experiment I und II machen deutlich, dass das Prinzip eines Griffkraft messenden Lenkrades zur Messung der Kritikalität einer aktuellen Fahrsituation nicht Erfolg versprechend ist. Keine der insgesamt fünf realisierten Notsituationen resultierte während relevanter Zeitabschnitte in Griffkräften, die sich von denen normaler Fahrsituationen ausreichend unterscheiden. Eine Situationsklassifikation auf alleiniger Grundlage der Griffkräfte am Lenkradkranz ist demnach nicht zuverlässig und würde unkritische Fahrsituationen häufig ungerechtfertigt als Notsituationen einstufen. Eine globale Einschätzung des Potenzials eines Griffkraft messenden Lenkrades als Sensor im Bereich der Fahrerassistenz gelingt jedoch nur dann befriedigend, wenn dessen Klassifikationsleistung mit anderen, ähnlichen Sensoren in ein relatives Verhältnis gesetzt wird. Erst die Über- oder Unterlegenheit zu anderen Sensoren und die Auswirkung im Sensorverbund gibt Aufschluss über die Einordnung des Messlenkrades in eine Hierarchie verschiedener Sensoren.

Um Innovation und Gewinn des Griffkraft messenden Lenkrades zu bestimmen, eignen sich entlang des Hauptanliegens der hier dargelegten Arbeit Sensoren, die einem ähnlichen Prinzip der Situationsklassifikation folgen. Diese Sensoren stützen sich nicht auf Daten zur Fahrzeugumgebung, sondern arbeiten auf der Basis von Fahrereingaben. Da sich das Lenkrad in seiner Situationseinschätzung auf Kraftänderungen stützt, die der Fahrer während der Fahrt am Lenkradkranz aufbringt, ist der Vergleich zu Sensoren relevant, die ebenfalls haptische Eingaben des

Fahrers registrieren und anhand dieser Informationen eine Situationsklassifikation unternehmen. In diese Gruppe fällt die Pedalerie des Fahrzeugs, deren Betätigungsmuster von modernen Assistenzsystemen als Information zur Kritikalität der aktuellen Fahrsituationen genutzt wird. So kann unter anderem die Geschwindigkeit, mit der der Fahrzeugführer seinen Fuß vom Fahrpedal nimmt, mit in den Kreislauf von Sicherheitssystemen eingebunden werden (siehe Kapitel 2.4.2.1.2). Der entstehende Fahrpedalgradient dient demnach als Richtwert zur Bestimmung einer Notsituation. Daneben richten sich aktuelle Bremsassistenten auch nach der Länge der Pedalwechselzeit, also der Zeit, die der Fahrer benötigt, den Fuß vom Fahrpedal auf die Bremse zu setzen[32]. Diese beiden Sensorprinzipien nutzen somit haptische Eingaben des Fahrers in das Fahrzeug, um Aufschluss über die aktuelle Fahrsituation zu bekommen und das Fahrzeug daraufhin abzustimmen. Der Vergleich der Sensorqualität des Griffkraft messenden Lenkrades mit der Klassifikationsleistung der Pedalerie gibt daher Informationen über Stellenwert und Innovation des Lenkrades im Bereich haptischer Sensoren für die Fahrerassistenz, die eine alternative Informationsquelle zu typischen Umgebungssensoren (z.B. Radar) bieten sollen (siehe Kapitel 3).

Wie in Kapitel 2.3 beschrieben, besteht bei der Entwicklung moderner Fahrerassistenzsysteme mittlerweile die Tendenz, eine Einstufung der Fahrsituation nicht mehr allein auf einen Sensor zu stützen. Vielmehr soll ein Verbund aus Sensoren verschiedener Typen die Messung der

---

[32]Zusätzlich dient innerhalb klassischer Bremsassistenten die Geschwindigkeit der Bremspedalbetätigung als Richtwert. Dieser Richtwert liegt jedoch erst dann vor, wenn der Fahrer die Situation erkannt hat und entsprechend darauf reagiert bzw. mitten im Bremsvorgang ist. Da das Ziel dieser Arbeit jedoch darin besteht, eine Notsituation und die folgende Bremsung des Fahrers zu *prädizieren*, wird diese Sensorsystematik hier nicht weiter diskutiert.

Kritikalität optimieren. Bei der Zusammenführung der am Sensorpaket beteiligten Sensoren werden die spezifischen Charakteristika der einzelnen Geräte berücksichtigt, um somit Nachteile bestimmter Messprinzipien abzudämpfen. Bei einem Verbund aus Radar- und Kamerasensoren geht die Klassifikation (z.B. Fahrzeug vs. Fußgänger) eines erkannten Objektes beispielsweise zu großen Anteilen auf die Kameradaten zurück, da die Radartechnik zwar exakte Informationen zu Abstand und Relativgeschwindigkeit liefert, jedoch wenig Aufschluss über die Natur des detektierten Objektes geben kann. Entlang dieses Vorgehens besteht neben einem einfachen Vergleich von Griffkraft messendem Lenkrad und aktuell vorhandener haptischer Sensorprinzipien (Fahrpedal, Bremspedal) die Möglichkeit, einzelne haptische Sensoren in ihrem wechselseitigen Verbund zu prüfen. So ist es denkbar, dass einzelne Sensoren für sich genommen nur über eine moderate Klassifikationsleistung verfügen, in Kombination mit anderen Sensoren jedoch zu einer weitaus besseren Einschätzung der aktuellen Fahrsituation beitragen können.

Aufbauend auf den obigen Ausführungen wird in diesem Kapitel die Differenzierungsfähigkeit zwischen Notsituationen und regulären Fahrsituationen geprüft, die die aktuell in Verwendung stehenden haptischen Sensoren besitzen und in den Vergleich mit dem Griffkraft messenden Lenkrad gestellt. Darüber hinaus soll geprüft werden, inwieweit das Lenkrad einen Beitrag zur Klassifikationsleistung bestehender haptischer Sensoren leisten kann und wie hoch dessen Zusatzgewinn im Sensorverbund einzustufen ist.

8.1 Entwurf sensorspezifischer Algorithmen zur Situationsklassifikation

Für den Vergleich der Klassifikationsleistungen von Pedalerie und Griffkraft messendem Lenkrad wurden sensorspezifische Algorithmen entworfen. Die Kennwerte der Algorithmen stützen sich dabei auf die Daten aus den Notsituationen von Experiment II, da die hier verwendete Überarbeitung des Lenkrades (Funktionsstufe B) bedeutende Vorteile für den Anwendungsbereich der Kraftmessung am Lenkradkranz zeigte. Jeder der Algorithmen wurde auf die Baselinedaten von Experiment II angewendet, die Anzahl der sich ergebenden Fehlalarme gilt als Güte der spezifischen Sensorqualität.

Fahrpedalalgorithmus
Bei der Bestimmung der Fahrpedalgradienten während Notsituationen diente der Zeitpunkt der ersten Nullstellung des Fahrpedals als Orientierungspunkt für die Berechnung des Gradienten (siehe rotes Kreuz in Abbildung 56). Ausgehend von diesem Punkt wurde für jede Gefahrenbremsung aus Experiment II zeitlich rückwirkend der Gradient des Abfalls des Fahrpedalsignals bestimmt, also die Geschwindigkeit des Rückgangs des Fahrpedals berechnet. Da die Fahrpedalstellung während der Experimente prozentual gemessen wurde, also den relativen Anteil der aktuellen Stellung an der maximal möglichen Betätigung („Kickdown") angibt, steht der Gradient für die prozentuale Änderung des Fahrpedals pro Zeiteinheit (hier eine Sekunde). Die Werte wurden pro Situation vorerst über einen Zeitraum von 0.04 s, 0.06 s und 0.08 s berechnet (siehe Startpunkte in Abbildung 56), sodass sich pro Notsituation drei verschiedene Gradienten der Fahrpedalstellung ergeben.

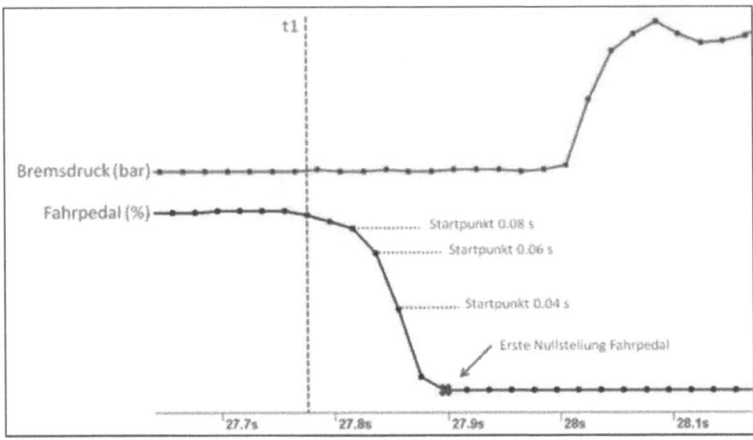

Abbildung 56: Gefahrenbremsung auf den Variablen „Fahrpedalstellung" und „Bremsdruck". t1 = Loslassen des Fahrpedals; rotes Kreuz: Ausgangspunkt für die Berechnung des Fahrpedalgradienten.

Tabelle 17 enthält deskriptive Statistiken zu den sich so ergebenden Fahrpedalgradienten. Die steilsten Gradienten ergeben sich für den Zeitraum von 0.04 s, die flachsten Gradienten hingegen für den Zeitraum von 0.08 s. Weitere Analysen legten offen, dass der Gradient über 0.04 s die beste Klassifikationsleistung ergibt und in der niedrigsten Anzahl an Fehlalarmen für die Baselinemessungen resultiert. Dabei ergab der Gradient über 0.04 s 755 Fehlalarme, wohingegen die Gradienten über 0.06 s und 0.08 s in 1021 und 1413 Fehlalarmen mündeten. Somit beinhaltete der Algorithmus zur Fahrpedalstellung die folgenden Kriterien für die Detektion einer Notsituation:

- Abfall des Fahrpedals auf eine Fahrpedalstellung von 0 %
- Abfall mit einer Geschwindigkeit von mehr 179.9 Prozentwerten pro Sekunde (siehe Tabelle 17)

	0.04 s	0.06 s	0.08 s
Mittelwert	-181.3	-147.2	-118.4
Median	-179.9	-146.4	-115.1
Standardabweichung	94.9	64	46.8
Minimum	-377.6	-266.8	-224.9
Maximum	-20.0	-13.3	-10.0

Tabelle 17: **Deskriptive Statistiken zu den Fahrpedalgradienten (Änderung Fahrpedalstellung pro Sekunde) über alle Notsituationen aus Experiment II für die Zeitfenster 40 ms, 60 ms und 80 ms.**

Algorithmus zur Pedalwechselzeit

Grundlage für diesen Algorithmus waren die Statistiken zu den von den Probanden benötigten Pedalwechselzeiten während der Notsituationen in Experiment II. Über alle Probanden und Situationen hinweg ergab sich dabei ein Median von 0.282 s. Zur algorithmischen Bestimmung von Pedalwechselzeiten während der Baselinefahrten ist es nötig, Abschnitte zu finden, innerhalb derer das Fahrpedal auf eine Nullstellung abfällt und in unmittelbarem Anschluss eine Betätigung der Bremse stattfindet. Der eigentliche Beginn der Pedalwechselzeit (t1) liegt jedoch nicht bei dem ersten Nullpunkt des Fahrpedals, sondern ist zeitlich etwas davor anzusetzen (siehe Abbildung 57).

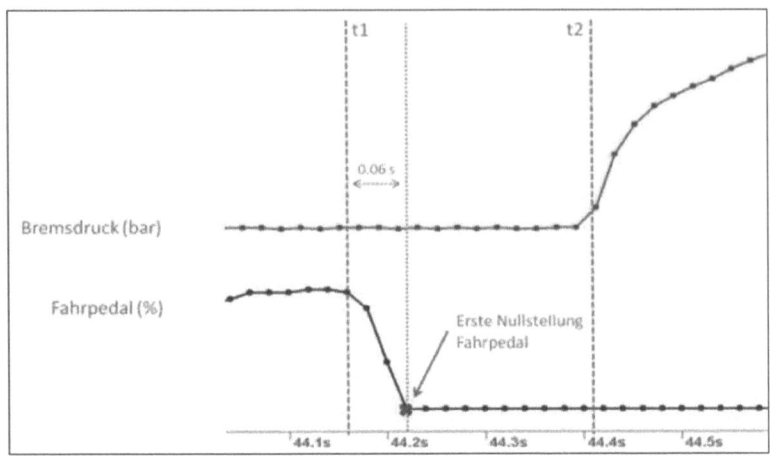

Abbildung 57: Gefahrenbremsung auf den Variablen „Fahrpedalstellung" und „Bremsdruck". t1: Loslassen des Fahrpedals. t2: Beginn Bremsung.

Um Abschnitte während der Baselinemessungen zu bestimmen, die eine Pedalwechselzeit unter 0.282 s zeigen, kann der Algorithmus daher nicht einfach ein Zeitfenster von 0.282 s nach dem ersten Nullpunkt des Fahrpedals auf eine Bremsbetätigung hin überprüfen. Vielmehr muss das Zeitfenster um denjenigen Zeitraum verkleinern werden, der sich zwischen t1 und dem ersten Nullpunkt des Fahrpedals ergibt (siehe Abbildung 57). Um Aufschluss über diesen Zeitraum zu gewinnen, wurde für jede Notsituation die zeitliche Differenz zwischen dem Punkt des Beginnes der Pedalwechselzeit (t1) und dem ersten Nullpunkt der Fahrpedalstellung berechnet (siehe Abbildung 57). Für diese zeitliche Differenz ergab sich ein Median von 0.06 s, der als Maß der zentralen Tendenz der Verteilung herangezogen wurde. Die Differenz dieses Maßes und der eigentlichen Pedalwechselzeit (0.282 s) bestimmt die Zeit, die während einer Notsituation von der ersten Nullstellung des Fahrpedals bis zur Betätigung der Bremse verstreicht. Der Algorithmus zur Detektion einer Notsituation anhand der Pedalwechselzeit enthält demnach die folgenden Kriterien:

- Abfall des Fahrpedals auf eine Fahrpedalstellung von 0 %
- Erste Betätigung des Bremspedals in weniger als 0.222 s nach dem ersten Nullpunkt des Fahrpedals

Algorithmus zu den Lenkradkräften

Auch der Algorithmus zu den Griffkräften am Lenkradkranz entstand auf Grundlage der Daten aus Experiment II. Wie Kapitel 7.3.3. zeigt, sind die Kräfte auf den hinteren Segmenten 04 und 05 nicht von Relevanz, da sie während eines großen Anteils der realisierten Notsituationen nicht betätigt wurden und gehen daher nicht in den Algorithmus ein. Entlang des in Kapitel 7.3.5 geschilderten Vorgehens gelten die innerhalb der Pedalwechselzeit von Notsituationen maximal registrierbaren Kräfte und Gradienten auf Segment 01 und 02 als zentrale Variablen zur Bestimmung der Kraftmuster am Lenkradkranz. Da sich die Notsituationen auf diesen Maßen nicht signifikant unterscheiden, galt der Median über alle Situationen und Probanden als zentrales Maß für die Griffkräfte während einer Notsituation (siehe Tabelle 14). Da die Kraftmuster am Lenkradkranz während der Pedalwechselzeit bestimmt wurden, findet die Analyse der Kraftwerte bei Anwendung des Algorithmus auf die Baselinemessungen immer für Zeitfenster in der Länge der Pedalwechselzeit der Notsituationen statt (zu dieser Methode siehe Seite 128 ff.). Der Lenkradalgorithmus enthält damit die folgenden Kriterien für die Detektion einer Notsituation während der Baselinemessungen (vgl. Tabelle 14):

Segment 01:
- Kraftintensität > 80.6
- Kraftgradient > 589.1

Segment 02:
- Kraftintensität > 73.5
- Kraftgradient > 443.8

Kombinierte Algorithmen

Entsprechend des Ansatzes der Sensordatenfusion (siehe Kapitel 2.3) wurden auf der Basis der bisher aufgeführten Algorithmen Kombinationen aus diesen erstellt, die die verschiedenen Kriterien für die Detektion einer Notsituation vereinen. So enthält die Kombination aus Fahrpedal und Pedalwechselzeit zwei Voraussetzungen für eine Notsituation. Zuerst muss das Fahrpedal mit einer bestimmten Geschwindigkeit losgelassen werden (179.9 Prozentwerten pro Sekunde) und auf null abfallen. Zusätzlich muss in einem zeitlichen Abstand von 0.222 s eine Betätigung des Bremspedals stattfinden. Wird darüber hinaus der Lenkradalgorithmus integriert, besteht für die Detektion einer Notbremsung weiterhin die Voraussetzung, dass sich während der Pedalwechselzeit eine Mindestausprägung der Kraftmuster auf Segment 01 und 02 in Höhe der oben beschrieben Werte registrieren lässt. Insgesamt ergeben sich vier verschiedene Kombinationen aus den oben beschriebenen Algorithmen:

1. Fahrpedal und Pedalwechselzeit
2. Lenkradkräfte und Fahrpedal
3. Lenkradkräfte und Pedalwechselzeit
4. Lenkradkräfte, Fahrpedal und Pedalwechselzeit

8.2 Vergleichende Klassifikationsleistung sensorspezifischer Algorithmen

Wie eingehend erläutert (siehe S. 137 ff.), ist zur Einstufung der Klassifikationsleistung und Innovation des Griffkraft messenden Lenkrades ein Vergleich mit anderen derzeit existierenden haptischen Sensorkonzepten notwendig. Für diesen Vergleich der einzelnen Sensoren und deren Kombinationen wurden die spezifischen Algorithmen auf die Baselinemessungen (ca. 40 Stunden) von Experiment II angewendet. Dabei fand keine Unterscheidung zwischen Kurvenfahrten und geraden Fahrten statt, da sich diese Differenzierung naturgemäß nur für die Griffkräfte des Lenkrades relevant zeigt[33]. Dennoch wurden für die alleinige Anwendung des Lenkradalgorithmus auf die Baselinemessungen nur diejenigen Fahrabschnitte betrachtet, während der keine Betätigung des Bremspedals oder des Fahrpedals zu verzeichnen war, um die Vergleichbarkeit zu den Bedingungen während der Pedalwechselzeit der Notsituationen herzustellen (keine Betätigung von Fahr- und Bremspedal). Alle anderen Algorithmen und kombinierte Algorithmen wurden auf die gesamten, ungekürzten Baselinemessungen angewendet, da die zentralen Kriterien dieser Algorithmen Pedalbetätigungen voraussetzen.

Tabelle 18 enthält für alle diskutierten Algorithmen die Anzahl derjenigen Ereignisse, während der die algorithmusspezifischen Kriterien für eine Notsituation zutreffen. Da sich während der Baselinemessungen keine Notsituationen ergaben, handelt es sich hierbei um „Fehlalarme", während denen ein Sensor oder Sensorverbund fälschlicherweise eine Notsituation detektierte. Diejenigen Zeitfenster, die durch den jeweiligen Algorithmus

---

[33] Wie Experiment I und II zeigten, sind die Kräfte in Kurvenfahrten tendenziell höher, als während gerader Fahrten.

nicht als Fehlalarme klassifiziert wurden, sind demnach korrekt als Fahrperioden klassifiziert, die keine Gefahrenelemente enthalten.

Fehlalarme für lenkrad- und pedalbasierte Algorithmen	
Lenkrad	3286
Fahrpedal	755
Pedalwechselzeit	8
Fehlalarme kombinierter Algorithmen	
Fahrpedal + Pedalwechselzeit	6
Fahrpedal + Lenkrad	4
Pedalwechselzeit + Lenkrad	0
Fahrpedal + Pedalwechselzeit + Lenkrad	0

Tabelle 18: Anzahl der Fehlalarme verschiedener Sensoralgorithmen und deren Kombination

Bei Betrachtung der lenkrad- und pedalbasierten Algorithmen ergeben sich für das Griffkraft messende Lenkrad mit Abstand die meisten Fehlalarme (3286), gefolgt von dem Fahrpedalalgorithmus (755) und dem Algorithmus zur Pedalwechselzeit (8). Für die kombinierten Algorithmen zeigt sich bei der Zusammenführung der Kriterien aus dem Fahrpedalalgorithmus und dem Algorithmus zur Pedalwechselzeit eine zusätzliche Verringerung auf sechs Fehlalarme. Die Anzahl von 755 Fehlalarmen für den Fahrpedalalgorithmus kann weiterhin durch Mitberücksichtigung der Kriterien des Lenkradalgorithmus auf vier Fehlalarme gesenkt werden. Schließlich ergibt die Kombination von Lenkradalgorithmus und Algorithmus zur Pedalwechselzeit keine Fehlalarme mehr, die Zusammenführung der drei einzelnen Algorithmen zu Fahrpedal, Pedalwechselzeit und Lenkradkraft zeigt das gleiche Ergebnis.

8.3 Diskussion und Schlussfolgerung

Die vergleichende Betrachtung der Algorithmen zeigt, dass das Griffkraft messende Lenkrad eindeutig als schlechtester Sensor zur Situationsklassifikation abschneidet. Die in den relevanten Zeitabschnitten von Notsituationen auftretenden Griffkräfte erweisen sich nicht als erfolgreiche Maße zur Einstufung der Kritikalität der aktuellen Fahrsituation. Selbst der Fahrpedalalgorithmus, der allein auf der Geschwindigkeit der Betätigung eines Pedals basiert und damit nur ein Messsignal benötigt, ergibt für die vorliegenden Baselinemessungen eine Fehlalarmquote, die um 77.1 % niedriger ist als diejenige des Lenkrades. Der Algorithmus zur Pedalwechselzeit, der mit Fahrpedal und Bremse zwei Variablen berücksichtigt, führt ebenfalls zu einer weitaus niedrigeren Fehlalarmquote und zeigt im Vergleich zum Lenkradalgorithmus eine Verbesserung um 99.2 % (8 vs. 3286 Fehlalarme).

Wird der Algorithmus zur Pedalwechselzeit mit dem Fahrpedalalgorithmus kombiniert, führt dies zu einer Reduktion um zwei Fehlalarme von acht auf sechs. Die Zusammenführung der beiden Informationsquellen resultiert im Hinblick auf die alleinige Berücksichtigung der Pedalwechselzeit also in einer weiteren Verbesserung der Klassifikationsleistung um 25 %. Werden die Informationen aus der Pedalerie damit gänzlich ausgenutzt, kann eine Fehlalarmquote von sechs Fehlalarmen für 40 Stunden Fahrt erreicht werden.

Findet eine Integration der Lenkradkriterien in die Algorithmen zur Pedalerie statt, reduziert sich die Anzahl der Fehlalarme weiter, die Einstufung der Kritikalität der aktuellen Fahrsituation wird demnach besser. Bei Berücksichtigung der Kriterien von Fahrpedalgeschwindigkeit und Griffkräften kann die Anzahl der Fehlalarme von 755 auf vier Fehlalarme gesenkt werden. Die sich durch den Algorithmus zur Pedalwechselzeit ergebenden Fehlalarme (8) werden durch den Lenkradalgorithmus weiter auf null reduziert, eine weitere Verbesserung durch den Fahrpedalgradienten ist hier nicht mehr notwendig. Für eine optimale „Hit-Rate", bei der alle Baselineperioden korrekt als Fahrabschnitte definiert werden, in denen keine Notsituation vorliegt, muss also die Aktivität von Fahrpedal und Bremse (Pedalwechselzeit) gemeinsam mit dem Griffkraft messenden Lenkrad berücksichtigt werden. Erst dieser dreifach gegliederte Sensorverbund erreicht schließlich eine korrekte Einstufung aller Fahrsituationen innerhalb der Baselinefahrten und verbessert die Häufigkeit richtig und falsch klassifizierter Fahrabschnitte.

Die Ergebnisse machen deutlich, dass eine volle Ausnutzung der Informationen aus der Pedalerie des Fahrzeugs, also die Berücksichtigung von Fahrpedalgradient sowie der Pedalwechselzeit, zu einer vergleichsweise niedrigen Anzahl von Fehlalarmen während der Baselinefahrten führt. Es ergab sich eine Frequenz von nur einem Fehlalarm auf 400 Minuten. Die Informationen des Griffkraft messenden Lenkrades hingegen führen für sich allein genommen zu einem Übermaß an Fehlalarmen, deren Frequenz bei mehr als einem Fehlalarm pro Minute liegt (ca. 1,3). Erst während der gemeinsamen Nutzung von Pedalerie und Lenkrad wird ein Nutzen des Lenkrades deutlich. Die ohnehin sehr gute Klassifikationsleistung der Pedalerie wird im Sensorverbund mit dem Lenkrad weiter verbessert und ergibt für die vorliegenden Baselinedaten keine Fehlklassifikationen mehr.

Dieser Mehrwert des Griffkraft messenden Lenkrades im haptischen Sensorverbund kann sich deshalb besonders unter der Voraussetzung zeigen, dass die Pedalerie während einer Notsituation tatsächlich durch den Fahrer betätigt wird. Hat der Fahrer zu Anfang des Vorfalles den rechten Fuß nicht auf dem Fahrpedal, sondern setzt den Fuß direkt auf die Bremse, können weder Informationen zum Fahrpedalgradienten noch zur Pedalwechselzeit eingeholt werden, um die Kritikalität der Situation einzuschätzen. Somit bleiben allein die Daten zum Griffkraft messenden Lenkrad, deren Klassifikationsgüte - wie oben ausführlich dargelegt – weniger exakt ist. Die rasant fortschreitende Ausbreitung und Verfügbarkeit von ACC-Systemen führt zwangsläufig zu einer starken Vermehrung von Fahrperioden, in denen für den Fahrer keine Notwendigkeit mehr besteht, das Fahrpedal zu bedienen, da die Längsführung des Fahrzeugs vom Assistenzsystem übernommen wird. Reagiert der Fahrer in diesen Perioden auf eine plötzlich auftretende Notsituation, setzt er den Fuß direkt auf die Bremse des Fahrzeugs. Fahrpedalgradient und Pedalwechselzeit fallen somit in diesen Fällen als Indikatoren zu Einstufung der Situation weg und machen eine exakte Klassifikation der Fahrsituation anhand haptischer Informationen schwieriger.

9. Zusammenfassende Diskussion

Modernen Fahrerassistenzsystemen gelingt auf Basis der fortschreitender Sensortechnik eine zunehmend validere und schnellere Erfassung des Fahrzeugumfeldes und der damit verbundenen Kritikalität der aktuellen Fahrsituation. Darauf aufbauend greifen aktuelle Sicherheitssysteme in kritischen Situationen in das Fahrgeschehen ein und übernehmen weitreichende Anteile der Fahraufgabe, die ursprünglich allein dem Fahrer vorbehalten waren. Hierbei gilt das Prinzip, dass mit steigender Güte der Umfeldwahrnehmung und Situationseinstufung invasivere Eingriffe in das Fahrgeschehen durch das System vorgenommen werden können. Je mehr Informationen über die Umgebung vorliegen und je besser diese Informationen interpretiert werden können, desto exakter können die Eingriffe des Systems gestaltet werden. Hat das Egofahrzeug beispielsweise ausreichend Informationen über Abstand und Relativgeschwindigkeit eines vorausfahrenden Fahrzeugs, kann auf Grundlage dieser Daten der exakte Bremsdruck berechnet werden, der bei schneller Annäherung eine Kollision mit diesem Objekt verhindern würde.

In diesem Prinzip liegen gleichzeitig die Grenzen verankert, die sich bei der Entwicklung derartiger Systemstrukturen ergeben. Viele der aktuell verwendeten Sensoren besitzen spezifische Schwächen, deren Grundlage in ihrem Messprinzip festzumachen ist. So ist es auf der Basis von Radardaten nur in engen Grenzen möglich, Objekte eindeutig zu klassifizieren und einer Gruppe von Verkehrsteilnehmern zuzuweisen. Dennoch ermöglicht die Radartechnik eine exakte Abstandsbestimmung und zusätzlich eine genaue Messung der Relativgeschwindigkeit vorausfahrender Fahrzeuge. Demgegenüber ist es mit Videosensoren und entsprechender

Verarbeitungssoftware möglich, Objekte sicher zu klassifizieren, sodass Video- und Radartechnik häufig im Verbund verwendet werden. Insgesamt zeigt sich jedoch bei jedweder maschinellen Wahrnehmung die Herausforderung, komplexe Fahrsituationen korrekt einzustufen und dabei gefährliche Situationen von normalen Fahrsituationen zu trennen. Die Problematik besteht dabei häufig nicht darin, einzelne Objekte sensorisch zu erkennen, sondern vielmehr in der situationsabhängigen Einstufung des Gefahrenniveaus. So können sich in städtischer Umgebung für eine Reihe von Objekten vermeintlich kritische TTC-Werte (Time to Collision) ergeben, obwohl keine Gefahrensituation vorliegt (z.B. auf einer Kreuzung; vgl. Abbildung 23). Ähnliche TTC-Werte können jedoch auch während Notsituationen entstehen (z.B. Auffahren auf ein Stauende; vgl. Abbildung 22) und einen Eingriff des Systems erforderlich machen.

Die Sensorik ist daher trotz stark fortschreitender Entwicklung nach wie vor „blind" für bestimmte Aspekte der Fahrumgebung, was selbst bei intelligenter Datenverarbeitung eine große Hürde bei der Entwicklung von Assistenzsystemen darstellt. Darüber hinaus entwickeln sich viele Notsituationen aus einer langen Reihe einzelner Geschehnisse und münden erst spät in einen Zustand, der von Assistenzsystemen als kritisch eingestuft werden kann. So kann ein aufmerksamer Fahrer in einigen Situationen schon früher erkennen, ob eine Gefahr vorliegt. Eilt ein Fußgänger beispielsweise auf die Straße zu, ohne den Blick nach links und rechts zu wenden und wird während der Annäherung an die Fahrbahn nicht langsamer, ist damit zu rechnen, dass er im nächsten Moment die Straße betritt. Ein Assistenzsystem kann diesen Fußgänger erst erkennen, wenn er sich im Sensorbereich vor dem Fahrzeug befindet und erst dann Aktionen ableiten. Der Fahrer des Egofahrzeugs hingegen kann die Situation schon früher wahrnehmen und entsprechend reagieren. Die vorliegende Arbeit greift diese Problematik auf und widmet sich der Frage, wie sich dieses Potenzial des menschlichen Fahrers im Rahmen der Fahrerassistenz nutzen lässt.

Entsprechend aktuell schon in Anwendung befindlicher Messprinzipien, die situationsspezifische, haptische Eingaben des Fahrers an der Pedalerie des Fahrzeugs erkennen und entsprechende Sicherheitsmaßnahmen einleiten, sollte geprüft werden, inwiefern sich ein *Griffkraft messendes Lenkrad* zur Klassifikation der Fahrsituation eignet. Die Theorie zur menschlichen Schreckreaktion zeigt, dass Notsituationen im Straßenverkehr in eine Kategorie von Situationen fallen, die mit hoher Wahrscheinlichkeit einen Schreckreflex beim Fahrer auslösen. Da die menschliche Schreckreaktion in ihrer vollen Ausprägung das Verkrampfen der Finger beinhaltet, ist damit zu rechnen, dass Notsituationen im Straßenverkehr mit einer plötzlichen Erhöhung der Griffkraft einhergehen.

Um diese Veränderungen der Kräfte am Lenkrad zu messen, wurde das reguläre Lenkrad eines Versuchsfahrzeugs durch ein spezielles Messlenkrad ersetzt. Für den Probanden nicht sichtbar oder fühlbar, enthielt das Lenkrad eine Licht leitende Faser, die unterhalb des Lenkradleders um den Lenkradkranz gewickelt war. Die Applikation von Kräften an den Lenkradkranz führt dazu, dass das durch die Faser geleitete Licht nicht mehr wie zuvor voll reflektiert wird, sondern ein Teil der Strahlung auf dem Weg durch den Leiter verloren geht. Das Ausmaß dieses Verlustes wird von der Lenkradelektronik als die Intensität des aufgebrachten Drucks interpretiert. Da innerhalb einer durchgehenden Wickelung der Lichtfaser nicht differenziert werden kann, an welcher

Stelle sich die Druckveränderung zugetragen hat, besaß das Lenkrad insgesamt sechs Segmente, um die Krafteinwirkungen genauer zu lokalisieren. Während der experimentellen Arbeiten kamen weiterhin zwei ***verschiedene Funktionsstufen des Griffkraft messenden Lenkrades*** zum Einsatz. Funktionsstufe A fand während eines ersten umfangreichen Experiments auf abgesperrter Strecke Anwendung. Diese Auslegung des Lenkrades zeichnete sich insbesondere durch dessen hohe Sensibilität aus, das Maximum des messbaren Wertebereiches wurde schon bei moderater Betätigung des Lenkradkranzes schnell erreicht. Neben der Problematik, dass die Messwerte erst transformiert werden mussten, um hinsichtlich der am Lenkrad aufgebrachten Kraft interpretiert zu werden, stellte es sich als unmöglich heraus, bei einem beginnenden Kraftanstieg den Fußpunkt desselben genau zu bestimmen. Das Lenkrad wurde daher für die weiteren Arbeiten in seiner Funktion überarbeitet. Funktionsstufe B zeigte eine geringere Sensibilität und besaß ein weitaus größeres Spektrum an Kräften, zwischen denen differenziert werden konnte. Die Problematik, während eines plötzlichen Kraftanstieges den Fußpunkt dieses Anstieges nicht exakt identifizieren zu können, war nun nicht mehr vorhanden. Zusätzlich konnten die vom Lenkrad generierten Werte ohne weitere Transformation interpretiert werden.

Anhand von ***Probandenversuchen*** wurde der Frage nachgegangen, ob sich während Notsituationen eine Erhöhung der am Lenkradkranz aufgebrachten Kräfte feststellen lässt. Im Falle einer Krafterhöhung sollte zusätzlich festgestellt werden, wann sich diese Krafterhöhung während einer Notsituation und den damit verbundenen Ereignissen ergibt, da der Zeitpunkt der Krafterhöhung eine wichtige Teilkomponente für die Nutzbarkeit des Kraftsignals innerhalb der Fahrerassistenz darstellt. Der

Zusammenfassende Diskussion

Vergleich der Griffkräfte während Notsituationen mit denjenigen Kräften, die sich während regulärer Fahrten ergeben, sollte offen legen, wie die Klassifikationsleistung eines Griffkraft messenden Lenkrades einzustufen ist und ob es Potenzial zu einer Anwendung als Gefahrensensor besitzt. Die hierfür notwendigen Baselinefahrten wurden mit jedem Proband und in unterschiedlichen Fahrumgebungen durchgeführt, um eine ausreichend valide Datenbasis zu erhalten.

Dazu wurden zwei umfangreiche Experimente durchgeführt, in denen insgesamt *fünf verschiedene Notsituationen* untersucht worden sind. Drei der Notsituationen fanden dabei auf dem universitätseigenen Testgelände statt. Während der ersten beiden experimentellen Situationen auf abgesperrter Strecke (Experiment I) wurden die Teilnehmer unvorbereitet und plötzlich mit einem Kollisionsgegenstand (großer Schaumstoffwürfel) auf der Straße konfrontiert und kollidierten mit diesem nach intensiver Bremsung. Das Manöver wurde bei zwei unterschiedlichen Geschwindigkeitsprofilen durchgeführt (60 km/h vs. 130 km/h), um mögliche Auswirkungen des Geschwindigkeitsprofils auf die Messungen feststellen zu können. Darüber hinaus wurden während *Experiment I* die bei selbst initiierten Vollbremsungen entstehenden Griffkräfte gemessen. Diese Bremsungen waren mit keiner Notsituation verbunden und wurden im Vorfeld der Würfelkollision durchgeführt. Zusätzlich beinhaltete Experiment I Bremsungen auf eine Ampel, die in ausreichender Entfernung auf rot umschaltete. Die Daten hierzu sollten Aufschluss über Griffkräfte bei Komfortbremsungen geben. Beide Manöver wurden abermals bei 60 km/h und bei 130 km/h durchgeführt, um eine Vergleichbarkeit zu den Notsituationen herzustellen. Ein weiteres Manöver auf abgesperrter Strecke war Teil von *Experiment II* und beinhaltete ein simuliertes

Kreuzungsszenario, in dem ein anderer Verkehrsteilnehmer vermeintlich eine rote Ampel übersehen hatte und abrupt in die Kreuzung einfuhr, die der Proband zu diesem Zeitpunkt überquerte. Das unverhältnismäßig schnelle Annähern des anderen Verkehrsteilnehmers erzeugte für den Probanden den Eindruck einer unmittelbar bevorstehenden Kollision. Das Fahrzeug zur Simulation des Querverkehrs bremste jedoch kurz vor der Kreuzung ab, eine reelle Kollisionsgefahr bestand somit zu keinem Zeitpunkt der experimentellen Situation. Die verbleibenden Szenarien waren ebenfalls Teil von Experiment II und fanden in realer Verkehrsumgebung statt. Die Versuchsteilnehmer bewegten die Fahrzeuge im normalen Straßenverkehr und wurden an bestimmten, zuvor sorgfältig ausgesuchten Punkten mit einer vermeintlichen Notsituation konfrontiert. An einem dieser Punkte führte die Straße an einem Fahrradweg entlang, auf dem einer der Versuchsleiter als Radfahrer verkleidet fuhr. Kurz vor der Vorbeifahrt des Versuchsfahrzeugs scherte der Radfahrer nach einem Funkzeichen des Versuchsleiters im Fahrzeug auf die Fahrbahn vor dem Egofahrzeug aus, um im Anschluss wieder auf den Radweg zurückzufahren. Dieses Ausscheren des Radfahrers war für den Probanden zuvor nicht abzusehen und passierte so unvermittelt, dass der Proband für kurze Zeit davon ausging, mit dem Radfahrer zu kollidieren. Durch intensives Training beider Versuchsleiter und konservative Wahl der Abstände von Fahrzeug und Fahrrad bestand jedoch zu keinem Zeitpunkt eine reale Gefahr für Versuchsleiter oder Proband. Während der zweiten Notsituation in realer Verkehrsumgebung wurde dem Egofahrzeug in einer verkehrsberuhigten Zone ohne Vorankündigung ein Fußball in kurzem Abstand vor das Fahrzeug geworfen. Für den Probanden schien es somit naheliegend, dass der Besitzer des Balls sofort nachfolgt und Gefahr läuft, mit dem Fahrzeug zu kollidieren.

Die während Experiment II realisierten Notsituationen wurden mit Bedacht so gestaltet, dass die Erfassung mit regulärer Sensorik moderner Fahrerassistenzsysteme kaum oder nicht möglich sein würde. So stellt die Detektion von Querverkehr nach wie vor eine große Herausforderung bei der Entwicklung moderner Sicherheitssysteme dar, die Ballsituation hingegen kann nur durch den menschlichen Fahrer in ihren möglichen Folgen (z.B. Kinder auf der Fahrbahn) richtig abgeschätzt werden. Um die Probanden von dem eigentlichen Versuchsziel abzulenken und die Notsituationen möglichst überraschend zu gestalten, waren die Fahrversuche weiterhin in eine Coverstory eingebunden, die den Teilnehmern ein falsches Untersuchungsziel vermittelte. Dies diente gleichzeitig der Plausibilisierung der verschiedenen Baselinemessungen, die den eigentlichen Notsituationen vorangingen. Während aller Probandenfahrten zu Experiment I und II erhielten die Probanden Anweisung, die Hände am Lenkrad auf drei und neun Uhr zu positionieren, um den Ort der entstehenden Griffkräfte konstant zu halten und eine angemessene Vergleichbarkeit der Kraftmuster zu erreichen.

Die *Analyse der Messdaten zur Betätigung der Pedalerie* ergab, dass jede der fünf untersuchten Notsituationen mit einem abrupten Wechsel des rechten Fußes vom Fahrpedal auf das Bremspedal einherging. Diese reflexartige Reaktion scheint prinzipiell mit einer Notsituation verbunden und gleichsam eine Standardreaktion von erfahrenen Autofahrern auf eine wahrgenommene Notsituation zu sein.

Dabei resultierten die unterschiedlichen Notsituationen der beiden Experimente in verschieden hohen Intensitäten des maximal registrierbaren Bremsdrucks, wobei die Bremsintensitäten nicht in jeder Situation höher ausfielen als während regulärer Komfortbremsungen (vgl. Tabelle 2 und Tabelle 10). Dies ist nicht auf die mögliche Tatsache zurückzuführen, dass diese Situationen von den Probanden als weniger kritisch wahrgenommen wurden. Bei genauerer Betrachtung von Notsituationen mit geringerem maximalen Bremsdruck als Komfortbremsungen wird deutlich, dass die potenziellen Kollisionsobjekte nur für einen kurzen Moment als solche von den Probanden wahrgenommen wurden und sich die Situation unmittelbar darauf wieder entschärfte. In diesen Situationen (Radfahrer, Querverkehr) korrigierten die potenziellen Kollisionsobjekte den Kurs blitzartig, sodass der Proband zwar erschrak, das Fahrzeug jedoch nicht bis zum Stillstand abbremste, da eine weitere Verzögerung des Fahrzeugs unnötig war. Demgegenüber resultierte die Situation „Spielball auf Straße" in fast allen Fällen in einer Bremsung bis zum Stillstand des Versuchsfahrzeugs, da der Ball direkt vor das Fahrzeug geworfen wurde und die Probanden jeden Augenblick mit dem Nachfolgen von Personen rechnen mussten. Auch die Notsituationen aus Experiment I zwangen die Teilnehmer, das Fahrzeug schnell bis zum Stillstand abzubremsen, da die Kollisionsobjekte (Schaumstoffwürfel) direkt in der Fahrbahn liegen blieben und ein Ausweichen durch die Streckenführung verhindert wurde. Während dieser Situationen wurde dem Fahrer erst nach dem Stillstand des Versuchsfahrzeuges klar, dass die Situation keine weitere Gefahr birgt. Die hier gemessenen Bremsintensitäten zeigen somit weit höhere Ausprägungen als Komfortbremsungen. So wird deutlich, dass das Maß der maximal aufgebrachten Bremskraft nicht zwangsläufig die Kritikalität einer simulierten Notsituation abbildet, sondern in Beziehung zur Lokation und Dynamik des potenziellen Kollisionsobjektes steht. Befindet sich dieses Objekt auch nach seinem plötzlichen Auftauchen im Fahrweg des Egofahrzeuges und muss der Fahrer nach dem Erscheinen des Objektes mit einer Kollision rechnen, bremst er das Fahrzeug schnell und konsequent bis zum Stillstand. Die entstehenden Bremskräfte richten sich in diesen Fällen nach der Ausgangsgeschwindigkeit des Egofahrzeugs. Erscheint das Objekt demgegenüber nur für kurze Zeit als ein potenzielles Kollisionsobjekt und korrigiert den Kollisionskurs sofort danach, entschärft sich die Situation für den Fahrer schon zu einem früheren Zeitpunkt und macht eine weitere Verzögerung des Fahrzeuges unnötig.

Anders verhält es sich mit der *Pedalwechselzeit* während Notsituationen, also der Zeit, die die Probanden benötigten, um den Fuß vom Fahrpedal auf das Bremspedal zu setzen. Innerhalb der Teilexperimente I und II ergaben sich für die Notsituationen keine signifikant unterschiedlichen Werte für dieses Maß und jede der Situationen resultierte weiterhin in geringeren Wechselzeiten als während Komfortbremsungen (vgl. Tabelle 3 und Tabelle 11). Über alle Notsituationen hinweg betrachtet zeigt die Pedalwechselzeit somit eine einheitlichere Ausprägung als der maximale Bremsdruck. Der Vergleich zu den Komfortbremsungen aus Experiment I zeigt weiterhin, dass die Wechselzeiten bei regulären Bremsungen ohne vorhandene Notsituationen fast einheitlich den doppelten Zeitraum in Anspruch nehmen, als die Wechselzeiten während Notsituationen. Ausgehend von der Annahme, dass ein besonders schneller Wechsel des rechten Fußes vom Fahrpedal auf die Bremse mit dem subjektiv wahrgenommenen Gefahrenniveau einer Fahrsituation verbunden ist, kann für beide Experimente festgehalten werden, dass es gelungen ist, Situationen zu realisieren, die sich in ihrer Kritikalität deutlich von normalen Fahrsituationen abheben.

Die zentrale Fragestellung nach den am **_Lenkradkranz aufgebrachten Griffkräften während Notsituationen_** wurde auf der Basis der Daten des Griffkraft messenden Lenkrades untersucht. Dabei ergab sich für jede der realisierten Notsituationen, dass sich neben dem obligatorischen Wechsel des rechten Fußes vom Fahrpedal auf das Bremspedal zusätzlich eine deutliche Erhöhung der Griffkraft zeigt (siehe Abbildung 44, Abbildung 53 und Anhänge H, I und J). Für die Verwendung der Lenkraddaten als Sensorsignal für ein sicherheitsorientiertes Assistenzsystem, welches möglichst früh eine Notsituation erkennen muss, um entsprechend darauf zu reagieren, sind die Messabschnitte vor der Bremsung des Probanden besonders relevant. Zum Zeitpunkt der vom Fahrer eingeleiteten Bremsung hat dieser die Situation interpretiert und reagiert entsprechend. Bremst er dabei zu zögerlich, greifen reguläre Bremsassistenten ein und verstärken automatisch den vom Fahrer aufgebrachten Bremsdruck (siehe Kapitel 2.4.2.1.2). Ein für die Situationsklassifikation zu verwendendes Signal ist demnach dann von besonderem Wert, wenn es schon vor der beginnenden Bremsung Informationen zur aktuellen Kritikalität liefert, um auf deren Basis vorbereitende Maßnahmen einleiten zu können (z.B. Vorbefüllung der Bremsanlage). Für die Auswertung der Lenkraddaten waren somit nur diejenigen Abschnitte relevant, die vor der Bremsung des Probanden lagen.

Die Suche nach dem **_zeitlichen Beginn der Krafterhöhungen_** am Lenkradkranz zeigte über alle Notsituationen hinweg, dass dieser Zeitpunkt mit dem Moment zusammenfällt, in dem der Fahrer beginnt, den Fuß vom Fahrpedal zu nehmen. Damit markiert dieser Punkt den Beginn der Pedalwechselzeit. Da während Experiment I mit der ersten, hypersensiblen Version des Lenkrades gearbeitet wurde (Funktionsstufe A), war die exakte zeitliche Bestimmung des Kraftanstieges während einzelner Messungen

Zusammenfassende Diskussion

(vgl. Abbildung 45) nicht möglich. Die gemeinsame Visualisierung aller Probandendurchgänge zeigte jedoch, dass der Kraftanstieg auf den relevanten Segmenten nicht vor dem Beginn der Pedalwechselzeit lag. Die Daten zu Experiment II hingegen basieren auf Messungen mit Funktionsstufe B des Griffkraft messenden Lenkrades und ließen die exakte Bestimmung des Fußpunktes eines Kraftanstieges am Lenkradkranz zu. Die zeitliche Differenz dieser Fußpunkte und derjenigen Messwerte, die dem Beginn der Pedalwechselzeit zugeordnet werden konnten, wich dabei nicht signifikant von null ab. Experiment II bestätigt damit die aus Experiment I entstandene Vermutung und somit die Wahl der Pedalwechselzeit als relevanter Zeitraum für die Bestimmung der Griffkraft. So steht fest, dass vor der Pedalwechselzeit nicht mit einem Kraftanstieg zu rechnen ist. Ab dem Ende der Pedalwechselzeit ist der zeitliche Gewinn für die Detektion einer Notsituation im Vergleich zu bestehenden Bremsassistenten auf ein Minimum gesunken. Die nun entstehenden Griffkräfte sind mit hoher Wahrscheinlichkeit vor allem auf das Abstützen des Fahrers während einer Notbremsung und der entstehenden Verzögerungskräfte zurückzuführen, die den Fahrer gegen das Lenkrad drücken (siehe auch Kapitel 3.2).

Für die Frage nach der *Lokation der am Lenkrad entstehenden Kräfte* lassen die Daten aus Experiment I und II unterschiedliche Schlüsse zu und liefern damit erst- und einmalig für die gesamte Arbeit vermeintlich widersprüchliche Ergebnisse. So ergaben die Auswertungen zu Experiment I, dass die während der Pedalwechselzeit registrierten Kräfte auf den relevanten Segmenten 01, 02, 04 und 05 nicht variieren. Auf Grundlage dieser Daten wären die Kräfte am vorderen und hinteren Teil des Lenkradkranzes als gleich hoch einzustufen. Die Messungen aus

Experiment II zeigen jedoch, dass die Kräfte auf den hinteren Segmenten 04 und 05 deutlich unter den Werten der beiden vorderen Segmente 01 und 02 liegen. Zusätzlich wurde deutlich, dass die hinteren Segmente in einem substanziellen Bestandteil der Fälle keinerlei Kraftänderungen während der Pedalwechselzeit registrieren. Da die Daten zu Experiment II mit der verbesserten Funktionsstufe B des Lenkrades erhoben wurden und daher Messdaten vorlagen, die exakter interpretiert werden konnten, kann diesen Daten im vorliegenden Fall das größere Gewicht beigemessen werden. Diese Erkenntnisse veranlassten dazu, die Segmente 04 und 05 für die weiteren Auswertungen der Daten zu Experiment II nicht weiter zu berücksichtigen, da keine verlässliche Information aus den Segmenten für die Einstufung der Kritikalität einer aktuellen Fahrsituation zu erwarten ist. Weiterhin kann der Schluss gezogen werden, dass die untersuchten Kraftmuster nicht auf einer klassischen Schreckreaktion beruhen, die ein „Verkrampfen" der Finger beinhaltet (siehe Kapitel 4). In diesem Fall würde der Fahrer den Lenkradkranz umgreifen und so auch von hinten Druck aufbauen. Da der Druck größtenteils von vorne auf das Lenkrad aufgebracht wurde, lassen die Ergebnisse darauf schließen, dass es sich um eine beginnende Abstützreaktion der Probanden handelt, die mit der anstehenden Bremsung einhergeht. Diese Abweichungen verdeutlichen nachträglich nochmals die Unterschiede zwischen Labor- und Feldexperiment. Die unter Laborbedingungen aufgezeichneten Daten von Landis & Hunt (1939) ermöglichen die vollständige Aufzeichnung und Untersuchung der menschlichen Schreckreaktion, jedoch mit großen Einschränkungen innerhalb der externen Validität. Die eigenen Untersuchungen hingegen wurden in spezifischen Zielsituationen des alltäglichen Verkehrsgeschehens angestellt und besitzen damit ein Maxmimun an externer Validität. Die Charakteristika der Versuchsumgebung führten jedoch dazu, dass die menschliche Schreckreaktion nicht in ihrer vollen Ausprägung provoziert werden konnte.

Die genaue Betrachtung der **Kraftwerte am Lenkradkranz** ergab während der Pedalwechselzeit aller untersuchten Notsituationen eine tendenziell höhere Ausprägung als während relevanter[34] Fahrabschnitte regulärer Fahrten ohne Notsituationen (Baselinefahrten). Dieses Verhältnis gilt auf geraden Straßenabschnitten und Kurvenabschnitten gleichermaßen. Experiment I konnte weiterhin Aufschluss darüber geben, inwieweit sich die Griffkräfte während der Pedalwechselzeit von Notbremsungen, selbst initiierten Vollbremsungen und Komfortbremsungen unterscheiden. Auch hier zeigten sich während der Notbremsungen die höchsten Griffkräfte. Sowohl der allgemeine Vergleich der während Notsituationen entstehenden Griffkräfte mit Kräften regulärer Fahrabschnitte als auch der gezielte Vergleich mit Kräften verschiedener Bremsmanöver ohne Gefahrengrundlage zeigt damit eine Tendenz in Richtung einer maximalen Ausprägung der Griffkräfte während Notsituationen. Für die Beurteilung des Griffkraft messenden Lenkrades als Sensor zur Situationsklassifikation ist es jedoch wichtig, die genaue Anzahl derjenigen Momente festzulegen, in denen das Lenkrad während regulärer Fahrten Kräfte detektiert, deren Werte über den Kräften von Notsituationen liegen. Da sich der Lenkradsensor zur Einschätzung der Kritikalität einer Fahrsituation auf die Kraftwerte von Notsituationen stützen muss, würde er während dieser Momente fälschlicherweise eine Notsituation detektieren und somit eine Fehlklassifikation der aktuellen Fahrsituation vornehmen. Die Anzahl solcher Fehlalarme kann in Relation zu der Zeitdauer der gesamten

---

[34] Als relevante Abschnitte gelten Perioden, in denen keine Betätigung des Fahrpedals und des Bremspedals zu verzeichnen ist. Für genauere Ausführung siehe 6.3.3.

Messung als Maß für die Klassifikationsleistung des Sensors herangezogen werden. Dabei ist jedoch entscheidend, wie hoch der Nutzen einer richtig eingestuften Gefahrensituation ist und in welchem Verhältnis dieser Nutzen zu einer Fehlklassifikation steht. Je nach Typ und Intensität des folgenden Systemeingriffes muss dabei das Verhältnis zwischen richtig und falsch eingestuften Situationen neu bewertet werden. Handelt es sich bei den Eingriffen eines Assistenzsystems um autonome Bremsungen, ist der Nutzen innerhalb einer richtig eingestuften Gefahrensituation unter Umständen sehr hoch, jedoch kann eine Fehlauslösung des Systems bei normalen Fahrsituationen, die kein Eingreifen erfordern, verheerende Folge haben. Unter diesen Bedingungen muss für den Einsatz des Systems eine exakte Situationsklassifikation gewährleistet sein und zusätzlich mit konservativen Auslöseschwellen gearbeitet werden (siehe Kapitel 2.4.2.1.3). Ein anderes Verhältnis zeigt sich bei weniger folgenreichen Systemeingriffen. So hat das Vorbefüllen der Bremsanlage beispielsweise weitaus geringere Konsequenzen bei einer Fehlauslösung des Systems und macht eine weniger exakte Klassifikation akzeptabler.

Die genaue *Anzahl der Fehlalarme* kann dabei auf zwei verschiedene Arten bestimmt werden (siehe Kapitel 6.3.5) Zum einen bietet sich ein intraindividueller Vergleich von Notsituationen und regulären Fahrten (Baseline) an. Dieses Vorgehen entspricht der Herangehensweise, Fahrzeuge individuell auf deren Nutzer abzustimmen, um dessen Eingaben exakter interpretieren zu können und damit die Anzahl von Fehlklassifikationen so weit wie möglich zu reduzieren. Zum anderen besteht die Möglichkeit, die Griffkraftmuster über alle Notsituationen hinweg zu aggregieren, um im Anschluss einen Gesamtvergleich mit allen vorliegenden Baselinemessungen anzustellen. Diese Methode entspricht einer allgemeinen Abstimmung von Fahrzeugen, die einen möglichst breiten Nutzerkreis zulassen soll, geht jedoch zulasten einer exakten Klassifikation und zwingt zu konservativen Schwellenauslegungen (siehe Kapitel 6.3.5). Für die Daten von Experiment I und II wurden beide Auswertungsmethoden jeweils getrennt nach Kurvenfahrten und geraden Fahrten der Baselinemessungen durchgeführt.

Die Anzahl der sich ergebenen Fehlalarme zeigte dabei, dass eine verlässliche Abgrenzung der Griffkräfte während Notsituationen zu denen regulärer Fahrsituationen nicht geglückt ist. Selbst bei alleiniger Betrachtung von geraden Fahrabschnitten, deren Griffkräfte tendenziell unter den Kräften liegen, die sich während Kurvenfahrten registrieren lassen, ergibt sich keine zufriedenstellende Klassifikation. Dies gilt für die Ergebnisse der intraindividuellen Methode, wie auch der interindividuellen Methode und weiterhin für die Daten beider Experimente. Zwar ergaben sich für die Funktionsstufe B des Lenkrades bessere Relationen zwischen Fehlalarmen und der Dauer der Baselinemessungen, jedoch führte selbst die beste Variante[35] dieser Relationen zu einer Statistik von einem Fehlalarm auf 20 s Baselinefahrt. Das Griffkraft messende Lenkrad zeigte sich damit auch in seiner überarbeiteten Variante, die weitaus exaktere Messungen der Kräfte zulässt, nicht als verlässlicher Sensor für die Einstufung der Kritikalität einer Fahrsituation. Selbst bei alleiniger Betrachtung von geraden Fahrten ergeben sich auch bei regulären Fahrsituationen sehr häufig Griffkräfte, die höher als die Kräfte während relevanter Zeitabschnitte von Notsituationen sind. Dieser Schluss lässt sich dabei für die intraindividuelle, wie auch für die interindividuelle Variante der Datenauswertung ziehen.

---

[35] Interindividuelles Vorgehen bei alleiniger Betrachtung der geraden Baselinefahrten

Um den Wert eines Griffkraft messenden Lenkrades innerhalb eines sicherheitsorientierten Assistenzsystems weiter zu prüfen, wurde die Klassifikationsleistung des Lenkrades mit anderen Sensoren verglichen, die ebenfalls haptische Eingaben des Fahrers nutzen, um Rückschlüsse auf die Kritikalität der aktuellen Fahrsituation zu ziehen. So werden bestimmte Eingaben des Fahrers an die Pedalerie des Fahrzeugs in modernen Assistenzsystemen als Reaktionen auf kritische Verkehrssituationen gedeutet und aufbauend auf diesen bestimmte Maßnahmen eingeleitet, die eine folgende Notsituation entschärfen sollen (siehe Kapitel 2.4.2.1.2). Dabei gelten die Geschwindigkeit, mit der das Fahrpedal losgelassen wird, wie auch die Pedalwechselzeit als Kriterien zur Klassifikation der Kritikalität der Fahrsituation[36]. Um Informationen zur *vergleichenden Sensorleistung von Pedalerie und Griffkraft messendem Lenkrad* zu erlangen, wurden auf der Basis der in den Experimenten realisierten Notsituationen Algorithmen entworfen, die die Betätigungsmuster der Pedalerie während der Notsituationen abbilden. Diese Algorithmen wurden auf die Baselinedaten angewendet, um deren Klassifikationsleistung mit einem weiteren Algorithmus zu vergleichen, der die Griffkräfte von Notsituationen abbildete. Der Lenkradalgorithmus hatte dabei die Daten aus Experiment II zur Basis und stützt sich damit auf Funktionsstufe B des Griffkraft messenden Lenkrades. Dementsprechend wurden die Baselinedaten aus Experiment II für die Vergleiche herangezogen, da diese mit der überarbeiteten Version des Lenkrades abgenommen worden sind. Darüber hinaus wurde geprüft, wie sich die Fusion der einzelnen Algorithmen auf die Klassifikationsleistung auswirkt, also wie sich die

---

[36] Zusätzlich gilt die Geschwindigkeit der Bremspedalbetätigung als Kriterium für eine Notsituation (siehe Kapitel 2.4.2.1.2). Das Ziel der hier präsentierten Arbeit besteht jedoch in der frühzeitigen Prädiktion einer Notsituation, zum Zeitpunkt der beginnenden Bremsung ist die Information aus dem Lenkrad nur noch von geringem Wert.

einzelnen Sensoren im *Sensorverbund* bewähren. Die Anzahl an falschen Alarmen galt dabei abermals als Maß für die Güte der Situationsklassifikation. Eine perfekte „Hit-Rate" wäre hierbei dann erreicht, wenn keine falschen Alarme entstehen würden. In diesem Fall würde der Klassifikator alle Fahrperioden der Baseline korrekt einstufen und nicht fälschlicherweise als Gefahrensituation klassifizieren.

Die oben beschriebenen Analysen bescheinigen dem Griffkraft messenden Lenkrad im Vergleich zu aktuell bestehenden haptischen Sensoren ein negatives Bild und bestätigen die Schlussfolgerungen der vorausgegangenen Auswertungen. So zeigte der Lenkradalgorithmus mit großem Abstand die meisten Fehlalarme (3286) während der Baselinemessungen. Werden demgegenüber die Informationen zu der Pedalbetätigung während Notsituationen beachtet und der daraus entstehende Algorithmus auf die Baselinedaten angewendet, ergeben sich während 40 Stunden Baselinefahrt nur sechs Fehlalarme. Dies bedeutet, dass die Pedalbetätigung während sechs Situationen ähnliche Charakteristika annahm wie während einer Notsituation, jedoch während 3286 Momenten Griffkräfte feststellbar waren, die denen einer Notsituation entsprechen. Dieses Verhältnis macht deutlich, dass aktuell im Fahrzeug befindliche Sensoren Notsituationen weitaus besser klassifizieren können als ein Griffkraft messendes Lenkrad.

Erst wenn die Lenkradinformationen mit in den Algorithmus zur Betätigung der Pedalerie des Fahrzeuges einfließen, macht sich ein Gewinn des Lenkradsensors bemerkbar. Der Vergleich verschiedener haptischer Sensoren im Fahrzeug zeigt somit an, dass das Griffkraft messende Lenkrad nur im Verbund mit anderen haptischen Sensoren Sinn macht. Der

Zugewinn kann sich jedoch nur in Fahrsituationen zeigen, in denen der Fahrer bei der Wahrnehmung der Notsituation tatsächlich das Fahrpedal betätigt und im Anschluss rapide auf das Bremspedal wechselt. Hat der Fahrer bei Eintreten der Notsituation den Fuß nicht auf dem Fahrpedal, wie beispielsweise während der Nutzung eines Tempomaten oder einer ACC-Funktion, kann weder der Fahrpedalgradient noch die Pedalwechselzeit zur Situationsklassifikation herangezogen werden. Damit würde im Anwendungsfall nur noch der Rückgriff auf die Griffkräfte am Lenkrad übrig bleiben. Der Wert des Lenkrads sinkt jedoch ohne Pedalerie auf ein Niveau, das keine sinnvolle Klassifikation ermöglicht (ca. ein Fehlalarm auf 20 s). Die rasant fortschreitende Entwicklung und Ausbreitung von Assistenzsystemen, die die Längsführung des Fahrzeugs regulieren (siehe Kapitel 2.4.2.1.1) führt zwangsläufig dazu, dass Situationen in denen der Fahrer das Fahrpedal nicht betätigen muss, in ihrer Häufigkeit enorm zunehmen. Diese Situationen bieten dem Lenkrad keinen entscheidenden Vorteil als Klassifikator und müssen bei einer Nutzenkalkulation des Lenkrades mit berücksichtigt werden.

Die in Kapitel 3 aufgestellten *zentralen Fragestellungen* der hier dargelegten Arbeit sind auf Grundlage der oben angeführten Ergebnisse der experimentellen Tätigkeiten mit dem Griffkraft messenden Lenkrad wie folgt zu beantworten:

[1] Die Wahrnehmung einer Notsituation im Straßenverkehr äußert sich beim Fahrer eines Kraftfahrzeugs verlässlich in einer Erhöhung der am Lenkradkranz registrierbaren Griffkräfte.

[2] Der zeitliche Beginn der Krafterhöhung ist während einer typischen Gefahrenbremsung mit dem Punkt verknüpft, an dem der Fahrer den Fuß vom Fahrpedal nimmt, um sofort im Anschluss die Bremse zu betätigen. Er liegt damit ca. 0.282 s vor dem Bremsbeginn.

[3] Die während relevanter Zeitabschnitte von Gefahrenbremsungen registrierbaren Kraftmuster am Lenkradkranz unterscheiden sich nicht ausreichend von Kraftmustern regulärer Fahrsituationen, um eine eindeutige Klassifikation von Notsituationen zu gewährleisten.

Eine *generelle Schlussfolgerung* zum Stellenwert eines Griffkraft messenden Lenkrades als Sensor innerhalb eines sicherheitsorientierten Fahrerassistenzsystems fällt damit nicht einheitlich aus und muss unter verschiedenen Gesichtspunkten Betrachtung finden.

Für sich allein genommen kann es dieser Sensor nicht bewerkstelligen, eine zuverlässige Klassifikation einer aktuellen Fahrsituation vorzunehmen. Vorteile des Lenkrades zeigen sich jedoch bei einer Kombination des Sensors mit anderen haptischen Sensoren. So wird die Sensorleistung von Fahrpedal und Bremspedal durch Mitberücksichtigung von Informationen des Griffkraft messenden Lenkrades sichtlich verbessert. Dieser Mehrwert des Lenkrades innerhalb des haptischen Sensorverbundes kann sich jedoch nur in Fahrperioden zeigen, in denen eine Betätigung des Fahrpedals vorliegt, da nur so bei Auftreten von Notsituationen Fahrpedalgradient und Pedalwechselzeit gemessen werden können. Ist dies nicht der Fall, bleibt das Lenkrad der alleinige haptische Sensor und ermöglicht keine sinnvolle Klassifikation. Die fortwährende Ausbreitung und Verfügbarkeit von Systemen zur automatisierten Längsführung des Fahrzeugs führt weiterhin dazu, dass diese Fahrperioden immer häufiger werden und schränkt die Nutzbarkeit des Lenkradsensors demnach für diesen Bereich weiter ein.

Im Hinblick auf die fortschreitende Entwicklung von Fahrerassistenzsystemen in anderen Bereichen eröffnen sich jedoch neue Felder, für die eine Anwendung des Griffkraft messenden Lenkrades denkbar ist. So ist die Nutzung von aktiven Spurhalteassistenten besonders während gerader Streckenverläufe (Autobahn oder gut ausgebaute Landstraße) sinnvoll, bei denen grundsätzlich nur geringe Lenkeingaben notwendig sind, die allenfalls korrigierenden Charakter besitzen (siehe Kapitel 2.4.2.2.1). Nutzt der Fahrer das System in dieser Fahrumgebung, muss er nur noch in Ausnahmefällen selbst lenken, da das System leichte Abweichungen von der Spurmitte selbst korrigiert. Die am Lenkrad aufgebrachte Griffkraft ist damit über weite Strecken mit großer Sicherheit sehr gering, da es für den fortwährenden Betrieb des Systems ausreicht, die Hände nur auf das Lenkrad zu legen („Hands-On"). Plötzliche Kraftänderungen des Fahrers als Reaktion auf Gefahrensituationen könnten sich während dieser Fahrabschnitte demnach deutlicher von Fahrperioden abheben, die keine Notsituationen beinhalten. Eine Überprüfung dieser Annahme steht jedoch noch aus und könnte Bestandteil zukünftiger Forschungsarbeiten sein.

Abbildungsverzeichnis

Abbildung 1: Audi Typ A (Quelle: www.100jahreauto.de); Typ Q7 (Quelle: www.audi.de) 9

Abbildung 2: Erfassungsbereiche verschiedener Umfeldsensoren (Quelle: Wallentowitz & Reif, 2006, S. 409) 14

Abbildung 3: Doppel-Radar-Anordnung mit asymmetrischen Vierstrahl-Radarsensoren (Quelle: Lucas, Held, Freundt, Klar & Maurer, 2008, S.2) 15

Abbildung 4: Erfassungsfeld eines Laserscanners bei horizontalem Scanbereich von 150° und 200 m Entfernung. (Quelle: Fürstenberg & Schulz, 2005, S. 722) 18

Abbildung 5: Schematische Darstellung des Signalflusses eines Videokamerasystems; ADC: Analog-Digital-Wandler. (Quelle: Wallentowitz & Reif, 2006, S. 420) 20

Abbildung 6: Nahinfrarot-System (links) und Ferninfrarot-System (rechts); IR: Infrarot; HMI: Display, ECU: Steuergerät. (Quelle: Wallentowitz & Reif, 2006, S. 433) 22

Abbildung 7: links: Ausgabe eines Nahinfrarotsystems; rechts: Ausgabe eines Ferninfrarotsystems (Quelle: Wallentowitz & Reif, 2006, S. 435)... 24

Abbildung 8: Ultraschallsensoren innerhalb der Anwendung eines Einparkassistenten. (Quelle: Knoll, 2004a, S. 276) 26

Abbildung 9: Messergebnisse verschiedener Sensoren bei paralleler Verwendung (Quelle: Dietmayer et al., 2005, S. 62) 28

Abbildung 10: Funktionsweise von Pre-Safe am Beispiel des Beifahrersitzes (Quelle: www.mercedes-benz.de) 31

Abbildung 11: „Driver Fatigue Monitor" zur Müdigkeitserkennung (Quelle: Blanco et al., 2009, S. 36-39) 33

Abbildung 12: Funktionsweise aktives Gaspedal (Quelle: Adell &Várhelyi, 2008, S. 39) 36

Abbildung 13: Funktionsweise von „Audi lane assist" (Quelle: www.audi.de) 39

Abbildung 14: Warnhinweise „BMW Nightvision" (Quelle: Ehmanns et al., 2008, S.119) 46

Abbildung 15: Sensorik und Warnlampen von „Audi Side Assist" (Quelle: www.audi.de) 48

Abbildung 16: links: Abbiegemanöver nach links; Mitte: Durchfahren einer Kreuzung mit Querverkehr; (Quelle: Fürstenberg et al., 2007, S. 10-11) 50

Abbildung 17: Funktionsweise von ACC-Systemen. (Quelle: Knoll, 2005, S. 234) 54

Abbildung 18: Aufbau des Bremsdrucks während einer Notbremsung für ungeübte Fahrer, Experten und mit Assistenz durch den BAS. (Quelle: Breuer et al., 2007, S. 2) 57

Abbildung 19: Sensorik von BAS-Plus. Quelle: Breuer & Gleissner, 2006, S. 395) 59

Abbildung 20: Sensorik von Pre-Safe. (Quelle: Henle et al., 2009, S.57) . 61

Abbildung 21: Kritische Situationen, die einen ELA-Eingriff provozieren (Quelle: Eidehall et al., 2007, S. 88) 70

Abbildung 22: Auffahren auf ein Stauende. Relativgeschwindigkeit: 160 km/h. (Quelle: Stämpfle & Branz, 2008, S. 10) 75

Abbildung 23: Annäherung an ein abbiegendes Fahrzeug. Relativgeschwindigkeit: 20 km/h. (Quelle: Stämpfle & Branz, 2008, S. 10) 75

Abbildung 24: Vergleichende Stärken des menschlichen Fahrers und technischer Systeme. (Quelle: Kompaß, 2008, S. 265) 77

Abbildung 25: Ablauf einer Gefahrenbremsung auf den Variablen „Fahrpedalstellung" und „Bremsdruck" 80

Abbildung 26: Menschlicher Schreckreflex (Quelle: Landis & Hunt, 1939, S. 22) 86

Abbildung 27: Anbringung der Videosensorik im Versuchsfahrzeug Audi A6 91

Abbildung 28: Anbringung des Versuchsrechners und Sitzplatz des Versuchsleiters 92

Abbildung 29: Wicklung der optischen Faser 93

Abbildung 30: links: Vollreflexion der POF; rechts: Teilreflexion der POF bei Biegung 93

Abbildung 31: links: Seitenansicht des Lenkradsensors; rechts: Querschnitt des Lenkradsensors 94

Abbildung 32: Aufteilung der Messsegmente auf der Vorder- und Hinterseite des Lenkrades 94

Abbildung 33: Auswerteelektronik des Griffkraft messenden Lenkrades . 96

Abbildung 34: Exemplarische Darstellung eines Über- und Unterlauf-Resets 97

Abbildung 35: Werteverlauf bei zweimaliger Betätigung eines Lenkradsegmentes (Funktionsstufe A) 99

Abbildung 36: Annähernd zeitgleiche Betätigung zweier Segmente mit unterschiedlicher Kraft (Funktionsstufe A) 100

Abbildung 37: Darstellung des Werteverlaufes während einer Krafterhöhung mit und ohne retrospektive Bereinigung um Resets (Funktionsstufe A). 101

Abbildung 38: Werteverlauf bei zweimaliger, kräftiger Betätigung eines Lenkradsegmentes (Funktionsstufe B) 102

Abbildung 39: Zeitgleiche Betätigung zweier Segmente mit unterschiedlicher Kraft (Funktionsstufe B). 103

Abbildung 40: Zwei Beispielszenarien für Unfälle im Längsverkehr 104

Abbildung 41: Anhänger und Kollisionsobjekt (Schaumstoffwürfel) 110

Abbildung 42: Schematischer Ablauf einer Notbremsung bei Experiment I 112

Abbildung 43: Schematische Übersicht zum Versuchsablauf von Experiment I 113

Abbildung 44: Zentrale Tendenz (Median) der Notbremsung aus 130 km/h über alle Probanden aus der entsprechenden Bedingung.......................... 116

Abbildung 45: Ausschnitt der am Lenkrad aufgebrachten Griffkräfte während einer Notbremsung aus 130 km/h... 124

Abbildung 46: Exemplarische Darstellung der Zählung von Überlauf-Resets während der Pedalwechselzeit einer Notbremsung aus 130 km/h 127

Abbildung 47: Bestimmung der Startpunkte eines Zeitfensters bei Einteilung der Baselinefahrten in kurze Zeitabschnitte einer bestimmten Länge 130

Abbildung 48: Bestimmung vier zeitlich korrespondierender Ausschnitte auf den relevanten Messsegmenten mit der Länge von 0.238 s 131

Abbildung 49: Schematische Übersicht zum Versuchsablauf von Experiment II 153

Abbildung 50. Szenario für experimentelle Situation „Unerwarteter Querverkehr"... 155

Abbildung 51: Szenario für experimentelle Situation „Unaufmerksamer Fahrradfahrer"... 156

Abbildung 52: Szenario für experimentelle Situation „Spielball auf Straße"..156

Abbildung 53: Zentrale Tendenz (Median) der Notsituation „Unerwarteter Querverkehr" über alle Probanden aus der entsprechenden Bedingung .. 158

Abbildung 54: Ausschnitt der am Lenkrad aufgebrachten Griffkräfte während einer Notsituation „Unerwarteter Querverkehr" 165

Abbildung 55: Bestimmung der maximalen Kraft und des maximalen Kraftgradienten für den Zeitraum der Pedalwechselzeit eines Notbremsmanövers 168

Abbildung 56: Gefahrenbremsung auf den Variablen „Fahrpedalstellung" und „Bremsdruck"... 189

Abbildung 57: Gefahrenbremsung auf den Variablen „Fahrpedalstellung" und „Bremsdruck"... 190

Tabellenverzeichnis

Tabelle 1: Altersverteilung und Fahrerfahrung der Teilnehmer an Experiment I 107

Tabelle 2: Deskriptive Statistik zu dem maximalen Bremsdruck der verschiedenen Bremsmanöver 119

Tabelle 3: Deskriptive Statistik zu den Pedalwechselzeiten während verschiedener Bremsmanöver 120

Tabelle 4: Mann-Whitney-Tests für die Gruppenvariablen „Bremsmanöver" und der Testvariable „Maximaler Bremsdruck", getrennt für die einzelnen Gruppenvergleiche 122

Tabelle 5. Mann-Whitney-Tests für die Gruppenvariablen „Bremsmanöver" und der Testvariable „Pedalwechselzeit", getrennt für die einzelnen Gruppenvergleiche 123

Tabelle 6: Mittlere Anzahl an Überlauf-Resets während der Pedalwechselzeit der verschiedenen Bremsmanöver, getrennt nach den einzelnen Lenkradsegmenten 128

Tabelle 7: Mittlere Anzahl an Überlauf-Resets für die Baselinefahrten getrennt nach Kurvenfahrten und geraden Fahrten über Zeitfenster von 0.238 s 132

Tabelle 8: Mann-Whitney-Tests für die Gruppenvariablen „Bremsmanöver" und der Testvariable „Überlauf-Resets", getrennt für die einzelnen Gruppenvergleiche 134

Tabelle 9: Deskriptive Statistik für die Anzahl der Fehlalarme und relativer Zeitanteil von Zeitfenstern mit Fehlalarmen während der Baselinemessung für den intraindividuellen Vergleich der Griffkräfte bei Notbremsmanövern und Baselinefahrten ohne Notsituationen 139

Tabelle 10: Deskriptive Statistik zum maximalen Bremsdruck (in bar) der verschiedenen Bremsmanöver 160

Tabelle 11: Deskriptive Statistik zu den Pedalwechselzeiten (in Sekunden) während verschiedener Bremsmanöver 161

Tabelle 12: Mann-Whitney-Tests für die Gruppenvariablen „Notsituation" und der Testvariable „Maximaler Bremsdruck", getrennt für die einzelnen Gruppenvergleiche 162

Tabelle 13: Deskriptive Statistik zu den zeitlichen Differenzen zwischen den Zeitstempeln für t-S1 / t-S2 und t1 in Sekunden 166

Tabelle 14: Deskriptive Statistik zu Kraftintensitäten und Gradienten des Kraftanstieges (Wertanstieg pro Sekunde) innerhalb der Pedalwechselzeit der einzelnen Notsituationen 169

Tabelle 15: Deskriptive Statistik zu maximalen Kraftintensitäten und Kraftgradienten (Werteanstieg pro Sekunde) während Baselinemessungen getrennt nach Kurvenfahrten und geraden Fahrten über Zeitfenster von 0.282 s.. 170

Tabelle 16: Deskriptive Statistik für die Anzahl der Fehlalarme und relativer Zeitanteil von Zeitfenstern mit Fehlalarmen während der Baselinemessung für den intraindividuellen Vergleich der Griffkräfte während Notbremsmanövern und Baselinefahrten ohne Notsituationen . 174

Tabelle 17: Deskriptive Statistiken zu den Fahrpedalgradienten (Änderung Fahrpedalstellung pro Sekunde) über alle Notsituationen aus Experiment II für die Zeitfenster 40 ms, 60 ms und 80 ms 189

Tabelle 18: Anzahl der Fehlalarme verschiedener Sensoralgorithmen und deren Kombination.. 194

Literaturverzeichnis

Abe, G. & Richardson, J. (2006). Alarm timing, trust and driver expectation for forward collision warning systems. *Applied Ergonomics, 37*(5), S. 577-586.

Abendroth, B., Weiße, J. & Landau, K. (2006). Menschliche Anforderungen. In B. Breuer & K.H. Bill (Hrsg.), *Bremsenhandbuch: Grundlagen, Komponenten, Systeme, Fahrdynamik* (3. Aufl., S. 39-47). Wiesbaden: Vieweg.

Adell, E. & Várhelyi, A. (2008). Driver comprehension and acceptance of the active accelerator pedal after long-term use. *Transportation Research Part F: Traffic Psychology and Behaviour, 11*(1), S. 37-51.

Alkim, T.P., Bootsma, G. & Hoogendoorn, S.P. (2007). Field Operational Test -The Assisted Driver. *Proceedings of the IEEE Intelligent Vehicles Symposium*, (S. 1198-1203). Istanbul, Türkei.

Bachmann, R., Merz, U. & Bogenrieder, R. (2009). Das PRE-SAFE-System. Neue Funktionen ergänzen den präventiven Insassenschutz. *Automobiltechnische Zeitschrift EXTRA - Die neue E-Klasse von Mercedes Benz, 111*, S. 80-83.

Baum, D., Hamann, C.D. & Schubert, E. (1997). High Performance ACC System Based on Sensor Fusion with Distance Sensor, Image Processing Unit, and Navigation System. *Vehicle System Dynamics, 28*(6), S. 327-338.

Baumann, K.H., Justen, R. & Schöneburg, R. (2003). PRE-SAFE – The next step in the enhancement of vehicle safety. *Proceedings of the 18th International Technical Conference on the Enhanced Safety of Vehicles,* (Paper No. 410). Negoya, Japan.

Ben-Yaacov, A., Maltz, M. & Shinar, D. (2002). Effects of an in-vehicle collision avoidance warning system on short- and long-term driving performance. *Human Factors, 44*(2), S. 335-342.

Bertozzi, M., Broggi, A., Caraffi, C., Del Rose, M., Felisa, M. & Vezzoni, G. (2007). Pedestrian detection by means of far-infrared stereo vision. *Computer Vision and Image Understanding, 106* (2-3), S. 194-204.

Biffar, F., Lassowski, R. & Sielaff, S. (2010). Der Audi A7 Sportback – Kurs auf ein neues Marktsegment. *Automobiltechnische Zeitschrift, 112*(11), S. 820 - 827.

Blanco, M., Bocanegra, J.L., Morgan, J.F., Fitch, G.M., Medina, A., Olson, R.L., Hanowski, R.J., Daily, B., Zimmermann, R.P., Howarth, H.D., Di Domenico, T.E., Barr, L.C., Popkin, S.M. & Green, K. (2009). *Assessment of a Drowsy Driver Warning System for Heavy-Vehicle Drivers* (DOT HS 811 117). Washington, DC, USA: U.S. Department of Transportation, National Highway Traffic Safety Administration.

Blaschke, C., Breyer, F., Färber, B., Freyer, J. & Limbacher, R. (2009). Driver distraction based lane-keeping assistance. *Transportation Research Part F: Traffic Psychology and Behaviour, 12*(4), S. 288-299.

Bliss, J.P. & Acton, S.A. (2003). Alarm mistrust in automobiles: How collision alarm reliability affects driving. *Applied Ergonomics, 34(6)*, S. 499-509.

Bortz, J. (1993). Einleitung: Empirische Forschung und Statistik. In J. Bortz (Hrsg.), *Statistik für Sozialwissenschaftler* (4. Aufl.). Berlin: Springer.

Bosch (2007). *Kraftfahrtechnisches Taschenbuch* (26. Aufl.). Wiesbaden: Vieweg.

Bose, A. & Ioannou, P. (2001). Evaluation of the Environmental Effects of Intelligent Cruise Control (ICC) Vehicles. *80th Annual Meeting of the Transportation Research Board,* (S. 90-97). Washington, DC, USA.

Breitling, T., Breuer, J., Dragon, L., Rutz, R., Leucht, M., Pasquini, J., Petersen, U., Mücke S. & Tattersall, S. (2009). Sicheres Fahren. *Automobiltechnische Zeitschrift EXTRA - Die neue E-Klasse von Mercedes Benz,111, S. 72-80.*

Breuer, J.J. & Gleissner, S. (2006). Neue Systeme zur Vermeidung bzw. Folgenminderung von Auffahrunfällen. In VDI-Gesellschaft Fahrzeug- und Verkehrstechnik (Hrsg.), *Integrierte Sicherheit und Fahrerassistenzsysteme – VDI-Berichte Nr. 1960* (S. 393-402). Düsseldorf: VDI-Verlag.

Breuer, J.J., Faulhaber, A., Frank, P. & Gleissner, S. (2007). Real world safety benefits of brake assistance systems. *20th International Technical Conference on the Enhanced Safety of Vehicles,* (Paper No. 07-0103-O). Lyon, Frankreich.

Breuer, K. & Ottenhues, T. (2007). Mehr Sicherheit, weniger Kosten - Die autonome Notbremsung im Nutzfahrzeug wird kommen. *Verkehr und Technik, 60*(10), S. 388-390.

Brown, S.B., Lee, S.E., Perez, M.A., Doerzaph, Z.R., Neale, V.L. & Dingus, T.A. (2005). Effects of Haptic Brake Pulse Warnings on Driver Behavior during an Intersection Approach. *Proceedings of the 49th Human Factors and Ergonomics Society Annual Meeting*, (S. 1892-1896). Orlando, FL, USA.

Burckhardt, M. (1985). *Reaktionszeiten bei Notbremsvorgängen.* Köln: TÜV Rheinland.

Cacioppo, J.T., Tassinary, L.G. & Berntson, G.G. (2007). *Handbook of Psychophysiology* (3. Aufl.). New York: Cambridge University Press.

Chen, M., Jochem, T. & Pomerleau, D. (1995). AURORA: A Vision-Based Roadway Departure Warning System. *Proceedings of the international. IEEE Conference of Intelligent Robots and Systems,* (S. 243-248). Pittsburgh, PA, USA.

Chen, J., Deutschle, S. & Fürstenberg, K. Ch. (2007). Evaluation Methods and Results of the INTERSAFE Intersection Assistants. *Proceedings of IEEE Intelligent Vehicles Symposium*, (S. 142-147). Istanbul, Türkei.

Clanton, J.M., Bevly, D.M. & Hodel, A.S. (2009). A Low-Cost Solution for an Integrated Multisensor Lane Departure Warning System. *IEEE Transactions on intelligent Transportation Systems, 10* (1), S. 47-59.

Cohen, J. (1988). *Statistical power analysis for the behavioural sciences* (2. Aufl.). Hillsdale: Lawrence Erlbaum Assoc Inc..

Cohen, J. (1992). A power primer. *Psychological Bulletin, 112*(1), S. 155 – 159.

Comte, S.L. & Jamson, A.H. (2000). Traditional and innovative speed-reducing measures for curves: an investigation of driver behaviour using a driving simulator. *Safety Science, 36*(3), S. 137-150.

Cook, E.W., Hawk, L.W., Davis, T.L. & Stevenson, V.E. (1991). Affective individual differences and startle reflex modulation. *Journal of Abnormal Psychology, 100*(1), S. 5-13.

Cook, E.W., Davis, T.L., Hawk, L.W., Spence, E. L. & Gautier, C.H. (1992). Fearfulness and startle potentiation during aversive visual stimuli. *Psychophysiology, 29*(6), S. 633–645.

Dang, T., Hoffmann, C. & Stiller, C. (2005). Visuelle mobile Wahrnehmung durch Fusion von Disparität und Verschiebung. In M. Maurer & C. Stiller (Hrsg.), *Fahrerassistenzsysteme mit maschineller Wahrnehmung* (S. 21-42). Berlin: Springer Verlag.

Dietmayer, K., Kirchner, A. & Kämpchen, N. (2005). Fusionsarchitekturen zur Umfeldwahrnehmung für zukünftige Fahrerassistenzsysteme. In M. Maurer & C. Stiller (Hrsg.), *Fahrerassistenzsysteme mit maschineller Wahrnehmung* (S. 59-88). Berlin: Springer.

Dingus, T.A., Hardee, H.L. & Wierwille, W.W. (1987). Development of models for on-board detection of driver impairment. *Accident Analysis and Prevention, 19* (4), S. 271-283.

Distner, M., Bengtsson, M., Broberg, T. & Jakobsson, L. (2009). City Safety - A system addressing rear-end collisions at low speeds. *Proceedings of 21th International Technical Conference on the Enhanced Safety of Vehicles,* (Paper No. 09-0371). Stuttgart, Deutschland.
Dorsch, F., Häcker, H. & Stapf, K. (1994). *Psychologisches Wörterbuch* (12. Aufl.). Bern: Huber Verlag

Duba, G.P. & Bock, T. (2008). Adaptive Cruise Control. *Automobiltechnische Zeitschrift EXTRA – Der neue Audi Q5, 110*, S. 65-72.

Ehmanns, D., Aulbach, J., Strobel, T., Mayser, C., Kopf, M., Discher, C., Fischer, J., Oszwald, F. & Orecher, S. (2008). Aktive Sicherheit und Fahrerassistenz. *Automobiltechnische Zeitschrift EXTRA – Der neue BMW 7er, 110*, S. 114-119.

Eidehall, A., Pohl, J., Gustafsson, F. & Ekmark, J. (2007). Toward Autonomous Collision Avoidance by Steering. *IEEE Transactions on Intelligent Transportation Systems, 8* (1), S. 84-94.

Fang, Y., Masaki, I. & Horn, B. (2001). Distance Range Based Segmentation in Intelligent Transportation Systems: Fusion of Radar and Binocular Stereo. *Proceedings of IEEE Intelligent Vehicles Symposium*, (S. 171-176). Tokyo, Japan.

Färber, B. & Maurer, M. (2005). Nutzer- und Nutzen-Parameter von Collision Warning und Collision Mitigation Systemen. In M. Maurer & C. Stiller (Hrsg.), *3. Workshop Fahrerassistenzsysteme* (S. 47-55). Walting, Deutschland.

Field, A. (2009a). Testing whether a distribution is normal. In A. Field (Hrsg.), *Discovering Statistics using SPSS* (3. Aufl., S. 144-148). London: Sage Publications.

Field, A. (2009b). The median. In A. Field (Hrsg.), *Discovering Statistics Using SPSS* (3. Aufl., S. 21-22). London: Sage Publications.

Fitch, G.M., Kiefer, R.J., Hankey, J. M. & Kleiner, B. M. (2007). Toward Developing an Approach for Alerting Drivers to the Direction of a Crash Threat. *Human Factors, 49*(4), S. 710-720.

Fitch, G,M., Rakha, H.A., Arafeh, M., Blanco, M., Gupta, S.K., Zimmermann, R.P. & Hanowski, R.J. (2008). *Safety Benefit Evaluation of a Forward Collision Warning System* (DOT HS 810 910). Washington, DC, USA: U.S. Department of Transportation, National Highway Traffic Safety Administration.

Flaten, M.A. (2002). Test–retest reliability of the somatosensory blink reflex and its inhibition. *International Journal of Psychophysiology, 45*(3), S. 261-265.

Freyer, J., Winkler, L., Warnecke, M. & Duba, G. P. (2010). Eine Spur aufmerksamer - Der Audi Active Lane Assist. *Automobiltechnische Zeitschrift, 112*(12), S. 926-930.

Friedrichs, F. & Yang, B. (2010). Drowsiness monitoring by steering and lane data based features under real driving conditions. Proceedings of the *18th European Signal Processing Conference* (S. 209-213). Aalborg, Dänemark.

Fürstenberg, K.Ch. (2005). A new European approach for intersection safety—the EC-Project INTERSAFE. *Proceedings of IEEE Intelligent Transportation Systems,* (S. 432-436). Wien, Österreich.

Fürstenberg, K.Ch. & Lages, U. (2003). *Pedestrian detection and classification by laserscanners.* Präsentiert 2003 bei 9th EAEC International Congress. Artikel abgerufen am 15.05.2012 von: http://ibeo-as.com/images/stories/pdf/eaec_2003_fuerstenberg_final_paris.pdf

Fürstenberg, K.Ch. & Schulz, R. (2005). Laserscanner für Fahrerassistenzsysteme. *Automobiltechnische Zeitschrift, 107*(09), S. 718-727.

Fürstenberg, K.Ch., Hopstock, M., Obojski, A., Rössler, B., Chen, J., Deutschle, S., Benson, C., Weingart, J. & Chinea Manrique de Lara, A. (2007). *INTERSAFE Final Report* (40.75). Abgerufen am 15.05.2012 von PReVENT: http://prevent.ertico.webhouse.net/en/public_documents/deliverables/d4075_intersafe_final_report.htm

Gayko, J. (2005). Evaluierung eines Spurhalteassistenten für das „Honda Intelligent Driver Support System". In M. Maurer & C. Stiller (Hrsg.), *Fahrerassistenzsysteme mit maschineller Wahrnehmung* (S. 189-202). Berlin: Springer.

Gayko, J. & Kodaka, K. (2005). Intelligent Systems for Active and Preventive Safety – Collision Mitigation Brake System. In M. Maurer & C. Stiller (Hrsg.), *3. Workshop Fahrerassistenzsysteme* (S. 41-46). Walting, Deutschland.

Geduld, G. (2009). Lidarsensorik. In H. Winner, S. Hakuli & G. Wolf (Hrsg.), *Handbuch Fahrerassistenzsysteme: Grundlagen, Komponenten und Systeme für aktive Sicherheit und Komfort* (S. 172-186). Wiesbaden: Vieweg & Teubner.

Gehrig, S.K., Wagner, S., Franke, U. (2003). System architecture for an intersection assistant fusing image, map, and GPS information. *Proceedings of the IEEE Intelligent Vehicles Symposium*, (S. 144-149). Columbus, OH, USA.

Gern, A., Gern, T., Franke, U. & Breuel, G. (2001). Robust Lane Recognition Using Vision and DGPS Road Course Information. *Proceedings of the IEEE Intelligent Vehicles Symposium*, (S. 1-6). Tokyo, Japan.

Göhlich, D. (2008). Innovationen der Fahrzeugtechnik am Beispiel der Mercedes-Benz S-Klasse. In V. Schindler & I. Sievers (Hrsg.), *Forschung für das Auto von Morgen: Aus Tradition entsteht Zukunft* (S. 129-154). Berlin: Springer.

Goldbeck, J., Hürtgen, B., Ernst, S. & Kelch, L. (2000). Lane following combining vision and DGPS. *Image and Vision Computing, 18*(5), S. 425-433.

Hargutt, V. (2003). *Das Lidschlussverhalten als Indikator für Aufmerksamkeits- und Müdigkeitsprozesse bei Arbeitshandlungen - VDI-Fortschritt-Bericht Nr. 17 (233)*. Düsseldorf: VDI-Verlag.

Häring, J., Wilhelm, U. & Branz, W. (2009). Entwicklungsstrategie für Kollisionswarnsysteme im Niedrigpreis-Segment. *Automobiltechnische Zeitschrift, 111*(3), S. 182-186.

Heißing, B. & Ersoy, M. (2007). Bremsassistenz. In B. Heißing & M. Ersoy (Hrsg.), *Fahrwerkhandbuch* (S. 546-547). Wiesbaden: Vieweg.

Henle, L., Regensburger, U., Danner, B., Hentschel, E. & Hämmerling, C. (2009). Fahrerassistenzsysteme. *Automobiltechnische Zeitschrift EXTRA - Die neue E-Klasse von Mercedes Benz, 111*, S. 56-62.

Hillenbrand, J. (2007). *Fahrerassistenz zur Kollisionsvermeidung - Fortschritt-Bericht Nr. 12 (669)*. Düsseldorf: VDI-Verlag.

Hoffman, J.D., Lee, J.D. & Hayes, E.M. (2003). *Driver Preference of Collision Warning Strategy and Modality*. Präsentiert 2003 bei Second International Driving Symposium on Human Factors in Driver Assessment, Training and Vehicle Design. Abstract abgerufen am 17.05.2012 von: http://drivingassessment.uiowa.edu/DA2003/pdf/18_Hoffmanformat.pdf

International Organization for Standardization. (2008). *Intelligent transport systems - Lane change decision aid systems (LCDAS) - Performance requirements and test procedures - ISO 17387*. Berlin: Beuth Verlag.

International Organization for Standardization. (2009). *Intelligent transport systems - Full speed range adaptive cruise control (FSRA) systems - Performance requirements and test procedures – ISO 22179*. Berlin: Beuth Verlag.

International Organization for Standardization. (2010). *Intelligent transport systems - Adaptive Cruise Control systems - Performance requirements and test procedures – ISO 15622*. Berlin: Beuth Verlag.

Jan, T., Karnahl, T., Seifert, K., Hilgenstock, J. & Zobel, R. (2005). Don't sleep and drive – VWs fatigue detection technology. *Proceedings of the 19th International Conference on Enhanced Safety of Vehicles,* (Paper Number: 05-0037). Washington, DC, USA.

Kiefer, R.J. & Hankey, J.M. (2008). Lane change behavior with a side blind zone alert system. *Accident Analysis & Prevention, 40* (2), S. 683-690.

Kiesewetter, W., Klinker, W., Reichelt, W. & Steiner, M. (1997). Der neue Brake-Assist von Mercedes-Benz – aktive Fahrunterstützung in Notsituationen. *Automobiltechnische Zeitschrift, 99*(6), S. 330-339.

Knoll, P. (2004a). Einparksysteme. In Bosch (Hrsg.), *Sicherheits- und Komfortsysteme* (3. Aufl., S. 276-281). Wiesbaden: Vieweg.

Knoll, P. (2004b). Fahrerassistenzsysteme. In Bosch (Hrsg.), *Sicherheits- und Komfortsysteme* (3. Aufl., S. 270-275). Wiesbaden: Vieweg.

Knoll, P. (2005). Prädiktive Fahrerassistenzsysteme - vom Komfortsystem zur aktiven Unfallvermeidung. *Automobiltechnische Zeitschrift, 107*(3), S. 230-237.

Knoll, P. (2010a). Nachtsichtsysteme. In K. Reif (Hrsg.), *Fahrstabilisierungssysteme und Fahrerassistenzsysteme* (S. 210-213). Wiesbaden: Vieweg + Teubner.

Knoll, P. (2010b). Sensorik für Fahrzeugrundumsicht. In K. Reif (Hrsg.), *Fahrstabilisierungssysteme und Fahrerassistenzsysteme* (S. 130-145). Wiesbaden: Vieweg & Teubner.

Kompaß, K. (2008). Fahrerassistenzsysteme der Zukunft – auf dem Weg zum autonomen PKW? In V. Schindler & I. Sievers (Hrsg.), *Forschung für das Auto von Morgen – Aus Tradition entsteht Zukunft* (S. 261-285). Berlin: Springer.

Koziol, J., Inman, V., Carter, M., Hitz, J., Najm, W., Chen, S., Lam, A., Penic, M., Jensen, M., Baker, M., Robinson, M., Goodspeed, C. (1999). *Evaluation of the Intelligent Cruise Control System Volume I - Study Results* (DOT HS 808 969). Washington, DC, USA: U.S. Department of Transportation, National Highway Traffic Safety Administration.

Kramer, F. (2009). Sicherheitsmaßnahmen. In F. Kramer (Hrsg.), *Passive Sicherheit von Kraftfahrzeugen: Biomechanik - Simulation - Sicherheit im Entwicklungsprozess* (3. Aufl., S. 143-239). Wiesbaden: Vieweg.

Kühn, M., Fröming, R. & Schindler, V. (2007). *Fußgängerschutz - Unfallgeschehen, Fahrzeuggestaltung, Testverfahren*. Berlin: Springer-Verlag.

Lai, F., Hjälmdahl, M., Chorlton, K. & Wiklund, M. (2010). The long-term effect of intelligent speed adaptation on driver behaviour. *Applied Ergonomics, 41* (2), S. 179-186.

Landis, C. & Hunt, W. A. (1939). *The Startle Pattern*. New York: Farrar and Rinehart.

Lang, P.J. (1995). The emotion probe: Studies of motivation and attention. *American Psychologist, 50*(5), S. 372-385.

LeBlanc, D. J., Johnson, G. E., Venhovens, P. J.T., Gerber, G., DeSonia, R., Ervin, R.D., Chiu-Feng, L., Ulsoy, A.G. & Pilutti, T.E. (1996). CAPC: A road-departure prevention system. *IEEE Control Systems, 16* (6), S. 61-71.

LeBlanc, D., Sayer, J., Winkler, C., Ervin, R., Bogard, S., Devonshire, J., Mefford, M., Hagan, M., Bareket, Z., Goodsell, R. & Gordon, T. (2006). *Road Departure Crash Warning System Field Operational Test: Methodology and Results – Volume 1: Technical Report* (UMTRI-2006-9-1). Ann Arbor, MI, USA: The University of Michigan, Transportation Research Institute (UMTRI).

Lee, J.D., McGehee, D.V., Brown, T.L. & Reyes, M.L. (2002). Collision warning timing, driver distraction, and driver response to imminent rear-end collisions in a high-fidelity driving simulator. *Human Factors: The Journal of the Human Factors and Ergonomics Society, 44*(2), S. 314–334.

Leuchtenberg, B. & Abel, H.B. (2007). Unterstützung des Fahrers bei der Nachtfahrt – Gestaltung und Bewertung der Darstellung eines Night Vision Systems mit Fußgängermarkierung im Head-up-Display. In VDI-Gesellschaft Fahrzeug- und Verkehrstechnik (Hrsg.), *Fahrer im 21. Jahrhundert - VDI-Berichte Nr. 2015* (S. 219-230). Düsseldorf: VDI-Verlag.

Limbacher, R. & Färber, B. (2010). Kombination von Abstandsregelsystem und Stop&Go-Funktion im Audi A8. *Automobiltechnische Zeitschrift - Elektronik, 5*(2), S. 30-35.

Lloyd, M.M., Wilson, G.D., Nowak, C.J., Alvah, C. & Bittner, A.C. (1999). Brake pulsing as haptic warning for an intersection collision avoidance countermeasure. *Transportation Research Record: Journal of the Transportation Research Board, 1694*, S. 34-41.

Lucas, B., Held, R., Freundt, D., Klar, M. & Maurer, M. (2008). Frontsensorsystem mit Doppel Long Range Radar. In M. Maurer & C. Stiller (Hrsg.), *5. Workshop Fahrerassistenzsysteme* (S. 1-11). Walting, Deutschland.

Marberger, C. (2007). *Nutzerseitiger Fehlgebrauch von Fahrerassistenzsystemen.* Bremerhaven: Wirtschaftsverlag.

Marberger, C. & Schindhelm, R. (2007). Gebrauch und Fehlgebrauch von Fahrerassistenzsystemen. In VDI-Gesellschaft Fahrzeug- und Verkehrstechnik (Hrsg.), *Fahrer im 21. Jahrhundert - VDI-Berichte Nr. 2015* (S. 151-162). Düsseldorf: VDI-Verlag.

Marsden, G., McDonald, M. & Brackstone, M. (2001). Towards an understanding of adaptive cruise control. *Transportation Research Part C: Emerging Technologies, 9* (1), S. 33-51.

Meinecke, M.M., Obojski, M.A., Töns, M. & Dehesa, M. (2005). *SAVE-U: First Experiences with a Pre-Crash System for Enhancing Pedestrian Safety.* Präsentiert 2005 bei European Congress and Exhibition on Intelligent Transportation Systems and Services. Artikel abgerufen am 15.05.2012 von: http://www.save-u.org/download/PDF/ITS_Hannover_200506.pdf

Mellinghoff, U., Schöneburg, R., Breitling, T. & Früh, C. (2009). Real-Life-Safety Konzept der integralen Sicherheit. *Automobiltechnische Zeitschrift EXTRA - Die neue E - Klasse von Mercedes Benz, 111*, S. 52-54.

Mertz, C. (2005). Entwicklung eines Kollisionswarnsystems für Stadtbusse. In M. Maurer & C. Stiller (Hrsg.), *3. Workshop Fahrerassistenzsysteme* (S. 56-63). Walting, Deutschland.

Milch, S. & Behrens, M. (2001). Pedestrian detection with radar and computer vision. In H. J. Schmidt-Clausen (Hrsg.), *Proceedings of the Conference on Progress in Automobile Lighting* (S. 657-664). München: Herbert Utz Verlag Wissenschaft.

Mildner, F., Schmidt, R., Kirchner, A. & Krüger, K. (2005). Ein fortgeschrittenes Kollisionsvermeidungssystem. *Automobiltechnische Zeitschrift, 107*(1), S. 60-67.

Najm, W.G., Stearns, M.D., Howarth, H., Koopmann, J. & Hitz, J. (2006). *Evaluation of an Automotive Rear-End Collision Avoidance System* (DOT HS 810 569). Washington, DC, USA: U.S. Department of Transportation, National Highway Traffic Safety Administration.

Oh, C., Kang, Y. & Kim, W. (2008). Assessing the safety benefits of an advanced vehicular technology for protecting pedestrians. *Accident Analysis and Prevention, 40* (3), S. 935-942.

Pierowicz, J., Jocoy, E., Lloyd, M., Bittner, A. & Pirson, B. (2000). *Intersection Collision Avoidance Using ITS Countermeasures - Final Report: Performance Guidelines* (DOT HS 809 171). Washington, DC, USA: U.S. Department of Transportation, National Highway Traffic Safety Administration.

Portouli, E., Papakostopoulos, V., Lai, F., Chorlton, K., Hjälmdahl, M., Wiklund, M., Chin, E., DeGoede, R., Hoedemaeker, D.M., Brouwer, R.F.T., Lheureux, F., Saad, F., Pianelli, C., Abric, J.C. & Roland, J. (2006). *AIDE - Long-term phase test and results.* Abgerufen am 15.05.2012 von AIDE – Adaptive Integrated Driver-vehicle Interface: http://www.aide-eu.org/pdf/sp1_deliv_new/aide_d1_2_4.pdf

Regan, M.A., Young, K.L., Triggs, T.J., Tomasevic, N., Mitsopoulos, E., Tierney, P., Healy, D., Connelly, K., Tingvall, C.(2005). Effects on driving performance of In-Vehicle Intelligent Transport Systems: Final Results of the Australian TAC SafeCar Project. *Proceedings of the 2005 Australasian Road Safety Research, Policing and Education Conference,* (S. 1-12). Wellington, Neuseeland.

Rephlo, J., Miller, S., Haas, R., Saporta, H., Stock, D., Miller, D., Feast, L., Brown, B. (2008). *Side Object Detection Systems Evaluation Final Evaluation Report.* Abgerufen am 15.05.2012 von National Transportation Library: http://ntl.bts.gov/lib/30000/30700/30704/14461.pdf

Rohlfs, M., Schiebe, S., Kirchner, A., Mueller, J., Kayser, T., Walter, M., Adomat, R., Woller, R. & Eberhard, C. (2008). Gemeinschaftliche Entwicklung des Volkswagen „Lane Assist". In VDI-Gesellschaft Fahrzeug- und Verkehrstechnik (Hrsg.), *Integrierte Sicherheit und Fahrerassistenzsysteme – VDI-Berichte Nr. 2048* (S. 15-33). Düsseldorf: VDI-Verlag.

Rosenthal, R. (1986). *Meta-analytic procedures for social research* (2. Aufl.). Beverly Hills: Sage.

Ruder, M., Enkelmann, W. & Garnitz, R. (2002). Highway lane change assistant. *Proceedings of the IEEE Intelligent Vehicles Symposium,* (S. 240 – 244). Versailles, Frankreich.

Sayer, T.B., Sayer, J.R. & Devonshire, J.M.H. (2005). Assessment of a Driver Interface for Lateral Drift and Curve Speed Warning Systems: Mixed Results for Auditory and Haptic Warnings. *Proceedings of the Third International Driving Symposium on Human Factors in Driver Assessment, Training and Vehicle Design*, (S. 218-224). Rockport, ME, USA.

Schmitt, J., Breu, A., Maurer, M. & Färber, B. (2007). Simulation des Bremsverhaltens in Gefahrensituationen mittels experimentell validiertem Fahrermodell. In VDI-Gesellschaft Fahrzeug- und Verkehrstechnik (Hrsg.), *Fahrer im 21. Jahrhundert - VDI-Berichte Nr. 2015* (S. 75-88). Düsseldorf: VDI-Verlag.

Schnieder, E. (2007). Messsysteme und Sensorik. In E. Schnieder (Hrsg.), *Verkehrsleittechnik - Automatisierung des Straßen- und Schienenverkehrs* (S. 73-118). Berlin: Springer Verlag.

Schöneburg, R. & Breitling, T. (2005). Enhancement of Active and Passive Safety by Future Pre-Safe Systems. *Proceedings of the 19th International Technical Conference on the Enhanced Safety of Vehicles (ESV)*, (Paper Number 05-0080). Washington, D.C., USA.

Schupp, H., Cuthbert, B., Bradley, M., Hillman, C., Hamm, A. & Lang, P. (2004). Brain processes in emotional perception: Motivated attention. *Cognition and Emotion, 18* (5), S. 593–611.

Scott, J. J. & Gray, R. (2008). A comparison of tactile, visual, and auditory warnings for rear-end collision prevention in simulated driving. *Human Factors and Ergonomics Society, 50* (2), S. 264-275.

Seto, Y., Minegishi, K., Yang, Z. & Kobayashi, T. (2004). Research on Detection of Braking Reactions in Emergency Situations. *Proceedings of the 18th IAVSD Symposium*, (S. 784-790). Kanagawa, Japan.

Shimizu, H. & Poggio, T. (2004). Direction estimation of pedestrian from multiple still images. *Proceedings of the IEEE Intelligent Vehicles Symposium*, (S. 596-600). Parma, Italien.

Simons, R. C. (1996). *BOO! Culture experience and the startle reflex*. New York: Oxford University Press.

Skolnik, M. I. (1980). *Introduction to Radar Systems* (2.Aufl.). New York: McGraw Hill.

Skutek, M. & Linzmeier, D. (2005). Fusion von Sensordaten am Beispiel von Sicherheitsanwendungen in der Automobiltechnik. *Automatisierungstechnik, 53*(7), S. 295-305

Smith, J.C., Bradley, M.M. & Lang, P.J. (2005). State anxiety and affective physiology: Effects of sustained exposure to affective pictures. *Biological Psychology, 69*(3), S. 247–260.

Sparbert, J., Dietmayer, K. & Streller, D. (2001). Lane detection and street type classification using laser range images. *Proceedings of the 4th International Conference on Intelligent Transport Systems*, (S. 454-459). Oakland, CA, USA.

Sprenger, A. (1993). In-vehicle displays: Head-up display field tests. In A.G. Gale, I.D. Brown, C.M. Haslegrave, H.W. Kruysse & S.P. Taylor (Hrsg.), *Vision in Vehicles – IV* (S. 301-309). Amsterdam: Elsevier Science Publishers.

Stämpfle, M. & Branz, W. (2008). Kollisionsvermeidung im Längsverkehr - die Vision vom unfallfreien Fahren rückt näher. *3. Tagung Aktive Sicherheit durch Fahrerassistenz,* (22 S.). Garching, Deutschland.

Statistisches Bundesamt. (2007). *Statistisches Jahrbuch 2007 - Für die Bundesrepublik Deutschland.* Abgerufen am 15.05.2012 von Statistisches Bundesamt (Destatis): https://www.destatis.de/DE/Publikationen/StatistischesJahrbuch/Jahrbuch2007.pdf?__blob=publicationFile

Statistisches Bundesamt. (2011). *Verkehrsunfälle - Unfallentwicklung auf deutschen Straßen.* Abgerufen am 15.05.2012 von Statistisches Bundesamt (Destatis): https://www.destatis.de/DE/Publikationen/Thematisch/TransportVerkehr/Verkehrsunfaelle/Unfallentwicklung5462401109004.pdf?__blob=publicationFile

Steele, M. & Gillespie, R.B. (2001). Shared Control between Human and Machine: Using a Haptic Steering Wheel to Aid in Land Vehicle Guidance. *Proceedings of the Human Factors and Ergonomics Society 45th Annual Meeting,* (S. 1671-1675). Santa Monica, CA, USA.

Steinfeld, A. & Tan, H. (2000). Development of a Driver Assist Interface for Snowplows using Iterative Design. *Transportation Human Factors,* 2(3), S. 247-264.

Stiller, C. (2005). Fahrerassistenzsysteme – Von realisierten Funktionen zum vernetzt wahrnehmenden, selbstorganisierenden Verkehr. In M. Maurer & C. Stiller (Hrsg.), *Fahrerassistenzsysteme mit maschineller Wahrnehmung* (S. 1-20). Berlin: Springer-Verlag.

Takahashi, A. & Asanuma, N. (2000). Introduction of Honda Asv-2 (advanced safety vehicle-Phase 2). *Proceedings of the IEEE Intelligent Vehicles Symposium,* (S. 694-701). Piscataway, NJ, USA.

Tietze, H., Hargutt, V., Knoblach, W., Fallgatter, A. & Krüger, H.P. (2000). *Drowsiness detection by alpha-related events in the EEG.* Präsentiert 2000 bei 9tem Deutschen EEG/EP Mapping Meeting in Giessen. Abstract abgerufen am 17.05.2012 von: http://www.psychologie.uni-wuerzburg.de/methoden/texte/2000_tietze_hargutt_Drowsiness_detection.pdf

Tsimhoni, O., Bärgman, J., Minoda, T. & Flannagan, M.J. (2004). *Pedestrian Detection with Near and Far Infrared Night Vision Enhancement* (UMTRI-2004-38). Ann Arbor, MI, USA: The University of Michigan, Transportation Research Institute (UMTRI).

Tsimhoni, O., Flannagan, M. J. & Minoda, T. (2005). *Pedestrian detection with night vision systems enhanced by automatic warnings* (UMTRI-2005-23). Ann Arbor, MI, USA: The University of Michigan, Transportation Research Institute (UMTRI).

University of Michigan Transportation Research Institute. (2007). *Integrated Vehicle-Based Safety Systems First Annual Report* (DOT HS 810 842). Washington, DC, USA: U.S. Department of Transportation, National Highway Traffic Safety Administration.

Unselt, T., Breuer, J. & Eckstein, L. (2004). *Fußgängerschutz durch Bremsassistenz. Tagung Aktive Sicherheit durch Fahrerassistenz*, (15 S.). München, Deutschland.

Vägverket, Swedish National Road Administration. (2002). *Results of the world's largest ISA trial.* Abgerufen am 15.05.2012 von Intelligent Speed Adaptation (ISA): http://www.isaweb.be/bestanden/Resultssweden.pdf

Vukotich, A., Popken, M., Rosenow, A. & Lübcke, M. (2008). Fahrerassistenzsysteme - *Automobiltechnische Zeitschrift EXTRA – Der neue Audi Q5, 110*, S. 170-177.

Wallentowitz, H. & Reif, K. (2006). Fahrerassistenzsysteme und Verkehr. In H. Wallentowitz & K. Reif (Hrsg.), *Handbuch Kraftfahrzeugelektronik* (S. 405-455). Wiesbaden: Vieweg.

Walessa, M., Ahrholdt, M., Kruse, F., Fürstenberg, K., Tatschke, T. & Marx, M. (2008). COMPOSE Final Report (D51.11). Abgerufen am 19.05.2012 von PReVENT: http://prevent.ertico.webhouse.net/download/deliverables/COMPOSE/PR-51110-SPD-080213-v11-D51.11.pdf

Warner, H.W. & Åberg, L. (2008). The long-term effects of an ISA speed-warning device on drivers' speeding behaviour. *Transportation Research Part F: Traffic Psychology and Behaviour, 11*(2), S. 96-107.

Weiße, J. (2003). *Beitrag zur Entwicklung eines optimierten Bremsassistenten.* Stuttgart: Ergonomia Verlag.

Wenger, J. (2005). Automotive radar – Status and perspectives. *Proceedings of the IEEE Compound Semiconductor Integrated Circuit Symposium*, (S. 21-24). Palm Springs, CA, USA.

Wiehen, C., Lehmann, K. & Figueroa, J. (2009). Aktuelle Entwicklungen bei Fahrerassistenzsystemen für Nutzfahrzeuge. *Automobiltechnische Zeitschrift, 111*(7-8), S. 518-524.

Wilson, B.H., Stearns, M.D., Koopmann, J. & Yang, C.Y.D. (2007). *Evaluation of a Road- Departure Crash Warning System* (DOT HS 810

854). Washington, DC, USA: U.S. Department of Transportation, National Highway Traffic Safety Administration.

Winner, H. (2009a). Frontalkollisionsschutzsysteme. In H. Winner, S. Hakuli & G. Wolf (Hrsg.), *Handbuch Fahrerassistenzsysteme: Grundlagen, Komponenten und Systeme für aktive Sicherheit und Komfort* (S. 522-542). Wiesbaden: Vieweg + Teubner.

Winner, H. (2009b). Radarsensorik. In H. Winner, S. Hakuli & G. Wolf (Hrsg.), *Handbuch Fahrerassistenzsysteme: Grundlagen, Komponenten und Systeme für aktive Sicherheit und Komfort* (S. 123-171). Wiesbaden: Vieweg & Teubner.

Winner, H., Danner, B. & Steinle, J. (2009). Adaptive Cruise Control. In H. Winner, S. Hakuli & G. Wolf (Hrsg.), *Handbuch Fahrerassistenzsysteme: Grundlagen, Komponenten und Systeme für aktive Sicherheit und Komfort* (S. 478-521). Wiesbaden: Vieweg und Teubner.

Wu, B.F., Chen, W.H., Chang, C.W., Chen, C.J. & Chung, M.W. (2007). A New Vehicle Detection with Distance Estimation for Lane Change Warning Systems. *Proceedings of the IEEE Intelligent Vehicles Symposium*, (S. 698-703). Istanbul, Türkei.

Xie, M., Trassoudaine, L., Alizon, J., Thonnat, M. & Gallice, J. (1993). Active and Intelligent Sensing of Road Obstacles: Application to The European Eureka-PROMETHEUS Project. *Proceedings of the fourth International Conference on Computer Vision*, (S. 616-623). Berlin, Deutschland.

Zador, P.L., Krawchuk, S.A. & Voas, R.B. (2000). *Automotive collision avoidance system (ACAS) Program* (DOT HS 809 080). Washington, DC, USA: U.S. Department of Transportation, National Highway Traffic Safety Administration.

Zomotor, A. (1991). *Fahrwerktechnik: Fahrverhalten* (2. Aufl.). Erschienen in der Reihe Fahrwerktechnik, herausgegeben von J. Reimpell. Würzburg: Vogel Buchverlag.

Anhang I   (Experiment I)

A)   Experiment I - Probandenfragebogen

Auf Fragebogen I sollten die Probanden Grundangaben zur Person und Fahrverhalten angeben. Die Fragen lauten wie folgt:

1. Angaben zu Alter und Geschlecht

2. Wie lange besitzen Sie Ihren Führerschein?

3. Bitte geben Sie an, wie viele Kilometer…
    …. Sie in der letzten Woche gefahren sind.
    …. Sie im letzten Monat gefahren sind.
    …. Sie in den letzten 12 Monaten gefahren sind.
    …. Sie seit dem Führerscheinerwerb gefahren sind.

4. Wie oft pro Woche befahren Sie Autobahnen?

5. Wie oft pro Woche befahren Sie Landstraßen?

6. Wie oft pro Woche fahren Sie im Stadtverkehr?

7. Wie oft pro Woche fahren Sie in verkehrsberuhigten Zonen?

B) Experiment I - Instruktion

	Institut für Arbeitswissenschaft der Universität der Bundeswehr München	*der Bundeswehr* Universität München
	Projekt „Ergonomie und Akustik im Automobil"	
	Instruktion	

Sehr geehrte/r Versuchsteilnehmer/in,

vielen Dank, dass Sie bereit sind, das Institut für Arbeitswissenschaft der Universität der Bundeswehr München bei diesem Forschungsprojekt zu unterstützen. Mit Ihrer Teilnahme helfen Sie uns, zukünftige Autos sicherer zu machen und fahrerfreundlicher zu gestalten.

In dieser Studie möchten wir zum einen der Frage nachgehen, wie verschiedene Instrumente und Schalter im Automobil angeordnet sein müssen, um Menschen unterschiedlichster Körpermaße ein optimales Maß man Komfort zu vermitteln. Dazu müssen wir ermitteln, welche der derzeitigen Bedienelemente an ungünstiger oder günstiger Position angebracht sind und ob Fahrer mit verschiedenen Körpermaßen dies unterschiedlich wahrnehmen.

Zum anderen wollen wir feststellen, wie die vom Auto verursachten Motorengeräusche bei variierender Drehzahl und Geschwindigkeit vom Fahrer wahrgenommen werden. Je nach Dämmung des Automobils entstehen andere Fahrgeräusche im Innenraum des Fahrzeuges. Unser Ziel ist es, diese Geräusche für den Fahrer so angenehm wie möglich gestalten.

Eine Hauptaufgabe in dem nun folgenden Experiment besteht darin, während der Fahrt auf dem universitätseigenen Testgelände verschiedene Schalter und Knöpfe auf Anweisung des Versuchsleiters in vorgegebener Reihenfolge zu bedienen. Im Anschluss an diese Nebenaufgaben stellt Ihnen der Versuchsleiter unterschiedliche Fragen zum empfondenen Komfort und eventuellen Schwierigkeiten mit den einzelnen Bedienelementen.

Daraufhin folgen die Testfahrten zur Akustik im Fahrzeuginneren, während denen Sie jedoch keine Nebenaufgaben lösen müssen. Nach diesen Fahrten wird Ihnen der Versuchsleiter Fragen zu akustischen Themenbereichen stellen.

Bevor die eigentlichen Messfahrten gestartet werden, möchten wir Ihnen während eines kleinen „Fahrertrainings" die Gelegenheit geben, sich mit unserem Versuchsfahrzeug und den einzelnen Bedienelementen vertraut zu machen. Wenn Ihnen etwas unverständlich erscheint, oder wenn Sie sich nach Abschluss des Trainings noch nicht ausreichend vertraut mit dem Fahrzeug fühlen, zögern Sie bitte nicht, dies dem Versuchsleiter mitzuteilen.

Die gesammelten Daten und Videoaufnahmen werden zur weiteren Auswertung auf Datenträgern gespeichert und nach der statistischen Auswertung gelöscht. Ihre persönlichen Daten werden nicht mit den von uns aufgezeichneten Daten in Zusammenhang gebracht, sodass Ihre Anonymität gewährleistet ist. Ihre persönlichen Daten werden nicht an Dritte weitergegeben.

------------------------   ---
Ort, Datum   Unterschrift des Versuchsteilnehmers

C) Experiment I – Absicherung

Ich befinde mich gesundheitlich in einem nach der StVO fahrtüchtigen Zustand	o	Ja
	o	Nein
Ich bin damit einverstanden, dass meine Bilder zur Veröffentlichung ohne Angabe des Namens verwendet werden dürfen.	o	Ja
	o	Nein
Ich benötige eine Sehhilfe	o	Ja
	o	Nein
Falls vorherige Frage zutrifft: Ich habe die Sehhilfe dabei	o	Ja
	o	Nein

Das Versuchsteam bedankt sich für das Ausfüllen des Fragebogens. Nach der digitalen Sicherung der Daten wird dieser Bogen umgehend vernichtet werden.

Ihr Versuchsteam

_ _ _ _ _ _ _ _
Ort, Datum
Versuchsteilnehmer

_ _ _ _ _ _ _
Unterschrift

D) Experiment I – Training

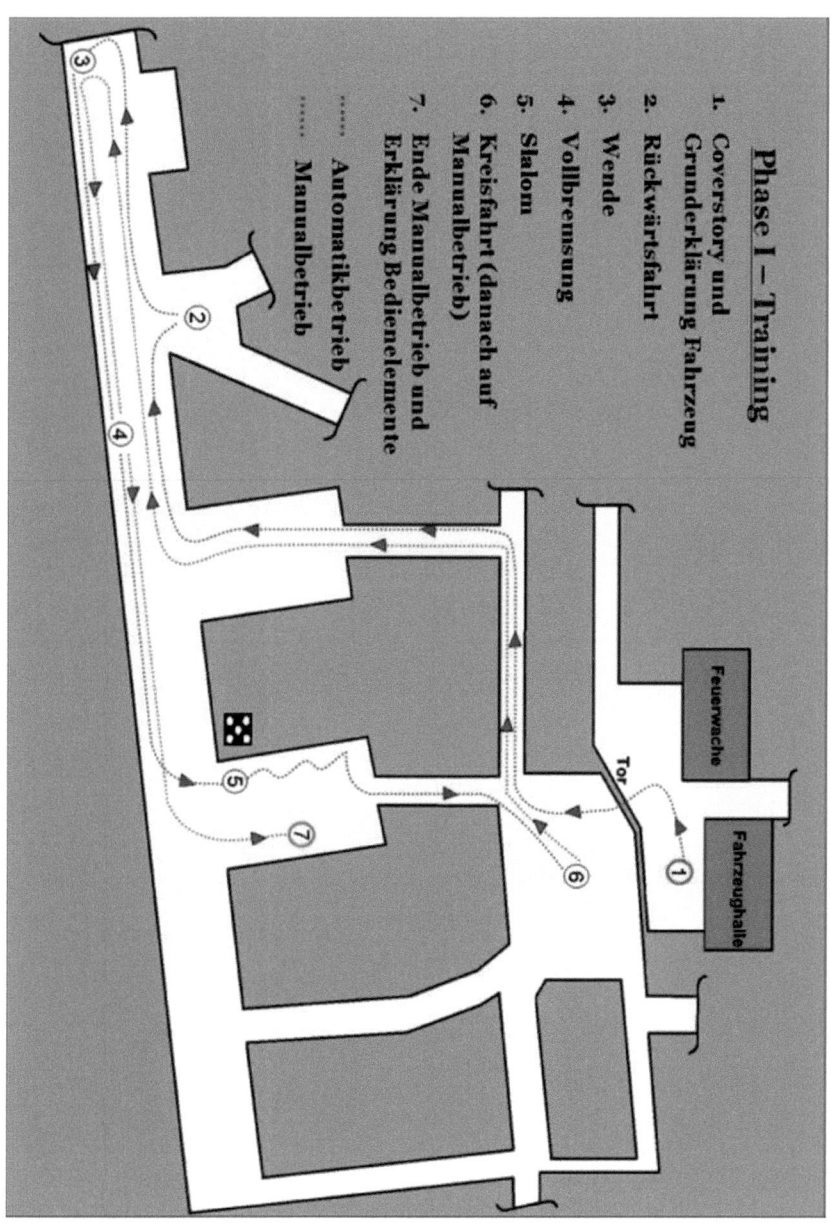

E) Experiment I – Nebenaufgabenfahrten

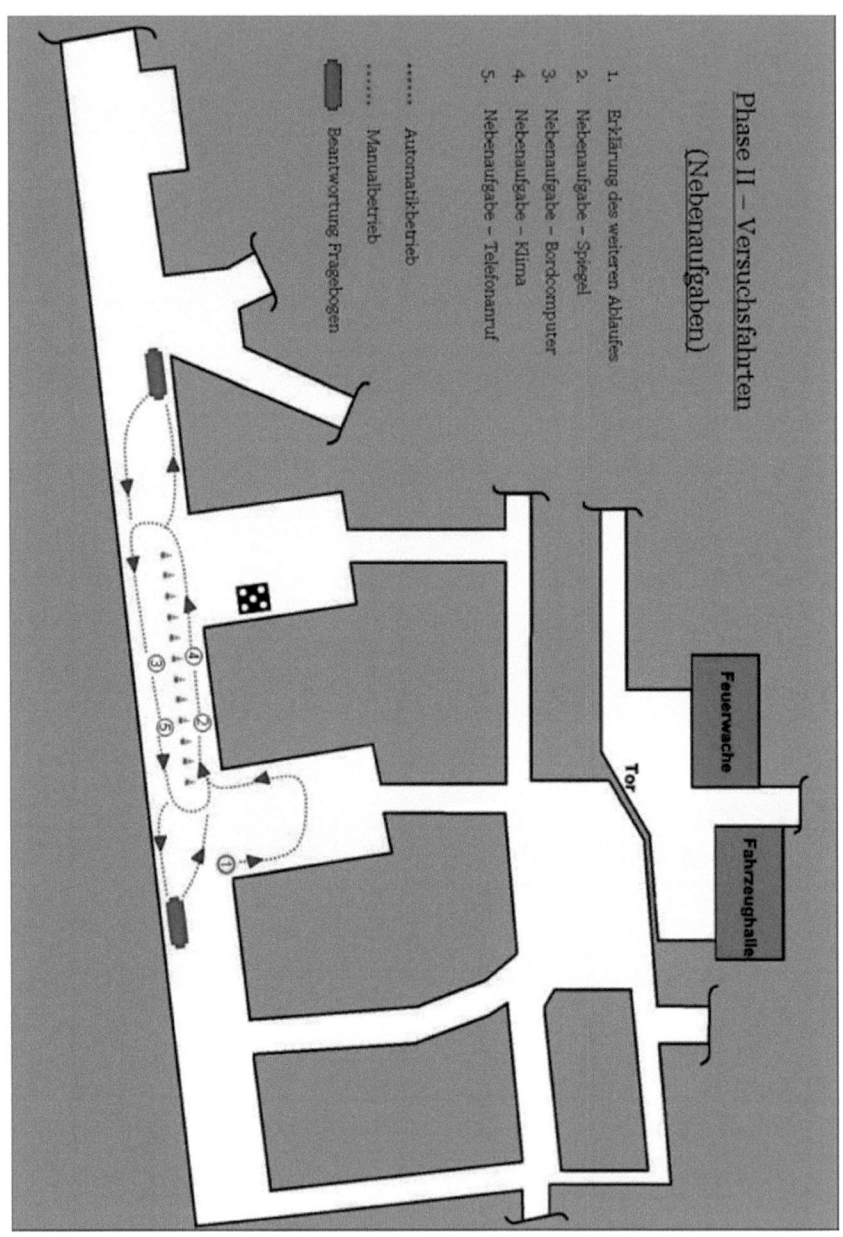

F) Experiment I – Akustikfahrten (130 km/h)

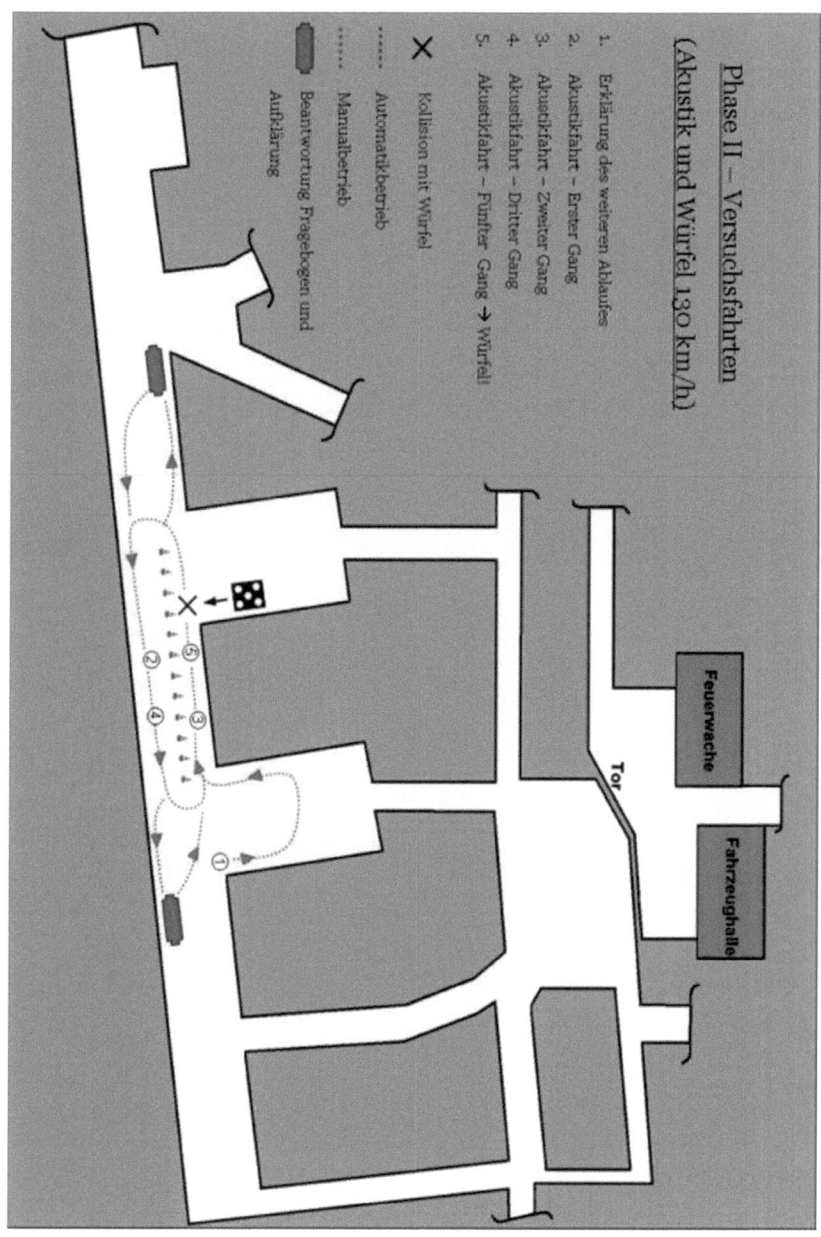

G) Experiment I – Akustikfahrten (60 km/h)

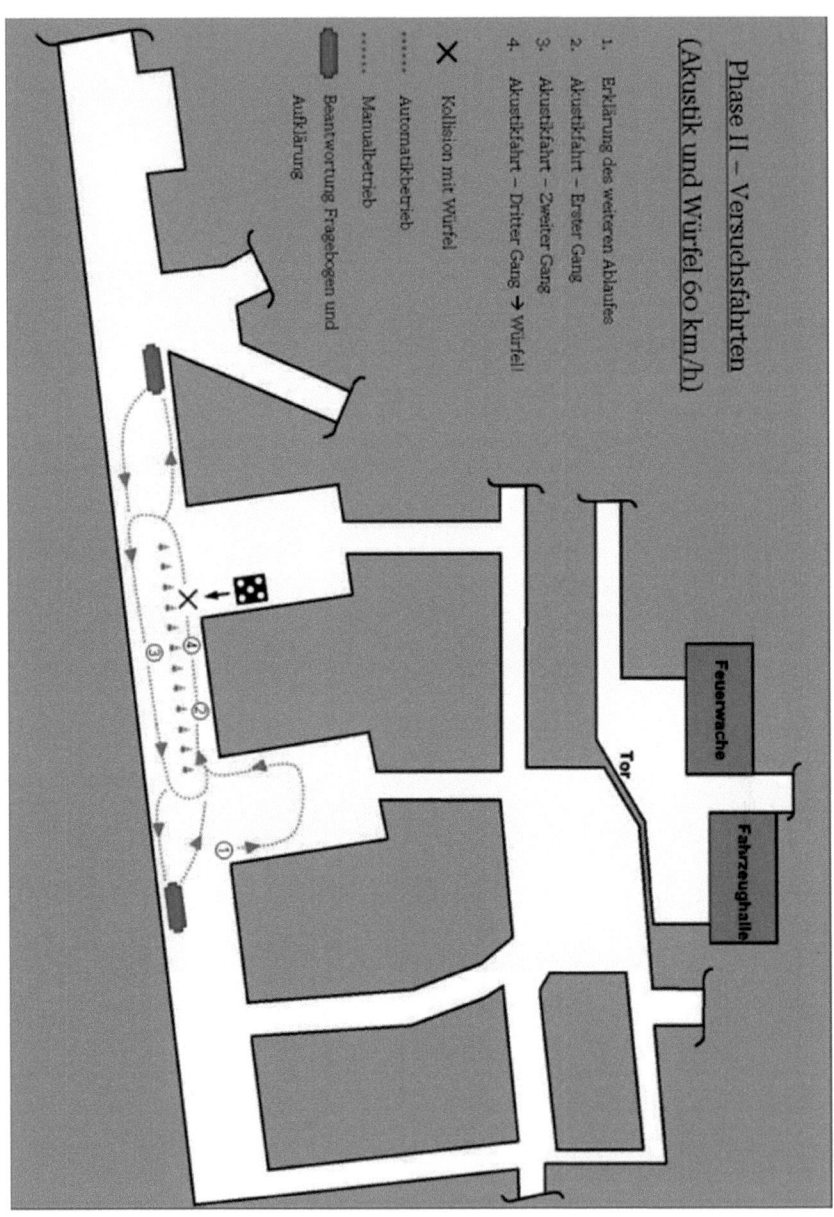

H) Experiment I – Notbremsung 60 km/h

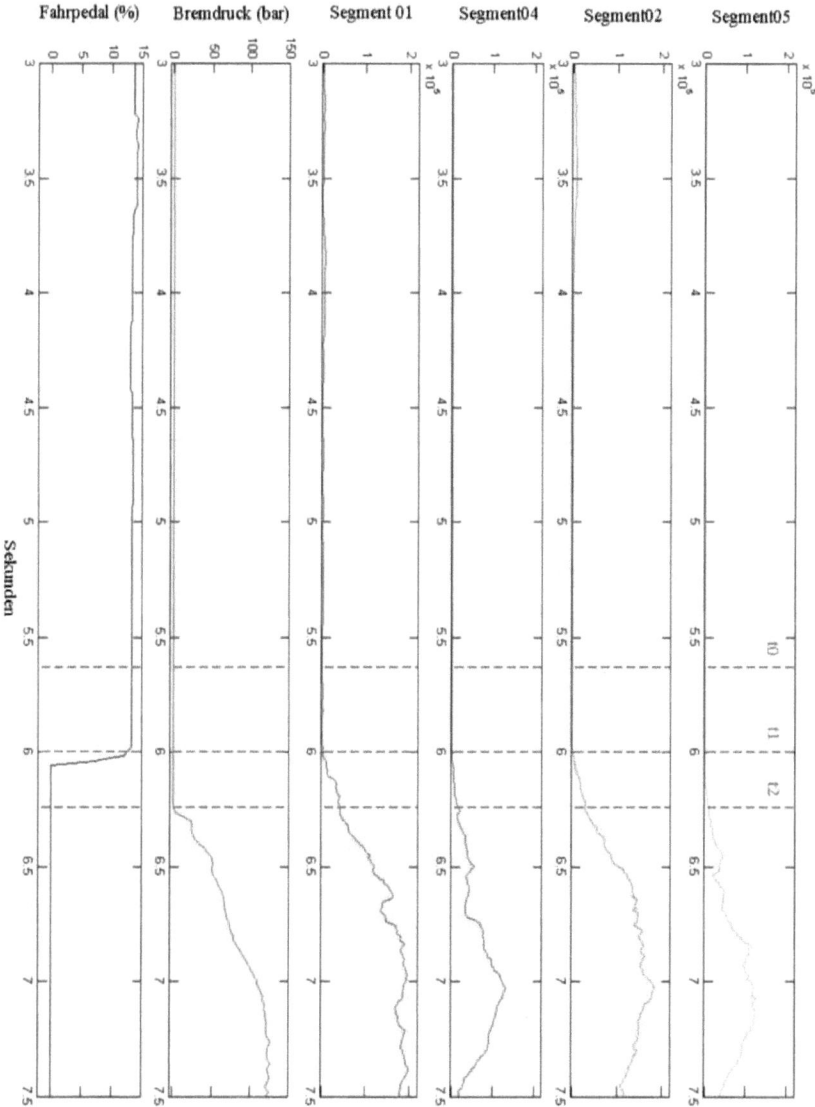

I) Experiment I – Selbst initiierte Vollbremsung (130km/h)

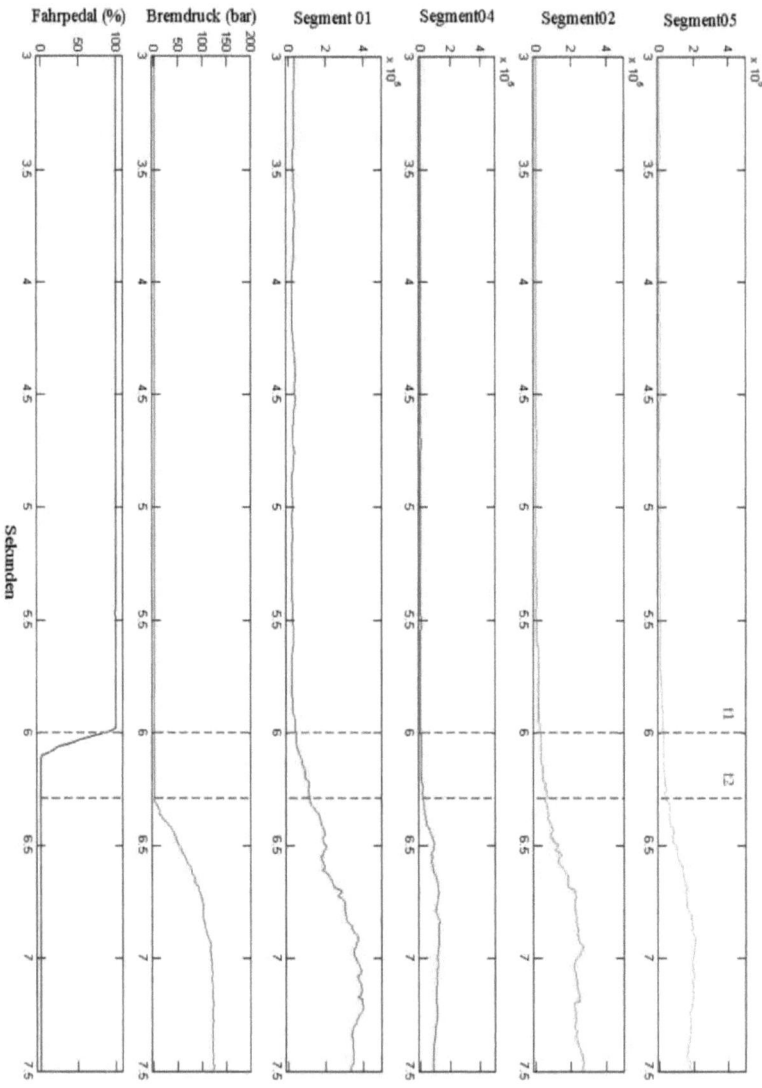

J) Experiment I – Selbst initiierte Vollbremsung (60km/h)

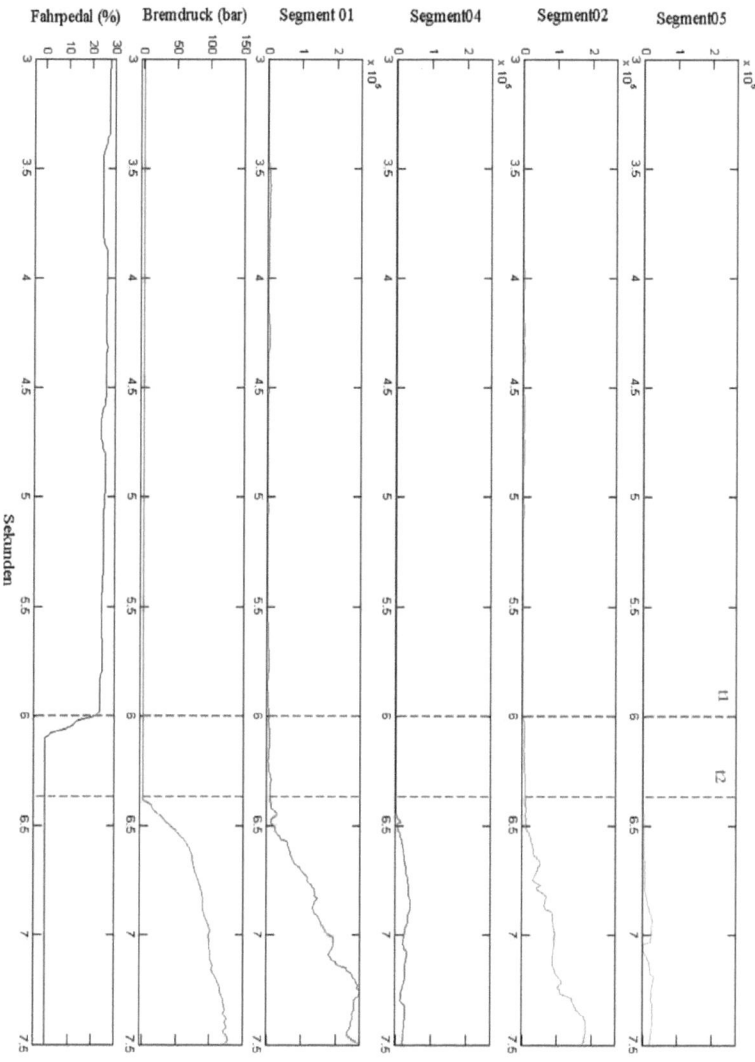

Anhang Experiment I

K) Experiment I – Komfortbremsung (60 km/h)

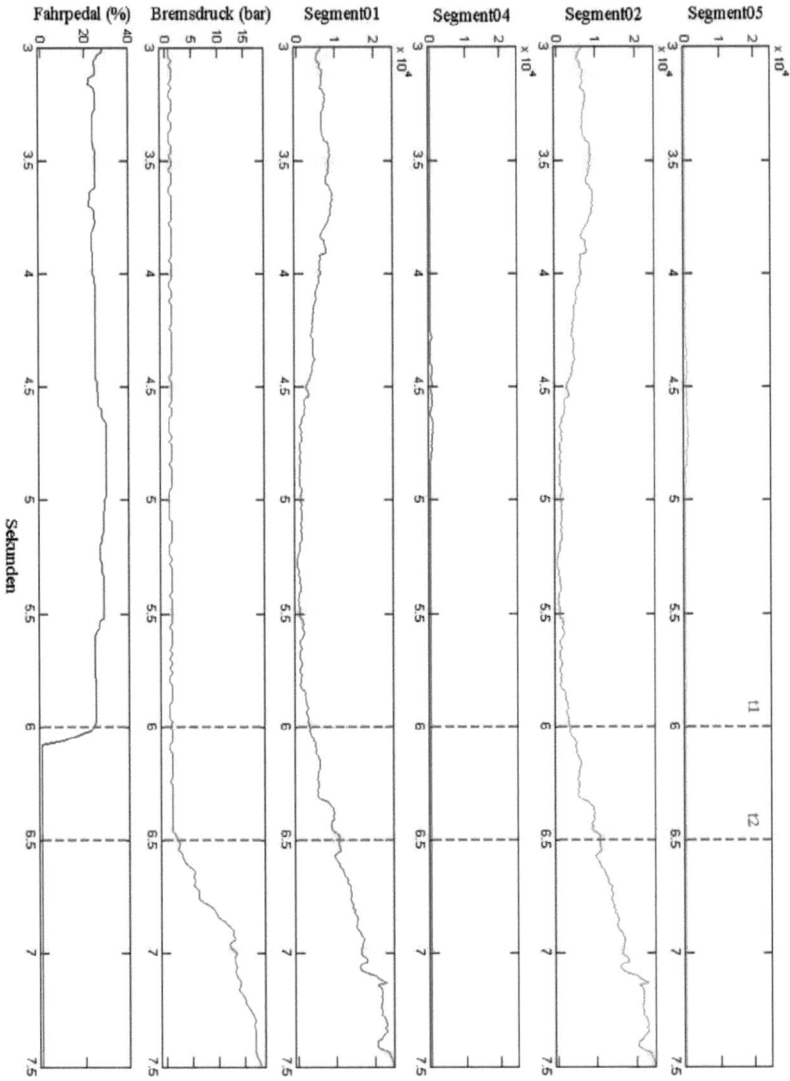

L) Experiment I – Komfortbremsung (130 km/h)

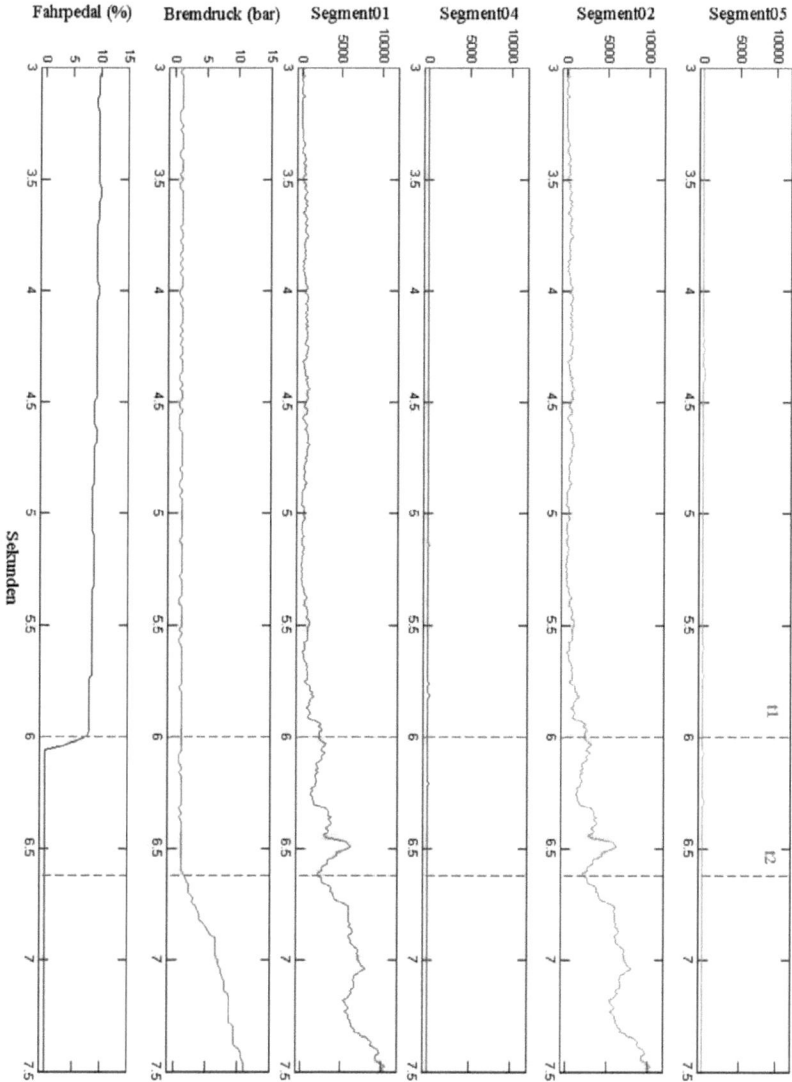

M) Experiment I – Deskriptive Statistiken zu Griffkräften während Notbremsmanövern

Notbremsung 60 km/h	Segment 01	Segment 02	Segment 04	Segment 05	Alle Segmente
Mittelwert	1	0.6	0.75	0.45	0.7
Median	1	0	0	0	0
Standardabweichung	1.12	1.0	1.4	0.76	1.08
Minimum	0	0	0	0	0
Maximum	4	3	5	3	5
Notbremsung 130 km/h	Segment 01	Segment 02	Segment 04	Segment 05	Alle Segmente
Mittelwert	1.8	1.1	1.0	1.2	1.3
Median	1	1	1	1	1
Standardabweichung	1.5	1.3	1.1	1.6	1.4
Minimum	0	0	0	0	0
Maximum	5	4	3	6	6
Notbremsung gesamt	Segment 01	Segment 02	Segment 04	Segment 05	Alle Segmente
Mittelwert	1.4	0.9	0.9	0.8	0.98
Median	1	0	0	0	1
Standardabweichung	1.4	1.2	1.2	1.3	1.3
Minimum	0	0	0	0	0
Maximum	5	4	5	6	6

N) Experiment I – Deskriptive Statistiken zu Griffkräften während Baselinefahrten

Kurvenfahrten	Segment 01	Segment 02	Segment 04	Segment 05	Alle Segmente
Mittelwert	0.19	0.10	0.11	0.16	0.14
Median	0	0	0	0	0
Standardabweichung	0.57	0.37	0.38	0.51	0.46
Minimum	0	0	0	0	0
Maximum	6	6	5	6	6
Gerade Fahrten	**Segment 01**	**Segment 02**	**Segment 04**	**Segment 05**	**Alle Segmente**
Mittelwert	0.08	0.03	0.01	0.02	0.04
Median	0	0	0	0	0
Standardabweichung	0.27	0.15	0.09	0.13	0.16
Minimum	0	0	0	0	0
Maximum	6	3	5	4	5

Anhang II (Experiment II)

A) Experiment II – Instruktion

Institut für Arbeitswissenschaft der Universität der Bundeswehr München

Projekt „Fahrverhalten bei variierender Automation"

Instruktion

Sehr geehrte/r Versuchsteilnehmer/in,

vielen Dank, dass Sie bereit sind, das Institut für Arbeitswissenschaft der Universität der Bundeswehr München bei diesem Forschungsprojekt zu unterstützen. Mit Ihrer Teilnahme helfen Sie uns, zukünftige Autos sicherer zu machen und fahrerfreundlicher zu gestalten.

Moderne Fahrzeuge und deren Assistenzsysteme erlauben mittlerweile einen Fahrbetrieb bei sehr hoher Automation. Dabei werden verschiedene Bestandteile der klassischen Fahraufgabe nicht mehr alleine dem Fahrer zugesprochen, sondern Schritt für Schritt vom Fahrzeug übernommen. Neben der automatischen Gangwahl zählt die Regelung der Längsführung mittels Abstandsregeltempomaten („ACC") zu den typischen Aufgabereichen, die dem Fahrer vom „mitdenkenden" Fahrzeug abgenommen werden.

Aufbauend auf dieser Entwicklung soll in der aktuellen Studie der Frage nachgegangen werden, welche Auswirkungen verschiedene Grade der Automation auf das Fahrverhalten eines regulären PKW-Fahrers haben.

Ihre Aufgabe während den nun folgenden Versuchsfahrten besteht darin, unser Versuchsfahrzeug bei unterschiedlichen Ausprägungen möglicher Automation durch verschiedene reale Verkehrsbedingungen zu führen. Dabei sollten Sie ihren persönlichen Fahrstil beibehalten und so entspannt wie möglich fahren. Bevor die Versuchsfahrten in realer Verkehrsumgebung starten, werden wir einige Standardsituationen auf dem Versuchsgelände der UniBw durchfahren, um Basisdaten zu sammeln und Ihnen während eines kleinen „Fahrertrainings" die Gelegenheit zu geben, sich mit unserem Versuchsfahrzeug und den einzelnen Funktionen (z.B. ACC) vertraut zu machen.

Wenn Ihnen etwas unverständlich erscheint, oder wenn Sie sich nach Abschluss des Trainings noch nicht ausreichend vertraut mit dem Fahrzeug fühlen, zögern Sie bitte nicht, dies dem Versuchsleiter mitzuteilen.

Die gesammelten Daten und Videoaufnahmen werden zur weiteren Auswertung auf Datenträgern gespeichert und nach der statistischen Auswertung gelöscht. Ihre persönlichen Daten werden nicht mit den von uns aufgezeichneten Daten in Zusammenhang gebracht, sodass Ihre Anonymität gewährleistet ist. Ihre persönlichen Daten werden nicht an Dritte weitergegeben.

\- \-\-\-\-\-\-\- \-
Ort, Datum   Unterschrift des Versuchsteilnehmers

Anhang Experiment II

B) Experiment II – Training 1

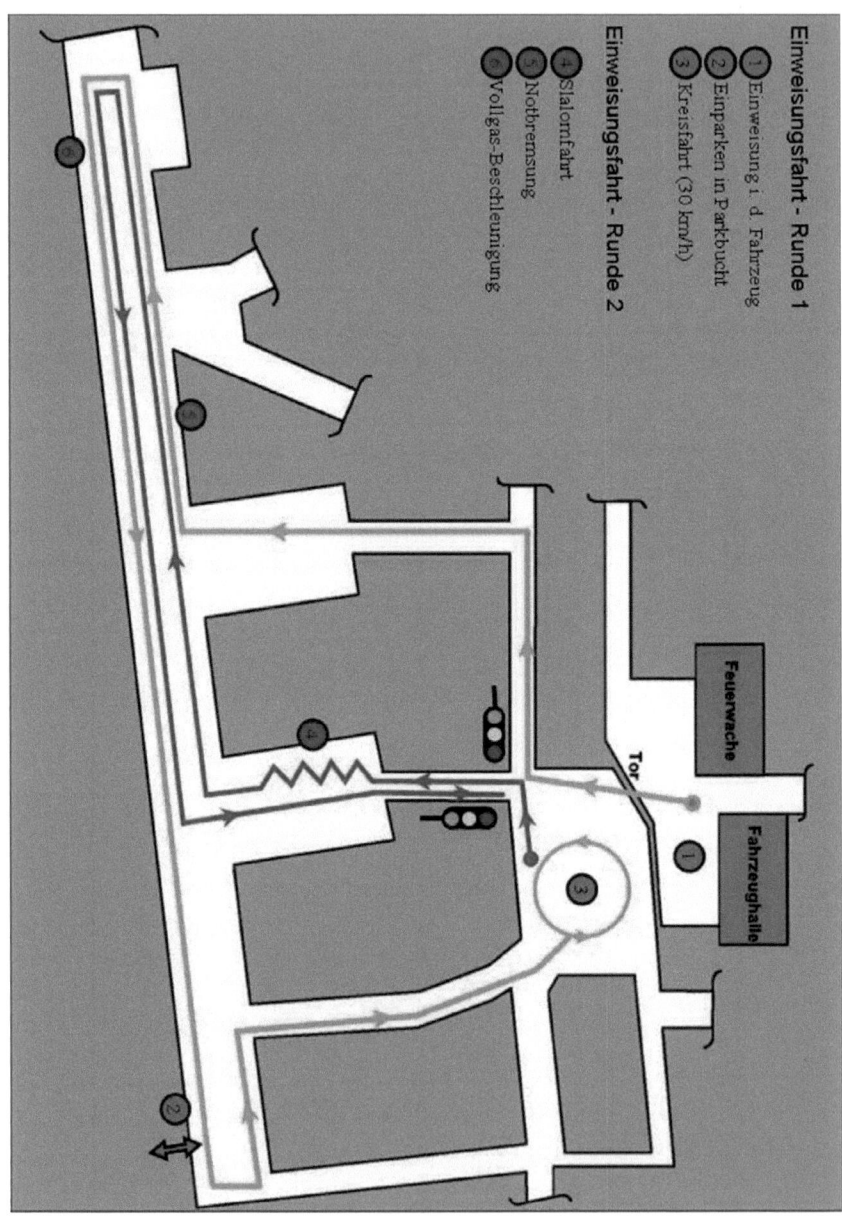

C) Experiment II – Training 2

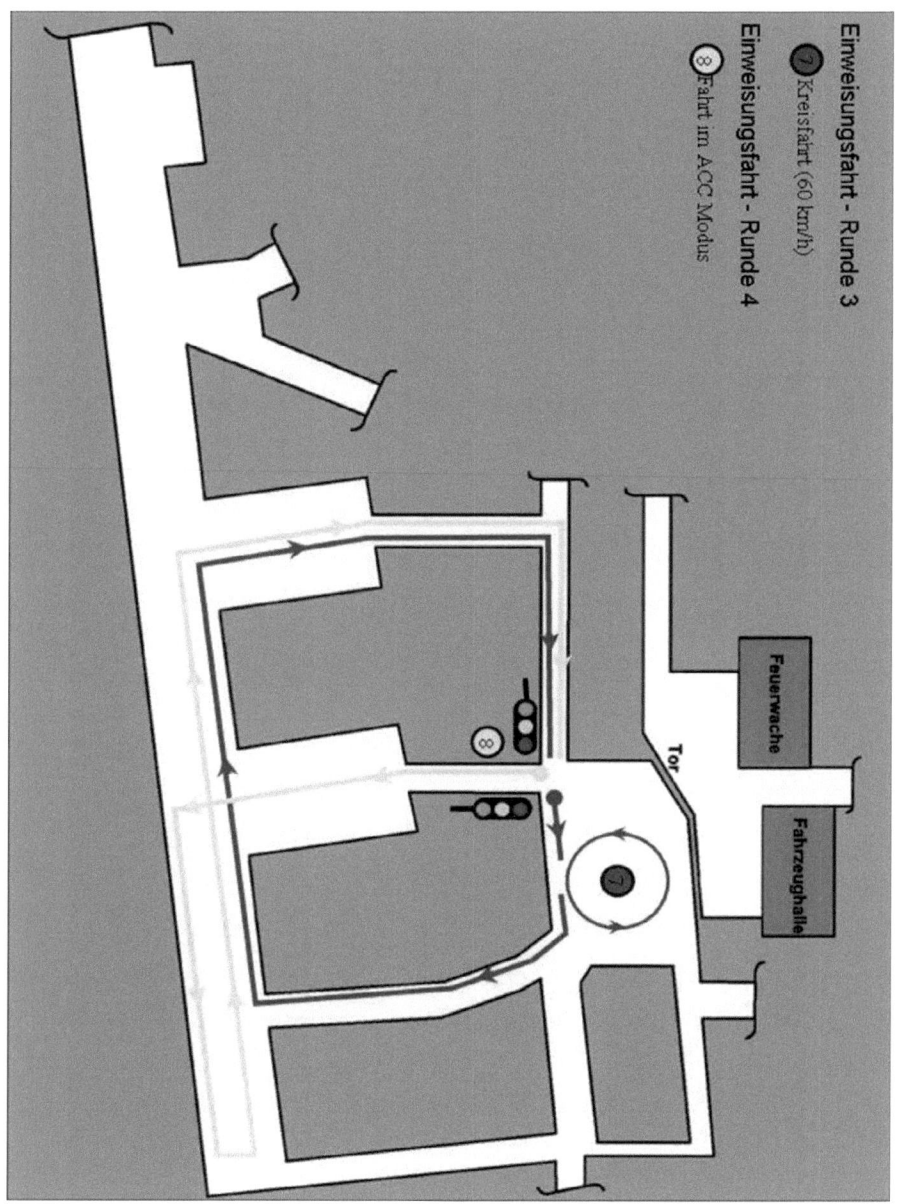

D) Experiment II – Radfahrer zu Ball

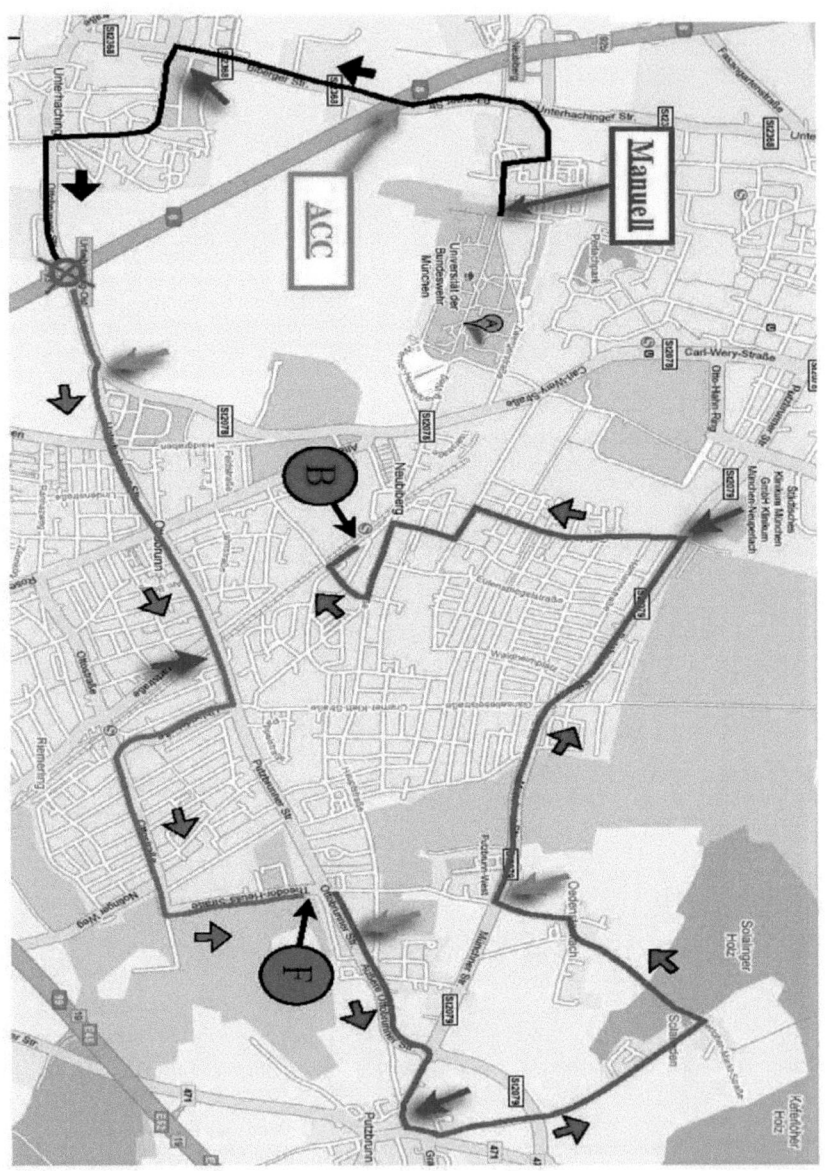

Anhang Experiment II

E) Experiment II – Ball zu Radfahrer

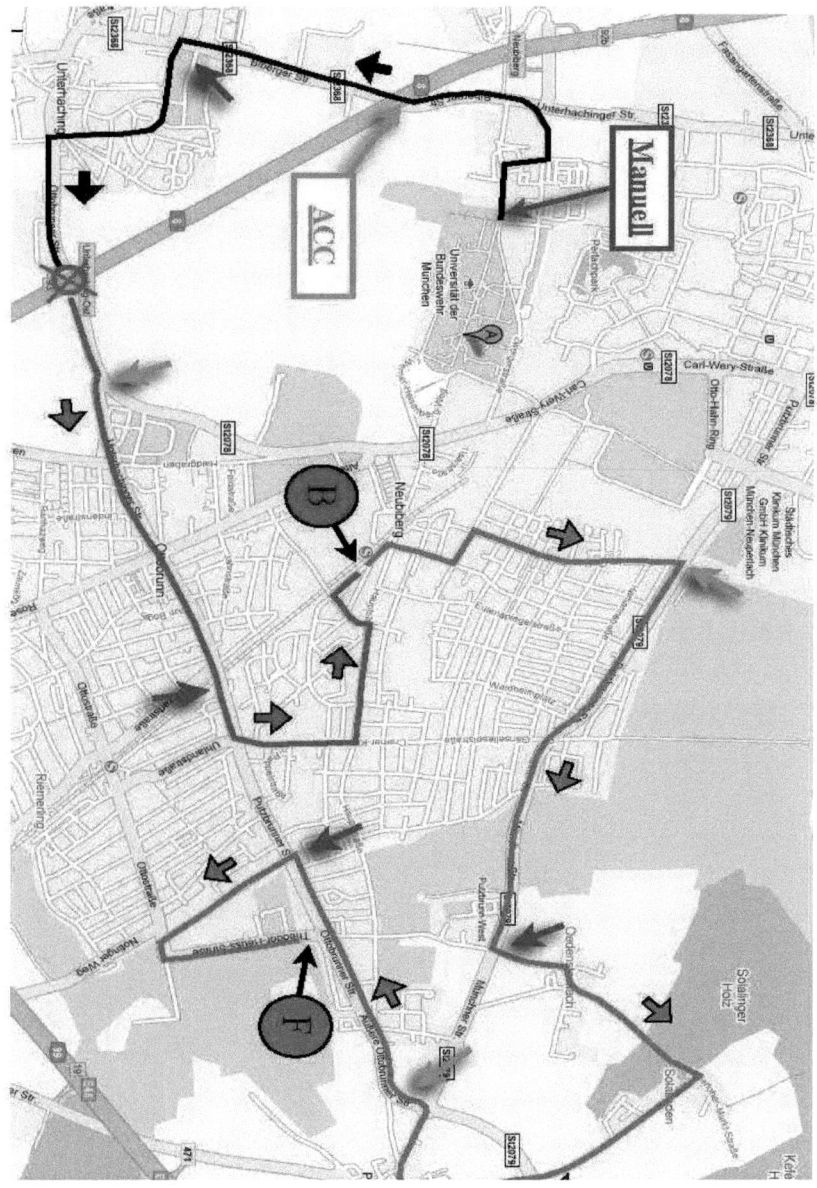

F) Experiment II – Ablauf „Unerwarteter Querverkehr"

G) Experiment II – Ablauf „Unaufmerksamer Radfahrer"

H) Experiment II – Ablauf „Spielball auf Straße"

I) Experiment II – Unaufmerksamer Radfahrer

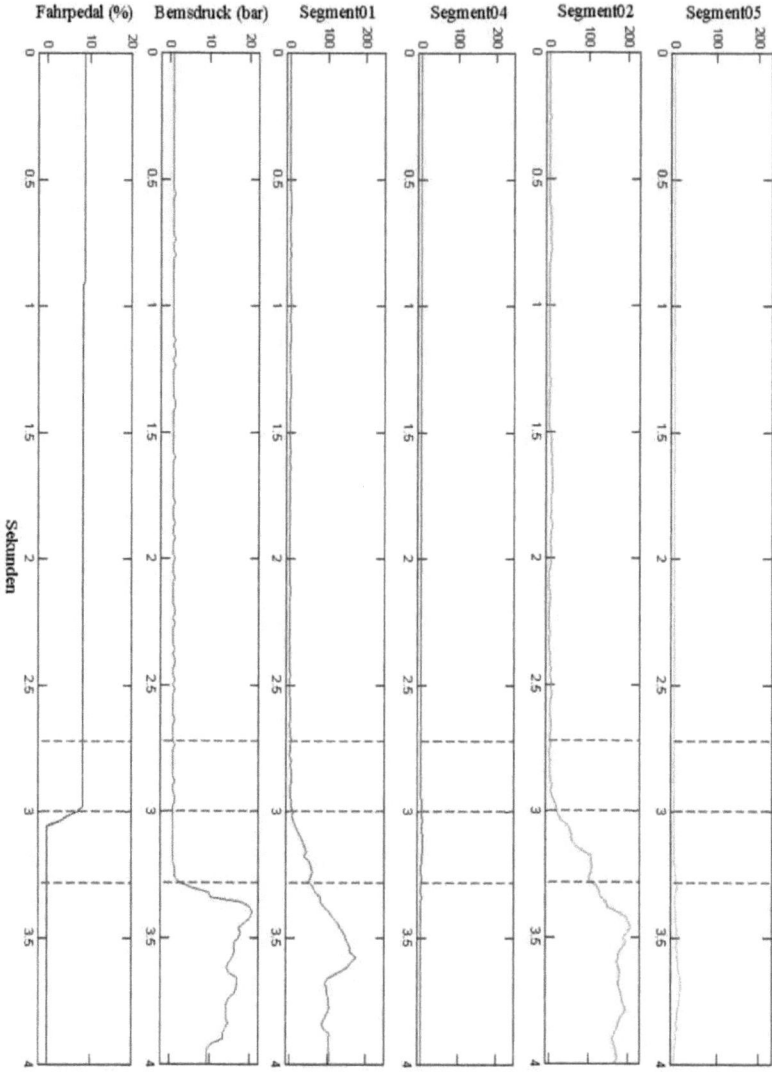

Anhang Experiment II

J) Experiment II – Spielball auf Straße

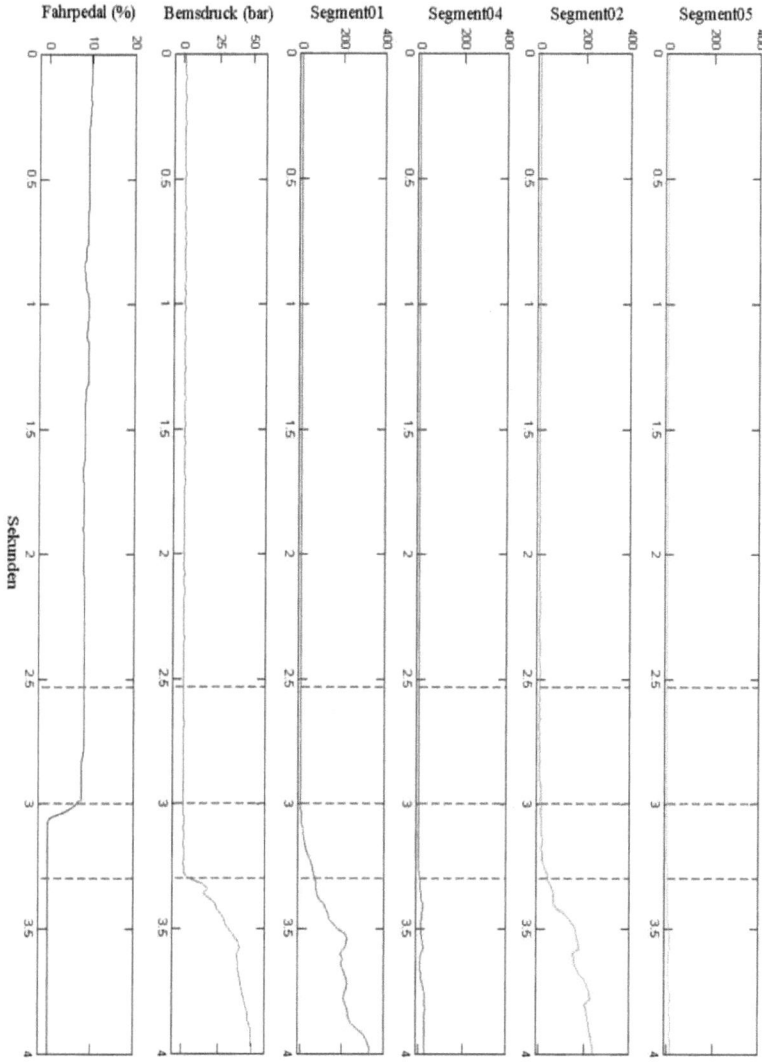

K) Experiment II – Kraftintensitäten für die einzelnen Notsituationen

		Segment 01		Segment 02		Segment 04		Segment 05	
		Gradient	Kraft	Gradient	Kraft	Gradient	Kraft	Gradient	Kraft
Unerwarteter Querverkehr (N=26)	Mittelwert	984.3	117.3	928.9	121.58	678.9	88.45	708.8	73.7
	Median	633	78.7	553.8	79.30	252.6	27.3	99.9	7.5
	Standardabweichung	1018.74	112.6	1007.3	115.4	1142.3	179.9	2005.9	207.8
	Minimum	122.4	11	0	0	0	0	00	0
	Maximum	4592.8	457	2764.9	380	4615.8	690.3	10332.4	1064.7
Spielball auf Straße (N=22)	Mittelwert	878.8	127.9	471.6	75.6	952.6	75.8	709.2	78.8
	Median	698.3	111.8	216.1	30.23	106	4.9	67.2	5.2
	Standardabweichung	803.4	119.4	1017.7	123.8	2022	178.97	1991.6	175.4
	Minimum	0	0	-115.04	0	0	0	0	0
	Maximum	2569.8	469	4848.8	573	9195.4	814	9402.1	814.5
Unaufmerksamer Fahrradfahrer (N=21)	Mittelwert	954.1	149.3	1144	182	342.1	55	521.9	53.6
	Median	434.6	73.5	480	107.3	130.8	19.5	166.1	11.7
	Standardabweichung	1461.3	267.9	1318.7	167.6	422.9	64.8	785.7	71.1
	Minimum	65.2	5.9	0	0	0	2	0	0
	Maximum	6568.35	1189.5	4379.6	525.85	1483.9	215.8	3269.9	228.2
Alle Situationen (N=69)	Mittelwert	941.5	130.4	851.4	125.35	665.2	74.2	652.1	68.3
	Median	589.1	80.6	443.8	73.5	150.7	19.5	130.8	8.5
	Standardabweichung	1100.4	174.2	1133.3	140.7	1361.7	152.4	1700	165.3
	Minimum	0	0	-115.04	0	0	0	0	0
	Maximum	6568.4	1190	4848.8	573	9195.44	814	10332.4	1065

L) Experiment II – Kraftintensitäten für die Baselinefahrten

		Segment 01		Segment 02		Segment 04		Segment 05	
		Gradient	Kraft	Gradient	Kraft	Gradient	Kraft	Gradient	Kraft
Kurvenfahrten	Mittelwert	87.4	38.3	79.6	37.2	55.9	19.1	41.1	13.1
	Median	23.1	8.6	24.1	8	8.7	2.5	4.2	1.4
	Standardabweichung	204.2	80.1	183	81.1	140.8	52.7	100.3	42.9
	Minimum	-753.9	0	-561.6	0	-443.4	0	-330.1	0
	Maximum	1819.1	810.3	1623.5	1125.3	1301.9	869.7	951.1	879.9
Gerade Fahrten	Mittelwert	64.7	22.6	67.4	25.8	29.1	5.6	23.8	4
	Median	35.4	7.8	42.9	10	4.2	0.6	0.9	0.3
	Standardabweichung	104.3	40.5	101.2	41.6	66.4	16.3	58.2	15.8
	Minimum	-432.8	0	-384.7	0	-261.1	0	-231.8	0
	Maximum	1249.5	510.6	1199.3	472.6	996.0	202	826.5	498.8

i want morebooks!

Buy your books fast and straightforward online - at one of world's fastest growing online book stores! Environmentally sound due to Print-on-Demand technologies.

Buy your books online at
www.get-morebooks.com

Kaufen Sie Ihre Bücher schnell und unkompliziert online – auf einer der am schnellsten wachsenden Buchhandelsplattformen weltweit! Dank Print-On-Demand umwelt- und ressourcenschonend produziert.

Bücher schneller online kaufen
www.morebooks.de

VDM Verlagsservicegesellschaft mbH
Heinrich-Böcking-Str. 6-8
D - 66121 Saarbrücken

Telefon: +49 681 3720 174
Telefax: +49 681 3720 1749

info@vdm-vsg.de
www.vdm-vsg.de

Printed by Books on Demand GmbH, Norderstedt / Germany